中央宣传部　新闻出版总署　农业部
推荐“三农”优秀图书

全方位养殖技术丛书

肉鸡饲养技术指南

秦长川　李业福　主编

中国农业大学出版社

主　　编　秦长川　李业福

副 主 编　刘文超　李爱芹　钱风芹　徐大节

编　　者　孙展和　李爱芹　钱风芹　徐大节
刘文超　李业福　秦长川

总　序

畜牧业是以植物性和动物性产品为原料，通过动物生产获得人类必需动物产品的产业，其主体是养殖业。在发达国家，畜牧产值占农业总产值的比例多在60%以上，个别人多地少的国家甚至超过80%。畜牧产品作为国民经济支柱产业的食品加工业的原料供应已占到80%，人均年消费的食物中，肉、蛋、奶分别达到100 kg，15 kg和300 kg，占总量的80%。这说明，现代畜牧业已成为农业乃至国民经济的重要组成部分，其发展水平也成为一个国家或地区发展水平的重要标志。

我国畜牧业的发展大致经过家庭副业、专业饲养和规模化饲养三个阶段，目前正在更广泛的区域向现代集约型方向转变，特别是改革开放以来的20多年，我国畜牧业得到迅速发展。主要表现在：①畜牧生产总量稳定增长，如2002年肉、蛋、奶总产量比1978年提高6～11倍，人均占有量和年均消费量也都有大幅度提高；②畜牧业科技含量明显提高，如主要畜禽的良种覆盖率、饲料转化率和发病死亡率等生产指标得到有益的改变，科技进步对畜牧经济增长的贡献率超过45%；③畜牧业在农业生产体系中的主导地位已基本确定，如畜牧业产值占农业总产值的比例由1949年的12.4%、1978年的15.0%上升到2000年的30%以上；④畜牧产业化格局初具雏形，如社会化服务体系日趋完善、规模化经营不断提高和多渠道开拓市场初见成效等。

但是与发达国家相比，我国畜牧业也面临着生产结构失调、草原资源严重退化、饲料资源不足(尤其是蛋白质饲料资源缺乏)、畜(禽)种资源被无控制地杂交化、科技推广工作薄弱、疫病损失严重等问题，既影响到当前畜牧生产的产业化经营，也影响到我国畜牧业的可持续发展。实践证明，只有通过推广和实行标准化、规范化生产技术，不断提高畜牧业的科技含量才能切实解决这些问题，使我国的畜牧业跨上一个新的台阶，大大缩短与发达国家的差距。

根据我国国情，并借鉴发达国家的经验，笔者认为我国未来畜牧业发展的策略应是：①改变以粮为主的传统观念，建立种草养畜、以牧为主的农业生产体系，提高资源利用效率；②改变以猪、鸡为主的畜（禽）种结构，建立以食草畜禽为主、稳定食粮畜禽的畜牧生产体系，提高市场适应能力；③改变以品种改良为主的单一增产措施，建立良种良法配套的实用技术推广体系，提高整体科技含量，力争用 10～15 年的时间，使我国畜牧业基本实现良种化、产业化，生产水平跨入世界先进行列。

为了适应农村产业结构调整的需要和提高当前畜牧业从业人员的技术水平，中国农业大学出版社策划出版了这套畜禽全方位养殖技术丛书。本丛书畜（禽）种涉及到猪、鸡、鸭、鹅、羊、兔等，并以各畜（禽）种的关键生产环节为主题单独成册，内容上坚持以技术操作性强、文字简明易懂和学以能致用为原则，注重吸收现代畜牧科学的新技术和新方法，并与生产中的传统常规技术相结合使之综合配套。

相信这套丛书能够全方位、多层次地满足读者需要，为广大畜牧业从业人员规范生产技术、提高养殖效益提供帮助。

王建民

2003 年 3 月 18 日于泰安

目　录

第一章 肉鸡生产概况

第一节 国外肉鸡生产概况

一、国外肉鸡生产概况

肉鸡生产起源于美国德尔马瓦(Delmarva)半岛。早在1923年,Sfeels夫妇每年可生产肉鸡2 500只,向纽约市场出售。以后,肉鸡生产陆续推广到全美和世界各地。20世纪30～40年代,由于饲料商和银行家的介入,使肉鸡生产进入飞速发展阶段。1935—1994年,肉鸡体重每年以1%的速度递增,肥育期每年以1%的速度缩短,使屠宰体重由1 298 g增加到1 888 g;饲养期由95 d缩短到47 d。到1994年,美国肉鸡生产的上市日龄减少到42 d,活重增加到2 040 g,肉料比为1∶1.89(表1-1)。

表1-1 美国肉鸡生产指标过去50年的变化

年份	活重(g)	上市日龄(d)	每千克增重耗料(kg)	死亡率(%)
1934	1 298	95	4.30	13.0
1944	1 348	84	3.90	10.0
1954	1 398	74	3.00	7.0
1964	1 589	63	2.30	5.5
1974	1 707	59	2.00	5.0
1984	1 888	47	1.96	4.5
1994	2 040	42	1.89	4.2

肉鸡饲养业是当今畜牧业中发展最快的产业,被称为“肉鸡工业”。1983年,世界禽肉总产量达2 962.4万t,人均6.4 kg。其中

人均占有禽肉量美国超过 30 kg，法国、荷兰、澳大利亚、加拿大超过 20 kg。与 20 世纪 70 年代相比，80 年代禽肉增加 386%，以发展中国家增长最快，其中巴基斯坦增长 3.8 倍，泰国 3.8 倍，巴西 3.3 倍，摩洛哥 2.2 倍，土耳其 1.5 倍。发达国家日本和前苏联增加 1.5 倍，法国增加 1 倍，美国、加拿大、德国和英国也增长25%～58%。20 世纪 90 年代以后，世界肉鸡业又有长足的发展，其饲养规模呈上升的趋势，料肉比逐渐降低，肥育期越来越短，屠宰体重逐渐增加，效益呈增加趋势。

二、国外肉鸡生产的发展特点

（一）提高早期生长速度，缩短饲养周期　目前，肉鸡 56 d 活重的世界最高记录可达 2 880 g。据大量抽样调查表明，抽测的世界记录是罗斯肉鸡，8 周龄达 2 760 g。大多数肉鸡育种公司的选育计划是在 2000—2010 年育成 35 日龄体重不低于 1.8～2.0 kg 的肉仔鸡，肉料比为 1∶(1.4～1.7)，存活率达 98.0%～98.5%。

（二）降低肉鸡脂肪含量　近年来，低脂肪肉鸡越来越受到消费者的青睐。同时，减少肉鸡脂肪还可节省饲料能量。因此，各国竞相通过育种减少腹脂，提高饲料报酬率和屠宰率。

（三）加强抗病品质的育种　疾病是影响肉鸡生产的重要因素。例如，软腿病和胸囊肿是肉鸡的常发病，给肉鸡生产带来严重的损失。所以，提高肉鸡的抗病能力是育种的重要目标之一。此外，提高腿和胸肌的结实程度、改善鸡肉品质也被各大育种公司列入选育计划之中。

（四）肉鸡生产笼养化　笼养肉鸡可以提高经济效益，减轻劳动强度，有利于选种和改进饲养设备，便于自动化。1980 年，前苏联 34%的肉鸡采用笼养，美国也计划到 1995 年过渡到笼养。

（五）培育自别雌雄品系　雌雄肉用仔鸡的生长速度、脂肪蓄积能力以及羽毛生长速度都有差别，因此就要求不同的饲养管理措施。为了提高经济效益，雌雄分群饲养、培育自别品系是非常必要的。

（六）优质型肉鸡生产规模扩大 在市场需求的刺激下，优质型肉鸡在发达国家和地区有较大发展。近年来，许多发达国家和地区的消费者，不仅要求肉仔鸡肉质嫩、营养高，而且要求味道鲜美可口。优质型肉鸡价格昂贵，市场还是供不应求，其养殖规模也逐渐加大。

第二节 我国肉鸡生产概况

我国的现代肉鸡生产始于1963年，到20世纪80年代中期陆续从日本、美国、加拿大等国引进部分肉鸡良种。优良肉鸡的引进，对加快我国肉鸡生产起了一定的作用。1980年全国出栏肉鸡0.6亿只，1990年猛增到5.49亿只，1991年全国肉鸡生产突破10亿只大关。比1980年增长15.7倍，但人均占有鸡肉仅1.5～1.6 kg。近几年来，由于人民生活水平的改善和肉鸡生产技术的不断提高，肉鸡生产迅猛发展，全国各地先后建立了大型肉鸡场和肉种鸡场。1986年，北京市成立了大发畜产公司，该公司先后与美国和泰国合资创办了“北京家禽育种有限公司”和“大发正大有限公司”，引进美国艾维茵肉鸡原种；到1988年，每年可提供祖代种鸡40万只，父母代种鸡150万只，并建成年生产能力1 600万只的孵化厂和屠宰加工厂。广东、深圳等地也大规模进行优质型肉鸡（黄鸡）的生产，深圳的260多个肉鸡场几乎都是石岐杂三黄肉鸡，而且大部分远销日本和港澳地区。1986年，深圳市共饲养黄鸡1 382.7万只，销往香港地区970万只，创汇1 542亿港元。继此之后，上海、山东等省市也陆续建起了一批肉鸡联合企业，使我国的肉鸡生产达到新的高度。

一、我国肉鸡生产的特点

（一）早期生长快　肉雏鸡出壳体重约 40 g，饲养 8 周龄时体重可超过 2 000 g，约为初生重的 50 倍。世界最高记录肉仔鸡56 d可达 2 880 g，约为初生重的 70 倍。目前，国内饲养的肉鸡 49 d 体重也可达 2 000 g 以上，肉用黄鸡 70～90 d 可达到 1 500～2 000 g。

（二）生长期短，资金周转快　肉鸡一般在 8 周龄即可出售，国外可提前到 6～7 周龄出售。第一批鸡出售后，鸡舍清扫、消毒需 2 周，接着又可饲养第二批。这样每栋鸡舍一年内可饲养 5 批肉鸡，人力和房舍利用率较高，所投入的资金在短期内即可收回。

（三）耗料少，饲料报酬高　仔鸡经 56 d 饲养，体重达 2 kg 左右，耗混合料 4.5～5 kg。目前，世界许多国家肉用仔鸡的料肉比已达 2∶1 的水平，高者达 1.72∶1。国内肉用仔鸡肉料比一般为(2.3～2.5)∶1，肉用黄鸡也可达(3.2～3.5)∶1。从各种畜禽料肉比来看，肉鸡耗料也是最少的。比如，肉牛的料肉比为 5∶1，猪(3～4)∶1，肉鸭(3～3.5)∶1，而肉仔鸡为(1.72～2.5)∶1。肉鸡的饲料报酬还与出售周龄、体重有关，仔鸡的生长期越短，增重越快，饲料报酬越高(表 1-2)。

表 1-2　肉用仔鸡不同年龄饲料转化率

周龄	每周转化率(%)	累计转化率(%)	周龄	每周转化率(%)	累计转化率(%)
1	0.8	0.8	6	2.32	1.75
2	1.21	1.05	7	2.63	1.92
3	1.49	1.24	8	2.99	2.09
4	1.74	1.41	9	3.39	2.26
5	2.03	1.58			

（四）合群性强，饲养密度大，房舍利用率高　与蛋鸡相比，肉鸡不爱活动，采食后就地休息，尤其是肥育后期，体重大，活动更少。每平方米可饲养肉仔鸡 12 只，生产鸡肉 140～160 kg。家庭饲养肉鸡时，可充分利用一些旧房、闲房，也可用石棉瓦搭一些简易鸡舍。

（五）肉质好，屠宰率高　肉鸡的肉质细嫩，味道鲜美，食而不腻，在开水中 5～6 min 即可煮熟，烹调十分方便。鸡肉中蛋白质含量较高，脂肪含量适中，是人类较佳的肉类食品之一。肉鸡的胴体屠宰率为 65％～70％，分割净肉率达 45％～50％。

（六）劳动生产率高，便于实行工厂化生产　在一般饲养条件下，地面平养每人可养 1 500～2 000 只仔鸡；半机械化条件下，每人可养 3 000～5 000 只。美国由于机械化程度高，每人可养仔鸡 8 万～10 万只，每生产 100 kg 仔鸡只需 1.1 h。肉鸡可密集饲养，再加上生产工艺分工比较明确，因此便于实行大规模工厂化生产。

二、肉鸡生产在国民经济中的意义

肉鸡生产在畜牧业中占的比重越来越大，在国民经济中具有重要意义。

（一）鸡肉的营养价值高　鸡肉脂肪含量少，易消化，味道鲜美。从营养价值来看，鸡肉比鹅肉、鸭肉、猪肉、牛肉、羊肉都高。此外，鸡肉是食品工业和饮食业的重要原料。

（二）鸡肉出口创汇　我国的肉用黄鸡在港、澳地区及欧洲市场上十分受欢迎。鸡肉出口可给国家换回大量外汇，支援国家经济建设。

（三）肉鸡生产与种植业、养殖业关系密切　鸡粪中含有机物 25.5％，氮 1.63％，磷 1.54％，钾 0.83％。500 kg 鸡粪相当于硫酸铵 38.8 kg，过磷酸钙 43 kg，是一种优质肥料。由于肉鸡采食量大、消化道短、食物排空快、其粪便中含有大量未被消化的营养物质，因此，可以利用鸡粪代替部分精料来饲喂猪、牛、鱼等。

（四）改善我国人民膳食结构　我国人民的食物结构主要以植物性食品为主，随着生活水平的提高，食物结构必然向提高动物性食品比例的方向发展。由粮食转化为动物性食品，肉鸡的转化速度最快，1.5～2个月就可完成这一过程。因此，在粮食比较充裕的地区，发展肉鸡生产，既可改善食物结构，又可增加经济收入。

随着我国改革开放的深入，经济建设的快速发展，人民群众的生活水平不断提高，对脂肪含量少、瘦肉多、肉质嫩、烹调快的肉食品的需求会愈来愈大；由于向日本和中国港澳地区出口肉鸡的前景乐观，所以，今后我国的肉鸡养殖业还会有较大的发展。

第三节　现代化肉鸡生产的方向

从生物学角度分析，对畜牧业影响的程度：品种占20%，饲料占40%～50%，环境因素占20%～30%。因此，在肉鸡生产中要求做到良种化、饲料营养全价化以及生存环境舒适化。为了保证肉鸡生产的高产、优质、高效，还要求饲养管理科学化和防疫措施制度化。

一、品种优良化

选用优良的肉鸡品种是现代肉鸡高效生产的首要因素。当前，世界上有许多生产性能优越的优良肉鸡品种，如美国的艾维茵肉鸡和爱拔益加肉鸡、德国的罗曼肉鸡等，这些品种具有较大的生产潜力，只要科学饲养，就可获得可观的效益。在肉鸡生产中，要防止品种退化，建立健全繁育体系，不断进行选育提高。目前，我国引进的快长型配套品系有：美国的爱拔益加、艾维茵、哈巴德、塔特姆、印第安河、科布和尼克肉鸡。加拿大的星布罗、宝星（即超级星布罗）和红宝肉鸡，荷兰的海布罗和海佩科肉鸡，德国的罗曼肉鸡，英国的罗斯Ⅰ号(即罗斯 208)肉鸡,法国的明星肉鸡和澳大利亚的狄高肉鸡等。

二、饲料营养全价化

营养科学发展到今天,已可为现代化的养殖业生产提供良好的饲料。全价配合饲料的各种养分既不缺乏,也不过剩,不仅可供给肉鸡维持生命所需要的营养,而且可以最大限度地满足肉鸡生长的需要,使遗传潜力得到充分的发挥,具有显著的经济效益。在全价饲料的配制中,要经多次试验来选择优良配方,并且在加工中做到生产工艺规范化。

三、鸡舍舒适化

舒适的生长环境是肉鸡高产、高效的外在因素。鸡舍内环境因素主要包括温度、湿度、光照和通风等。其中任何一种因素不合理都会影响生产。以温度为例,试验证明温度增加或降低 1℃,肉鸡 8 周龄平均体重每只比在正常温度下低 20 g。因此,在建造鸡舍时就要考虑肉鸡的生物学特性,选好场地,使通风、温度、湿度、光照等因素都保持在肉鸡生物学特性要求的范围内。在农村,由于客观因素的限制,不能建造完美的鸡舍,但可以通过其他措施,使温度、湿度和光照等控制在适合的范围内。

四、防疫卫生程序化、制度化

对肉鸡生产危害最大的是疫病,在饲养过程中应贯彻“防重于治”的方针,制定符合当地的卫生防疫程序,使之制度化。鸡的传染病大多是病毒病,而许多病毒病是没有办法治疗的,如新城疫、马立克氏病等根本没有特效药物。每个肉鸡经营者都不要存有侥幸心理,一定要确保卫生防疫程序的执行,否则肉鸡生产会有较大风险性。预防措施主要包括:全进全出、隔离消毒、接种疫苗、辅以药物等。如有条件在建造鸡舍时要设消毒间、洗澡间等，鸡场要远离居民区，鸡舍间要有一定的距离。

五、饲养管理科学化

肉鸡生产有许多细小的环节，管理就是用最少的人员和投入保证生产的顺利进行。根据最佳效益原则确定出生产指标，采用生产责任制，与生产者的经济利益挂钩，提高科学管理水平。

第二章　肉鸡的生物特性

第一节　鸡的体表结构

鸡的体表为羽毛、皮肤和鳞片覆盖。

一、头部

鸡的头部由冠、喙、脸、眼、耳、肉髯组成。

（一）冠　鸡冠的形式有多种：单冠、豆冠、玫瑰冠、草莓冠、垫状冠、核桃冠、角冠、蝴蝶冠。前4种为最常见。初生雏可以剪冠。

（二）喙　喙是啄食和自卫器官。其颜色因品种而异，一般与腿部的颜色一致。健壮鸡的喙应短而粗，稍微弯曲。为便于管理，雏鸡一般在7～10日龄断喙。

（三）脸　脸的颜色一般为鲜红色。强健鸡色润泽而无皱纹，病弱鸡苍白而有皱纹。

（四）眼　眼圆大而有神，向外突出。虹膜的颜色因品种而异。

（五）耳　耳有耳叶，位于耳孔下部，颜色因品种而异。听力与哺乳动物相同。

（六）肉髯　肉髯又称肉垂，位于颌的下方，左右各一叶，大小对称。肉垂与冠的发育受雄性激素控制，公鸡比母鸡发达。

二、皮肤

家禽的皮肤很薄而且柔软，没有皮脂腺和汗腺。禽类的尾综骨上有一黄色椭圆形的尾上腺，能分泌脂肪，家禽常用喙取其分泌物润滑皮肤，以不为水湿；其分泌物中的麦角固醇，在紫外线作用下能变成维生素 D 而被皮肤吸收。家禽的皮肤很发达，形成角质化鳞片，有保护和防水的作用。趾的游离端有爪，用做防御和抓取食物的工具。成年公鸡的跖下有一向后方突出的距。水禽趾间有蹼，适于游泳。羽毛是皮肤的衍生物。羽毛是由羽轴和羽片两部分组成的。羽轴的根部插入基部毛囊内。羽片由羽轴两侧分支及支上再分小支形成。羽毛分颈羽、翼羽、尾羽等，具有保持体温的作用。冠和髯是由皮肤褶形成的，由于皮下有丰富的毛细血管，所以呈鲜红色。喙部的皮肤形成角质鞘。

第二节　鸡体内部构造

一、骨骼与肌肉

(一)骨骼　鸡的骨骼主要分为三大部分，即头骨、躯干骨和四肢骨。骨骼是支撑身体的支架，也是肌肉附着和保护内脏的框架。鸡的骨强度大而重量轻。强度大是由于骨质非常致密，含钙盐较多。有些骨愈合成一整体，如颅骨、腰荐骨等。由于鸡的很多骨与气囊相通，空气取代了骨髓腔内的骨髓而成为含气骨，所以重量轻，便于飞翔。

(二)肌肉　鸡的肌肉的特征是颜色较深。在新鲜状态时，各部位肌肉的颜色基本相同，但经煮熟后常出现 2 种颜色。一种叫白肌纤维，如胸肌；一种是红肌纤维，如腿部肌肉。另一特点是腱已骨化，特别是四肢肌肉的长腱骨化明显。鸡翅膀上的肌肉特别发达，大部分固着在躯体上，和胸骨的连结面积较大。当跖胫间的关节弯曲时，趾骨能自动地屈曲，所以栖息时能牢牢地抓着栖架，睡眠时也不会跌落。鸡的皮肌极发达，因此，皮肤和羽毛的活动能力强。鸡的胸肌特别发达，以适应飞翔的需要。后肢上部肌肉发达，而且大部分肌肉都是通过 2 个以上的关节变成腱质后固定在骨骼上；又由于胫骨后面有趾屈肌腱连于趾部，所以当下蹲时，因膝关节屈曲，跗关节和趾关节也被动地发生屈曲，从而能牢固地握着栖架和树枝。在行走时，这些腱也有协助趾屈肌的作用。

二、消化系统

鸡的消化器官包括喙、口腔、舌、咽、食道、嗉囊、腺胃、肌胃、肠(小肠、大肠、盲肠)、泄殖腔(图 2-1)。

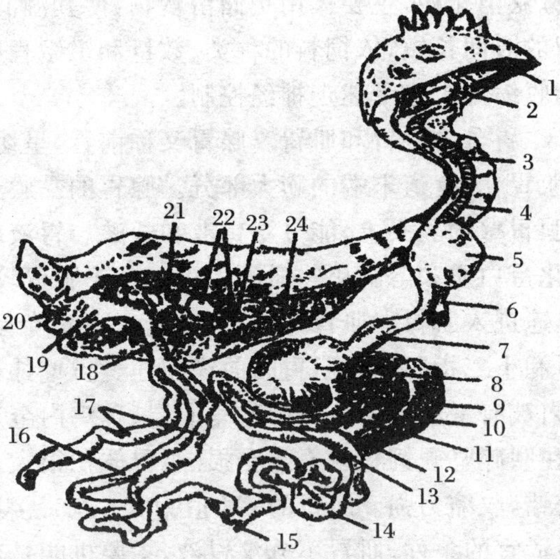

1. 口腔　2. 咽　3. 食管　4. 气管　5. 嗉囊　6. 鸣管　7. 腺胃　8. 肌胃　9. 十二指肠　10. 胆囊　11. 肝　12. 胰管　13. 胰　14. 空肠　15. 卵黄蒂　16. 回肠　17. 盲肠　18. 直肠　19. 泄殖腔　20. 肛门　21. 输卵管　22. 卵巢　23. 心　24. 肺

图 2-1　鸡的消化器官示意图

(一)口腔、喙和舌　鸡的口腔构造简单，无唇、颊和齿，所以没有咀嚼作用。上下颌为角质的喙所代替。鸡的喙呈锥形，取食方便，并有撕裂较大饲料的功能。舌上缺少味蕾,唾液腺不发达,所以它在消化系统中不占重要地位。由于鸡没有牙齿,不能咀嚼食物,故饲料在口中停留的时间较短。

（二）咽、食道及嗉囊　咽是介于口腔和食管之间,是食物的通道。鸡的食道较宽,黏膜形成许多纵褶,易于扩张,利于吞食大块的饲料。吞咽时靠抬头伸颈及借助重力等,将食块和水咽下。嗉囊是食道在进入胸腔前形成的一个膨大的盲囊。鸡的嗉囊相当发达,弹性很强,不分泌消化液,主要作用是储留食物,使其湿润和软化。饲料在此停留的时间长短,依饲料的种类、数量和饥饿程度的不同而异。嗉囊的收缩与扩张受迷走神经控制。

（三）胃　胃分为腺胃和肌胃。腺胃又称前胃,呈纺锤形,前连食道,后通肌胃,为食道末端的膨大部分。腺胃的黏膜上有许多腺体,开口于腺胃壁的乳头上,能分泌胃液和盐酸。胃液内含有的蛋白酶,有消化蛋白质和溶解矿物质的作用。由于腺胃较小,所分泌的胃液会迅速进入肌胃。肌胃又称沙囊,是禽类的特有器官,呈扁圆形。腺胃和十二指肠都在肌胃的前缘相连。胃壁外被有白色闪光的腱质,内被有一层淡黄色坚硬的角质层(称鸡内金),有保护作用,使胃壁在磨碎坚硬饲料时不致受损。肌胃体积很大,肌肉发达,横竖纤维交错,收缩力强。肌胃的pH值为2～3.5,接近于胃蛋白酶消化的最适宜的条件。肌胃不分泌胃液,主要机能是对饲料进行机械磨碎,代替牙齿的咀嚼作用。肌胃之所以能磨碎饲料,一方面是由于它能作强力收缩,另一方面是因为肌胃中含有少量的沙粒,可使粗饲料的消化率提高10%左右。食物在肌胃中停留的时间较长。因此大部分食糜,特别是蛋白质在此进行消化。

（四）肠　鸡的肠管较短,是消化食物的主要器官。它分为小肠和大肠。小肠分为十二指肠、空肠和回肠,但空肠和回肠没有明显的界限。小肠的黏膜有绒毛,十二指肠没有肠腺。

十二指肠起于肌胃,形成肠袢;空肠较长,形成许多半环状肠袢；回肠较短，直接与两盲肠相接。胰脏为黄色，呈长叶状，位于十二指肠肠袢内。肝脏较大，分为左右两叶，右叶上有一胆囊。胰脏和肝脏各有导管通入十二指肠。肠的黏膜上有绒毛和管状肠腺分布。家禽的小肠中含有各种酶，能消化各种营养物质。当酸性食物由胃进到肠内时，引起小肠内的消化液——胰液、胆汁和肠液的分泌，把食物消化成为简单的物质而被小肠吸收。十二指肠在与空肠交界处有胆汁和胰液的输入。胰液是由胰脏分泌的液体，呈碱性，含有蛋白酶、淀粉酶和脂肪酶。它能中和由胃进入肠内的酸性物质，保证肠内各种酶的作用。胰液含有丰富和重要的消化酶。蛋白质能在胃蛋白酶和胰蛋白酶的作用下，最后分解成氨基酸。脂肪主要靠胰液中的脂肪酶来消化。家禽的胆汁呈酸性，对消化脂肪有很重要的作用。鸡的大肠较短，有吸收水分的作用。盲肠一对，比较发达，入口处是大肠和小肠的分界线，盲肠有消化纤维和吸收水分等营养的作用。直肠起于盲肠的入口处向后伸延，至最后扩大部为泄殖腔。

（五）泄殖腔　泄殖腔是消化、泌尿和生殖系统共同开口的地方，被 2 个环形褶分为前、中、后 3 部分，前为粪道与直肠直接相连；中为泄殖道、输尿管、输精管或输卵管的阴道部开口；后为肛门道，是消化道的最后一段，开口于体外。在泄殖道和肛门道交界处的背侧有一个腔上囊（又叫法氏囊）。腔上囊是个免疫器官，随着性成熟而逐渐退化。

三、呼吸系统

鸡的呼吸系统很发达，是由肺及其相连结的呼吸道构成的。呼吸道包括鼻腔、喉、气管、支气管和特殊结构的气囊。

（一）鼻腔　鸡的鼻腔构造简单，由鼻中隔分左右两半，鼻孔呈卵圆形。

（二）喉　喉分为前喉和后喉。前喉由环状软骨和 2 个勺状软骨构成，没有声带，表面有 2 个肌性而呈唇性的瓣（防止食物入内）。后喉叫鸣管，位于气管分支处，是禽类发音的地方。

（三）气管和支气管　气管位于颈部腹侧，呈圆筒状长管，前接喉，后端进入胸腔后分为 2 个初级支气管，进入肺后分为二级支气管和数目较多的三级支气管，呈放射状分布；三级支气管形成数目更多的小管，小管末端膨大，形成肺泡。支气管黏膜向肺外突出，形成气囊。

（四）气囊　气囊是禽类特有的器官，是肺的衍生器官。气囊的壁很薄，由单层柱状纤毛上皮或立方上皮及外面的浆膜构成。气囊一般与三级支气管相通，另一端与骨骼的内部气室相通。气囊一共有 9 个，即锁骨间气囊（1 个）、颈气囊、前胸气囊、后胸气囊和腹气囊（各 1 对）。禽类的气囊是空气的贮藏器。飞翔或潜水时，气囊内的气体能在肺内进行代谢，有减轻体重、保持身体平衡和调节体温等作用。

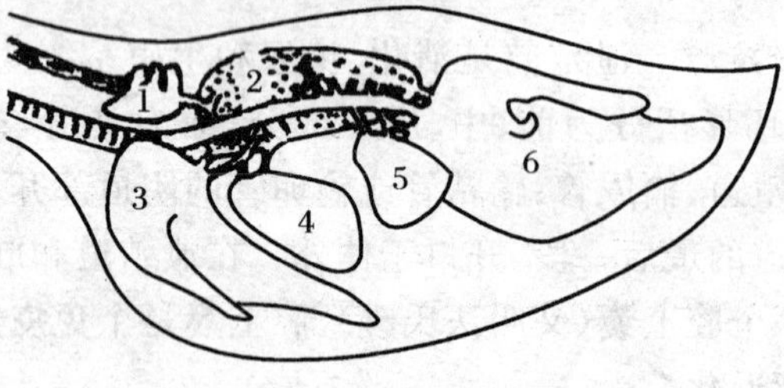

1. 颈气囊　2. 肺　3. 锁骨气囊　4. 胸前气囊
5. 胸后气囊　6. 腹气囊

图 2-2　禽气囊分布模式图

（五）肺　家禽的肺很小，呈鲜红色，紧贴于胸腔的背侧面，并嵌入肋骨之间。

四、循环系统

鸡的循环系统包括血液循环器官、淋巴循环器官和造血器官。

(一)血液循环器官　鸡的心脏较大，位于体腔前部稍偏左的地方，心尖朝向后上方。右心房和右心室之间缺少三尖瓣，被一个特殊的膜所代替。左心房室孔为圆形，有膜质瓣(相当于哺乳动物的二尖瓣)。主动脉在胚胎期有左、右2条；在成年时，左侧的萎缩，右侧发达。血液循环分为肺循环(小循环)和体循环(大循环)。

(二)淋巴器官和造血器官　鸡的淋巴组织主要存在于消化道壁的淋巴集结、腔上囊、脾和胸腺等处。腔上囊位于肛门背侧上方，壁很厚，黏膜皱襞较多。皱襞内含有大量的淋巴小结。脾脏是一个红褐色圆形的小体，位于腺胃和肌胃交界处的右侧。胸腺位于气管两侧，长圆形，数目较多，具有中和毒性物质的作用。红骨髓具有造血机能，内含有不同发育阶段的红细胞、有粒白细胞和凝血细胞。

五、泌尿生殖系统

鸡的泌尿系统较简单，仅有肾脏和输尿管，无膀胱和尿道，因而体重轻，适于飞翔。家禽缺少汗腺。

(一)肾脏　家禽的肾脏较发达，它位于腰荐部脊柱两旁和额骨腹侧的凹陷内。每侧肾脏分前、中、后三叶，有时还可分出一侧叶。成禽的肾脏呈暗褐色，幼禽呈淡红色，质软而脆。在肾的切面上可见大量的肾小管，内含有尿酸盐。肾叶是由许多小叶构成的，无肾盂。

(二)输尿管　鸡左、右两侧的输尿管起始于收集管，开口于泄殖腔内(雄性开口于输精管开口的内侧；雌性开口于输卵管开口的内侧)。尿生成后经输尿管直接进入泄殖腔与粪便混合，一起排出体外。禽类无膀胱。

(三)雄性生殖器官　鸡雄性生殖器官包括睾丸、附睾、输精管。睾丸2个，呈豆状，左右对称，以睾丸系膜悬挂在同侧肾脏前端的腹侧。其大小和颜色随家禽的品种、年龄和性活动的时间不同而有很大变化。鸡的附睾不明显，位于睾丸内缘凹入的地方。输精管变曲，向后开口于泄殖腔内。其开口处形成一对小乳头，是退化的交尾器官，相当于家畜的阴茎。刚孵出的小公鸡，其阴茎较明显，可作为雌雄鉴别的一个标志。

(四)雌性生殖器官　母鸡仅左侧的卵巢和输卵管发育完全，右侧的则已退化。卵巢位于左肾前叶的下方，一端以卵巢韧带悬挂于腹腔背侧壁，另一端以腹膜褶与输卵管相连。卵巢内有许多不同发育程度的卵细胞，成熟的卵细胞富有卵黄，像一串成熟的葡萄。输卵管是一条长而弯曲的管道，沿左侧腹腔背侧面向后行，开口于泄殖腔内。输卵管分为输卵管伞、蛋白分泌部、峡、子宫和阴道5部分。

六、神经系统与感觉器官

神经系统分为中枢神经、外周神经和植物性神经三大部分。

(一)中枢神经

1. 脊髓　鸡的脊髓的构造和形态与哺乳动物相似，脊髓中腰膨大部明显。

2. 脑　鸡的延脑宽大，是指挥呼吸、分泌等重要生命活动中枢。鸡无小脑。大脑半球表面光滑，而无脑回。半球前端有一小嗅球。

(二)外周神经　从脊髓发出背根和腹根形成脊神经，是成对的。脊神经分为颈神经、胸神经、腰荐神经、尾神经，其对数与相应的椎骨数目相同。腰荐部八对脊神经的腹侧支形成腰荐神经丛，其中最大分支为坐骨神经，主要分布于后肢。脑神经有12对。

(三)植物性神经　植物性神经分为交感神经和副交感神经两大部分。交感神经由一对交感神经干构成，分为颈部、胸部和腰荐部。副交感神经主要是迷走神经,分支到内脏器官。禽类的植物性神经还有一特殊的肠神经,其分支到肠和泄殖腔。

(四)感觉器官　眼是视觉器官。它能接受光的刺激,经视神经传入脑,引起视觉。视觉器官包括眼球及其辅助器官。禽类眼球较大,位于眼眶内。眼球前方有皮肤形成的褶为眼睑,下眼睑较发达。禽类还有发达的第三眼睑,叫瞬膜。禽类眼睑无睫毛。耳是听觉器官。禽类无耳廓,外耳道口的周围有小的羽毛。外耳道短。中耳形成鼓室,鼓室内有一小孔与颅骨气腔相通。内耳的半规管较发达。

第三节　肉鸡的生物学特性

鸡作为经济动物经过人类的长期驯化,特别是近年来由于人们的培育和环境条件的不断改善,使其生产性能不断提高。作为鸟类固有的生物学特性已发生了很大的变化。将其固有的生物学特性和改造后的经济性状结合起来考虑,即为鸡的经济生物学特性。

一、体温高代谢旺盛

鸡的标准体温为 41.5℃,脉搏可达 200～350 次/min。鸡的基础代谢相对于其体重而言远高于其他动物。例如,鸡的基础代谢量每千克体重 234 kJ/d,为马、牛的 3 倍多;安静时的耗氧量也高 1 倍以上。肉用仔鸡出壳时的体重为 40 g,经 7 周后体重可达 2 kg 之多,为出生体重的 50 倍以上,料肉比降到 2∶1 以下。这就是说,鸡代谢旺盛,生长快,寿命短。根据这一特性,我们可以尽量为其创造良好的环境条件,利用其代谢旺盛的优点,来为我们生产更多的鸡产品。

二、繁殖潜力强

母鸡的卵巢仅左侧发达,机能正常,但其繁殖潜力巨大,性成熟早，可以连续排卵，无妊娠期。在显微镜下可观察到卵巢上有12 000个卵泡。所以1只母鸡1年可产蛋100～300枚，可以孵出70～220只雏鸡。鸡的繁殖潜力不仅表现在母鸡方面，而且公鸡的繁殖能力也是很突出的。一只精力旺盛的公鸡1 d可以交配40次以上，每天交配10次左右是很平常的。一只公鸡配10～15只母鸡可以获得高受精率，配30～40只母鸡受精率也不低。鸡的精子不像哺乳动物的精子容易衰老死亡，一般在母鸡输卵管内可以存活5～10 d，个别可以存活30 d以上。受精卵在适宜温度(5～15℃)下可以贮存10 d，长的到20 d，仍可孵出小鸡。而要扬其繁殖潜力大的长处，必须实行人工孵化。

三、对饲料营养要求高

肉鸡由于生长比较快，饲料营养的要求也就比较高。AA肉仔鸡0～21 d要求粗蛋白为23%，22～37 d为20%，38 d以后为18.5%。一枚鸡蛋的蛋白质占11.8%，脂肪占11.0%，其他占11.7%，在蛋中还含有丰富的多种维生素。鸡肉和鸡蛋蛋白质含有人体必需的各种氨基酸，组成比例非常平衡，生物学价值很高。一个蛋含有一个新生生命所需要的一切物质。鸡生产含有这么多营养物质的蛋，必须采食含有丰富营养物质的饲料，而且在数量上要远远高于蛋中的营养，11种必需氨基酸、各种矿物质、维生素也是不可缺少的。由于鸡的体重小，消化道短，除了盲肠可以消化少量纤维素外，其他部位不能消化纤维素，所以鸡不能食用粗饲料。因此，要想得到较多的鸡产品，就必须供给肉鸡全价高质量饲料来满足其营养需要。

四、对环境变化敏感

鸡的听觉不如哺乳动物，但突如其来的噪声会使鸡惊恐不安，乱飞乱叫。特别是汽车鸣喇叭、火车鸣笛、喜庆时的鞭炮声，都会使鸡受到惊吓。鸡的视觉很灵敏,鸡舍进来陌生人可以引起“炸群”。鸡每到春天气候温暖,日照逐渐延长,自然饲料丰富,就产蛋孵化以繁殖后代。因此,产蛋鸡在产蛋期受光照时间长短影响很大。产蛋期光照突然变化或由长变短都对产蛋不利,甚至引起换羽停产。环境的温度、空气、湿度等都对鸡的产蛋和健康产生影响。工厂化养鸡的最大特点就是控制了鸡的环境条件。

五、抗病能力差

无论家庭副业养鸡或大规模高密度饲养,疫病乃是最大的危害。从鸡的解剖上看,就不难理解鸡抗病性差的原因。鸡的肺脏很小,但连接很多气囊。这些气囊充斥于体内各个部位,甚至进入骨腔中,通过空气传播的病原体可以沿呼吸道进入肺和气囊,从而进入体腔、肌肉、骨骼之中。鸡的生殖孔与排泄孔都开口于泄殖腔,产出的蛋经过泄殖腔,容易受到污染。由于没有横膈膜,腹腔感染很易传至胸部的器官。鸡没有淋巴结,这等于缺少阻止病原体在机体内通行的关卡,尤其在工厂化高密度舍内饲养的情况下对于疫病的控制非常不利。特别是肉鸡,生长速度比较快,心、肝、肺、肾等器官的发育跟不上鸡体发育的要求,抗病能力就差,肉鸡的代谢病和传染病就多,传播速度就快,发病严重,死亡率高,不死也严重影响增重,造成的损失也大。

六、能适应工厂化饲养

在畜禽养殖业中,工厂化饲养鸡的程度最高,各种家畜不能与其相比。实践证明,鸡可以高密度机械化饲养。一栋鸡舍可容纳数万只鸡,一个鸡场可以饲养几十万甚至上百万只。鸡的粪便与尿液比较浓稠,饮水少而又利索,这给高密度饲养管理带来了有利条件。由于喂料、饮水、清粪、集蛋可以全面机械化,因此,鸡可适应于工厂化饲养。

鸡的生物学特性对我们有其有利的一面，也有不利的一面。我们要扬长避短，利用其有利的一面，创造条件克服不利一面，以便生产更多的肉和蛋。

第三章　近代肉鸡的品种

第一节　近代肉鸡配套体系的建立

肉鸡良种杂交繁育体系是指为有效地开展肉鸡育种和杂交利用而组织的一套完整的机构。它将纯系选育、生产性能的测定及种鸡扩繁等环节有机地结合起来，一般包括育种场、繁殖场、商品场和生产性能测定站四大部分。一些发达国家运用数量遗传学原理，在原来品种的基础上培育出生长速度快、生活力强、性能整齐一致的专门化配套体系。这些配套体系不同于以往简单的品种间杂交，它们首先通过多品系间的杂交及配合力测定，产生杂交优势，使后代各种性能完善化，具有高产稳产、产品规格整齐一致、适应性强的最优秀的配套组合，用于商品肉鸡的专门化生产。

目前一些著名的商品肉鸡，一般都培育专门化父系品种和专门化母系品种。母系肉种鸡要求产肉性能较好，且产蛋量较多。父系肉种鸡要求早期生长速度快、体型大、饲料报酬高、肉质良好。这样配套品系杂交后，能够为肉鸡商用生产提供质量好、数量多的雏鸡。因此，商品肉鸡生产，多数为四系配套杂交或三系配套杂交，少数为五系配套杂交或二系配套杂交。四系配套商品杂交鸡，是由配套品系经祖代、父母代两次杂交制种而产生的，这 4 个配套品系即为原种或称曾祖代。曾祖代是纯系，每个品系均可纯繁，即 AA、BB、CC、DD。从曾祖代中选出的单一性别鸡是祖代鸡，即 A♂、B♀、C♂、D♀。祖代鸡两品系杂交后产生父母代，即单交种的 AB♂和 CD♀，父母代鸡再杂交后产生商品代则为 ABCD 四系配套杂交商品鸡。也就是说，现代商品肉鸡的繁育过程分为育种和制种两部分(图 3-1)。育种部分由品种资源场、育种场和科研院校、配合力测定站等单位共同承担,其主要任务是育种素材的收集和保存、纯系的培育、杂交组合测定、品系配套和扩繁。制种部分由原种鸡场、祖代鸡场、父母代鸡场、孵化厂等承担,为商品鸡场供应大量的高产商品杂交鸡。在这一体系中,将育种工作和杂交扩繁任务交给相对独立而又密切配合的育种场和各级繁殖场来完成,可使其各自专门化。

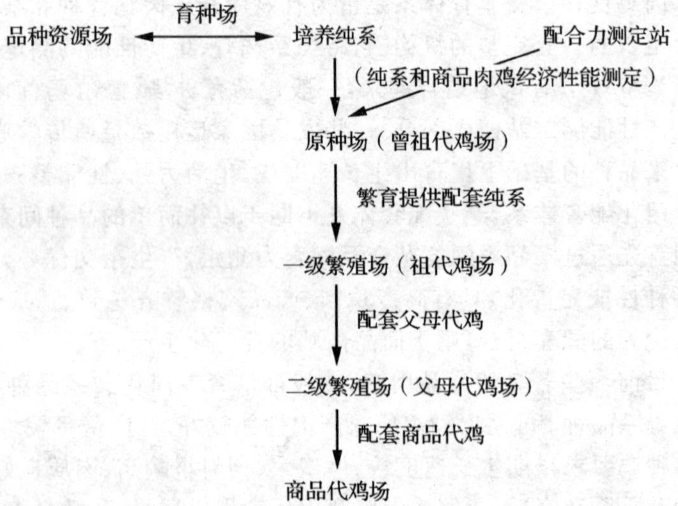

图 3-1 肉鸡繁育体系结构示意图

一、良种杂交繁育体系

(一)纯系选育体系　品种资源场收集、保存各种家禽品种品系,包括从国外进口的品种品系和国内的优良地方品种,进行繁殖、观察和研究它们的特征、特性及其遗传性状,发掘可能利用的基因,给育种场提供选育和合成新品种、品系的素材。育种场利用品种场提供适应生产需要的品种或品系，选育或合成具有一定特点的专门化高产品系，进行杂交组合试验，筛选出杂交优势强大并经测验站测验的配套组合，供生产上使用。主要的选育措施都在这部分完成。经多个纯系的选育、配合力的测定，选出生产性能最好的杂交组合，纯系配套进入扩繁阶段推广应用。因此，育种场是现代养鸡业繁育体系中的核心，是搞好良种繁育工作的重要基础。它是一项技术性复杂、条件要求高、时间较长、花费比较高的一项工作，需要各个部分通力配合来完成。

（二）扩群繁殖体系　这一体系包括原种场（曾祖代场）和繁殖场。繁殖场以包括一级繁殖场（祖代场）和二级繁殖场（父母代场）及商品鸡场。

原种场为纯系场，养的鸡属曾祖代，是饲养由育种场提供的配套原种鸡或配套纯系进行纯繁制种，为一级繁殖场提供祖代种鸡。如为四系配套，则纯繁制种生产单位祖代鸡为A♂、B♀、C♂、D♀。原种鸡数的多少应根据一级繁殖场的需要而定。原种场除纯繁制种外，还需要对原种配套系进行纯繁保种。因此，还必须对原种配套系的各纯系进行选育提高，否则，优秀的生产性能就不能保持。

由原种场提供的配套纯系祖代单性鸡经一级繁殖场扩繁杂交制种，除淘汰生长发育不良或病弱种鸡外，一般都不进行选育工作，而是生产父母代种鸡，供给二级繁殖场进行扩繁。二级繁殖场饲养父母代种鸡，按繁育要求进行第二次制种，为商品鸡场提供种雏、种蛋。如为四系配套则进行双杂交，即AB♂和CD♀相杂交，为商品鸡场提供大量的四系杂交肉鸡。进行杂交制种，繁殖生产的商品鸡全部供商品场饲养；生产商品鸡，不能再用做种鸡。

商品鸡场接受二级繁殖场所提供的双杂交商品鸡，即ABCD四元杂种鸡，进行商品肉鸡的生产，向社会提供丰富的鸡肉。从原始的纯种繁育转变到上述这种复杂的杂交繁育体系，育种者和生产者为此付出了艰辛的劳动。同时，饲养工艺技术、营养需要的研究和疾病控制等方面迅速发展，也为这一体系提供了技术上的保证。

二、良种杂交繁育体系的形式

良种杂交繁育体系是以多个纯系间配套杂交模式实现的。根据参与杂交的纯系数目的多少可分为二、三、四或五配套系杂交，其中以三系和四系杂交较为普遍。下面简单介绍一下杂交繁育体系的形式。

（一）二系杂交　这是最简单的杂交配套模式。两系杂交从纯系（祖代）到商品代的距离最短，因而遗传进展传递快。不足的是不能利用父母代在繁殖性能方面的杂种优势。两系杂交是选用能够产生最大特殊配合力的 2 个种群杂交 1 次，一代杂种无论公母鸡，全部作为商品鸡利用。从商品鸡饲养者来看是有利的，但从育种公司经济利润上讲是不利的，所以大型的育种公司基本上不提供两系杂交的配组合（图 3-2）。

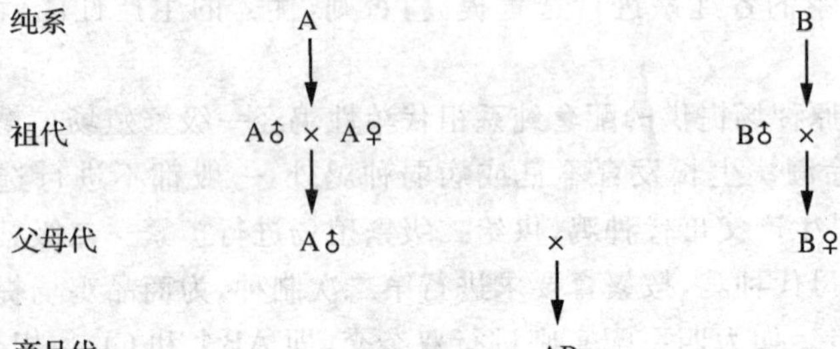

图 3-2　两系杂交示意图

（二）三系杂交　三系杂交配套也叫多元杂交配套，是最普遍的形式，具有繁殖性能上的杂交优势。在供种数量上，母本经祖代和父母代二级扩繁,供种量可大幅度增加。三系杂交配套是先用 2 个种群杂交,产生在繁殖性能方面具有显著杂交优势的母本群体,再用第三个种群做父本与之杂交。由于三系配套时父母代母本是二元杂种,所以其繁殖性能可获得一定杂种优势,再与父系杂交仍可获得一定杂种优势。因此,从提高商品代生产性能上讲是有利的。但是三系杂交比二系杂交更为复杂,因为它需要有 3 个种群的纯种动物源,而且需要进行 2 次配合力测定(图 3-3)。

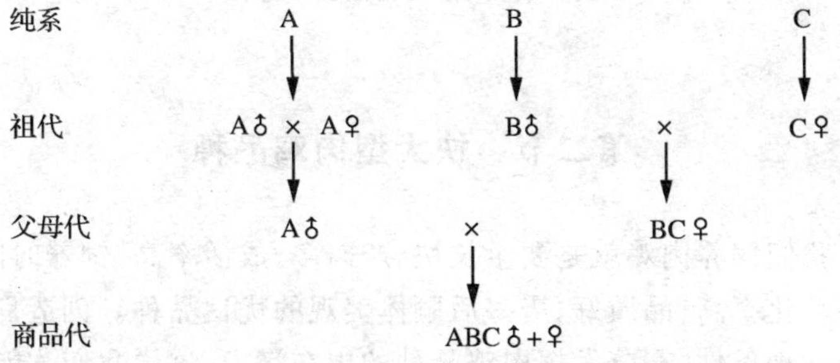

图 3-3　三系配套杂交示意图

(三)四系杂交　四系配套杂交又称双杂交,是仿照玉米自交系双杂交的模式建立的。四系杂交是先以 4 个品种或品系分别两两杂交,然后再在两类杂种间进行杂交。它具有遗传基础更广泛、更多的显性优良基因互补的机会和更多的互作类型的可能,从而造成更大的杂种优势。可以充分利用杂种公鸡配种能力强的优势,可以少养多配亦延长使用年限。由于大量利用杂种繁殖,这样就可以降低饲养纯种费用。杂种一代除用做二级杂交种以外,其余杂种完全可做育肥用的商品鸡群,而杂种的育肥性能要比纯种好。在鸡 4 系杂交的 4 个种群,保持纯种较为容易,费用少,所以目前现代鸡的繁育体系多为该种形式(图 3-4)。

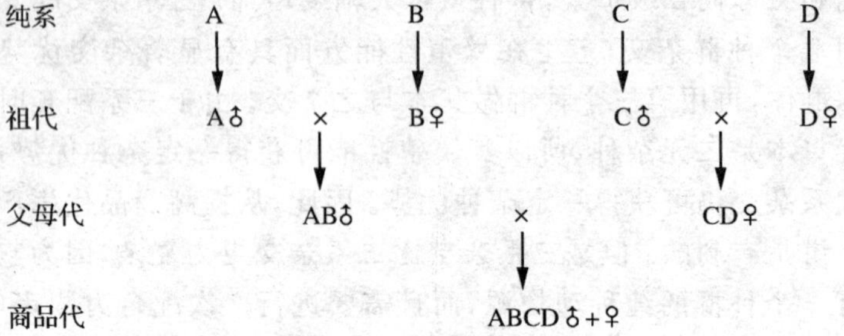

图 3-4 四系配套杂交示意图

第二节 快大型肉鸡品种

我们饲养肉鸡就是要生长快、产肉多、成活率高、饲养时间短、饲料转化率高、品质好、屠宰后胴体美观的优良品种。创造良好的饲养管理条件,充分发挥肉鸡品种的内在潜力,这样我们才能获得较高的经济效益。如果没有良好的品种,无论你怎样饲养,都不会得到高产性能,甚至根本没有经济效益。肉鸡品种有黄羽和白羽两大类型。目前,国内饲养的肉用鸡大都为白羽型。这些肉鸡都是从国外引进的肉鸡品种。国内地方品种大都是黄羽型,饲养量较少。从肉鸡饲养的生产实践来看,目前 AA 肉仔鸡和艾维茵肉仔鸡是最受群众欢迎的快大型肉鸡优良品种。

一、艾维茵(Avian)

艾维茵是美国艾维茵国际家禽育种公司育成的优秀四系配套肉鸡。中美合资的北京家禽育种公司引进了原种鸡及配套技术,是目前国内饲养量最大的肉鸡品种。父母代种鸡生产性能:母鸡 20 周龄体重 2 080～2 160 g,25 周龄体重 2 620～2 740 g, 65 周龄体重 3 400～3 550 g,43 周龄产蛋 190 枚,高峰产蛋率为 85%。商品代肉鸡生长速度快,饲料转化率高,适应性强,在全国推广效果较好。

二、爱拔益加(Arbor Acres 简称 AA)

AA 是由美国爱拔益加公司培育出来的四系配套肉鸡。我国引入祖代种鸡已经多年,饲养量较大,效果也较好。其父母代种鸡产量高,并且利用快慢羽自别雌雄。父母代种鸡高峰期产蛋率 86%,全期平均存活率 91%以上,5%～10%的产蛋率时的体重为 2.72～2.99 kg,产蛋期结束时的体重 3.54～3.89 kg,入舍母鸡产蛋数为 181 枚,生产雏鸡 155 只。

AA 和艾维茵肉鸡具有生长速度快、饲料转化率高等特点。各周增重不一致,相对增重是开始最大,至 7～8 周龄前后达最大限度,以后随着日龄的增长而变小。耗料量随体重和日龄的增加而增加。饲料报酬第一周最高,随日龄增加而递减,在饲料报酬尚高的 7～8 周龄时出售较好,否则再养下去耗料多而报酬低。

三、白科尼什鸡

白科尼什鸡原产于英国,是美国用红科尼什鸡引入白色来航鸡的显性白色基因培育而成的大型白羽肉鸡品种。公鸡背肩部羽毛稍呈黄色羽毛紧贴体躯,喙、腿及皮肤为黄色。成年公鸡体重为 4.5～5 kg,母鸡为 3.5～4 kg。母鸡 180～200 日龄开产,年产蛋 110～130 枚,蛋重 54～57 g,蛋壳浅褐色。白科尼什鸡遗传性能稳定,生长发育快,饲料报酬高,是培育肉用仔鸡品种理想的父系亲本。

四、白洛克鸡

白洛克鸡原产于美国,是用芦花洛克鸡选育而成的新品种。该鸡羽毛白色，喙、腿及皮肤为黄色。成年公鸡体重为 4～4.5 g，母鸡为 3～3.5 g。母鸡 180 日龄左右开产，年产蛋 150～180 枚，蛋重 60 g 左右，蛋壳浅褐色。该品种鸡常作为肉用仔鸡生产中的母系亲本。

五、依莎明星（ISA）

依莎明星是法国依莎公司育成的五系配套肉鸡，其特点是母系的第一父本 D 系携带慢羽基因 K，第二父本 C 系携带矮小型基因 dw。父母代种雏可自别雌雄。成年母鸡体型矮小，节省饲料和饲养面积，因而可显著降低鸡苗成本；但商品代的生长速度和饲料报酬略受影响。我国已无此品种鸡。

六、罗曼肉鸡

罗曼肉鸡是由德国罗曼动物育种公司培育而成。罗曼肉鸡为四系配套杂交种。其特点为胸宽体圆，胸部和腿部肌肉丰满，产肉性能高，生长发育快，饲料转化率高，适应性强，受精率、孵化率、雏鸡成活率高。

七、宝星

宝星也叫星布罗，是加拿大雪佛公司育成的四系杂交肉鸡，为世界上优良白羽商业化杂交肉用鸡种之一。父系是科尼什血统的鸡，母系是白洛克鸡。种鸡生产性能良好，繁殖性能较稳定，全期平均产蛋率可维持在 40%～60%水平，8 周龄育雏成活率在 90%以上。肉用仔鸡生产性能良好，41 日龄体重达 1.6 kg，49 日龄1.9 kg，56 日龄 2.3 kg。1971 年我国引入曾祖代种鸡译为星布罗，1985 年第二次引进曾祖代种鸡称为宝星肉鸡，现在较少。

八、哈巴德 HI-Y 高产胸肉型肉鸡

该品种鸡是由美国哈巴德家禽育种公司培育的新型肉鸡。该品种鸡产蛋率高，孵化率好，胸肉率高，生长速度快，饲料转化率高。父母代种鸡生产期为 280 d，可产种蛋 165 枚，孵化率 85%，产蛋鸡成活率 93%，育成鸡成活率 95%。商品代肉鸡 7 周龄体重 2.32 kg，饲料转化率 2.02%，成活率 95%。

九、海布罗鸡

该品种鸡是荷兰尤利布里德公司培育的白羽杂交肉用种鸡。父系是科尼什鸡，母系是白洛克鸡。父母代入舍鸡 64 周产蛋 171.7 枚，年平均提供合格种蛋 160.5 枚，总耗料 51.9 kg。

十、安卡红

该品种鸡是以色列联合家禽育种公司培育的有色羽(红黄色)杂交肉鸡，其生长速度接近白羽肉鸡，特点是抗应激、抗病能力较强。我国上海引进有曾祖代种鸡。

十一、狄高肉鸡

该品种鸡是澳大利亚狄高公司育成的二系配套杂交肉鸡，父本为黄羽，母本为浅褐色羽，商品代的羽色皆随父本。其特点是仔鸡生长速度快，与地方品种杂交效果好。我国广州、深圳光明农场、丹东市畜禽总公司，1982—1985 年先后引进了该品种鸡。用狄高黄鸡与我国地方良种鸡杂交，后代的肉质好，生产性能高。父母代生产性能，25 周龄开产，31 周龄达产蛋高峰期，高峰产蛋率 87%，入舍母鸡至 68 周龄，累计提供合格种蛋数 177.5 枚，提供初生雏数 154 只。入孵种蛋平均孵化率 89%。母鸡 22 周龄体重 2.19 kg，62 周龄体重 3.19 kg。商品代鸡 6 周龄体重 1.81 kg，料肉比 1.88，

7周龄体重2.12 kg,料肉比1.95,8周龄体重2.63 kg,料肉比2.07。6周龄即可上市,我国已引进祖代种鸡并繁育推广。

十二、红布罗

该品种鸡是加拿大雪佛公司育成的红羽快大型肉鸡,具有羽红、腿黄、皮肤黄等特征。该品种鸡适应性好、抗病力强、生长较快、肉味亦好,与地方品种杂交效果良好。我国引进有祖代种鸡并繁育推广。

此外,我国引进祖代的快大型肉鸡还有荷兰的海布罗与海佩克、美国的彼德逊、英国的罗斯肉鸡(1号、2号)等。

第三节 优质肉鸡品种

优质肉鸡多是由地方土鸡,经过多年的纯化选择,与生长速度快的引进肉鸡品系杂交配套生产的肉鸡品种。优质肉鸡不仅具有引进品种早期生长速度快的优点,而且还保持了地方品种风味好的特点。所谓"优质"是指生长速度较地方土种鸡快,其产品一般具有肉味鲜美、肉质细嫩滑软、皮薄、肌间脂肪适量、味香诱人等特点。优质肉鸡与现代快大型肉鸡相比生长速度慢。一般活母鸡长到1.8 kg需要90~100 d,而快大型肉鸡仅需42 d左右即可长至同样重量,有的达2 kg以上。优质肉鸡饲养中不刻意追求生长速度,而特别重视肉质和外观性状,要求上市时冠红、面红、腿细短。快大型肉鸡饲养中一味追求生长速度,对肉质和外观要求不高。优质肉鸡比快大型鸡售价高。优质肉鸡公鸡和母鸡差别很大,母鸡价格是公鸡价格的3倍左右;母鸡多以活鸡的形式出口港澳和供应餐馆,公鸡大多进入普通市民餐桌。快大型鸡,公母鸡在销售上差别不大,在北方一般公鸡的价格高于母鸡的价格。我国优质肉鸡品种主要有地方性优质肉鸡和杂交改良性优质肉鸡。在我国,地方性优质肉鸡品种较多，下面分别介绍。

一、北京油鸡

北京油鸡产于北京市德胜门和安定门一带，已有250余年历史，以其外貌独特、肉质细嫩、肉味鲜美著称。清朝时期曾被指定为宫廷御膳食品，故又称“宫廷黄鸡”。北京油鸡体型不大，羽毛发达，分为黄色和黄褐色2种，均具有毛髯、毛冠和毛腿，即具有通常所说的“三毛”特征。因其具有黄羽毛、黄皮肤、黄腿脚的特点，民间也称之为三黄鸡。纯种鸡，110～120日龄公母鸡平均体重1.5 kg。成熟期较晚，母鸡200日龄左右产蛋，年产蛋150枚左右，孵化率85%。成年公鸡体重3 kg，母鸡体重2.5 kg。该鸡种耐粗饲，适应性强，容易饲养。利用北京油鸡与国内的优良品种杂交，可保持其优良的肌肉质，提高生长速度，90日龄公母鸡平均体重1.5 kg，料肉比(3.2～3.3)∶1。北京油鸡与国外引进的大型有色肉鸡品种杂交，70日龄公母鸡平均体重1.5 kg以上，料肉比(3.3～3.5)∶1。近几年经过繁育和选育，形成现在的优质肉鸡原种。其杂交肉鸡70日龄活重可达1.4～1.8 kg。

二、石岐杂鸡

石岐杂鸡是香港在20世纪60年代中期以广东的惠阳鸡、清远麻鸡和石岐鸡等著名地方良种为对象，用新汉县、白洛克、科尼什和哈巴德等外来品种进行杂交改良而成的石岐杂鸡。育成后保留了地方良种的三黄特征，并有骨细肉嫩、鸡味鲜浓等特点，提高了生长速度和产蛋性能，并具有很好的抗逆性和个体发育均匀度等优点。饲养110～120 d，母鸡体重可达成1.75 kg以上，公鸡可达2 kg以上。全期料肉比(3.2～3.4)∶1。成年母鸡年产蛋120～140枚。台湾改良石岐杂鸡，1979年进入广东省，生产能超过石岐杂鸡，92日龄公鸡体重2.1 kg，母鸡1.75 kg。纯正的石岐杂鸡，外貌、肉脂品质均保持广东三黄鸡的特征，脚矮、单冠、身圆、皮薄、骨细、脂丰、肉厚、味浓。肉用仔鸡半净膛率75%～82%，胸肌占活重的11%～18%，腿肌占活重12%～14%。广东省几个育种单位利用石岐杂鸡与生长速度快的肉用型种鸡杂交育成有康达尔黄鸡、882黄羽鸡、江村黄、粤黄102、中山新一代石岐鸡等新一代改良石岐杂鸡。

三、乌骨鸡

乌骨鸡是我国特有的珍禽品种资源。典型的品种为白丝毛鸡，又称泰和鸡。主产区在江西泰和县以及广东、福建等地，现分布全国各地。传统作药用，主治妇科病的“乌鸡白凤丸”，即用丝毛鸡全鸡配药制成。现代主要用做药膳和肉用，是我国近年来优质肉鸡生产的重要组成部分，发展较快。白丝毛鸡身体轻小，行动迟缓；头小，颈短，眼乌，遍体羽毛白色，呈丝状，与一般家鸡的扁羽毛不同。总的外貌特征是紫冠(复冠，如桑葚状)、缨头(顶上毛冠)、绿耳、胡子、五爪、毛脚、丝毛、乌皮、乌骨、乌肉。此外，眼、喙、舌、趾、内脏及脂肪均是乌黑色。小鸡抗病力弱，育雏成活率低。成年公鸡体重1.25～1.5 kg，母鸡1.0～1.25 kg；年产蛋量80枚左右，蛋重40～42 g，壳淡褐色。白丝毛鸡就巢性强。除白丝毛乌鸡外，我国还有很多乌鸡地方品种。近年国内又培育出1个新的品种，黑丝毛乌鸡，又称“黑凤乌鸡”，深受消费者欢迎。

四、浦东鸡

浦东鸡原产于上海市黄浦江以东的广大地区。该品种鸡体躯硕大宽阔，近似方形。由于黄羽、黄喙、黄脚，故称浦东鸡为三黄鸡、九斤黄。公鸡羽毛多数为金黄色或红褐色，母鸡羽毛多数为黄色或麻褐色，少数是红褐色。浦东鸡单冠，冠、肉垂、耳叶和脸均为红色，腿为黄色。成年鸡公鸡体重4 kg，母鸡体重3 kg。浦东鸡以体大、肉肥、生长速度较快、肉嫩鲜美著称。母鸡 200 d 左右开产，年产蛋 120 枚，平均蛋重 58 g，蛋壳褐色。饲养 90 d 体重可达 1.25 kg。现在以浦东鸡为基础与白洛克、红考尼什进行杂交选育已经培育成新浦东鸡。新浦东鸡 70 日龄，公母鸡平均体重 1.5 kg，成活率 92%以上，料肉比(2.6～3)∶1。母鸡 26 周龄开产，31 周龄为高峰期，平均产蛋率 44%；至 500 日龄累计产蛋数 140～152 枚。每只种鸡可提供合格种雏 80 只，0～7 日龄死亡率 5%。现利用新浦东鸡、鹿苑鸡等配套育成海新 101、102，商品代 56 日龄活重达 1.6 kg，耗料比为(2.5～2.6)∶1。

五、惠阳胡须鸡

惠阳胡须鸡又名三黄胡须鸡、龙岗鸡、龙门鸡、惠州鸡等，原产于广东省惠阳地区。它具有黄羽、黄喙、黄脚、胡须、大头矮脚、圆身、易肥、软首、白皮、玉肉。公鸡羽颜色有黄色、褐红色和黑色，以黄色较多，腹部羽色比背部稍浅。母鸡全身羽毛黄色，主翼羽和尾羽紫黑色，羽尾不发达。成年公鸡体重为 1.65～2.96 kg，母鸡体重为 1.25～2.00 kg。惠阳胡须鸡育肥性能好，沉积脂肪能力强。一般 200 d 左右体重达 1.0 kg 时可以开始育肥，15 d 可增重 0.5 kg。在现代肉鸡饲养条件下，85 日龄公母鸡年均体重 1.1 kg。惠阳胡须鸡具有胸肌发达、早熟易肥、肉质特佳的特征，是我国活鸡出口量较大、经济价值较高的传统品种鸡。它和杏花鸡、清远麻鸡都是广东省出口的三大名鸡，在港澳市场久负盛名。

六、三黄鸡

三黄鸡以广东省本地的黄鸡为原种选育而成。其基本特点是黄羽、黄脚、黄皮肤，故而得名。三黄鸡肉鸡的肉质嫩，鲜美可口。其体型、体重中等大小，适应性好，抗病力强。三黄鸡主要品种有 3 个。其一，粤黄鸡。该鸡体重 90 d 平均为 1.375 kg，公鸡 1.5 kg，母鸡 1.25 kg，耗料比为 1：3.2。其二，粤黄 882。该鸡是抗逆性强的优质黄羽肉鸡，饲养周期 90～95 d，体重 3.5～3.7 kg，饲料报酬 1：(2.85～3.1)。其三，岭南黄鸡。该鸡 71 日龄平均体重可达 1.5 kg，耗料比 1：2.8。优质出口型的 105 日龄母鸡平均体重 1.6 kg，肉料比 1：3.5。

七、苏禽 85 肉鸡

苏禽 85 肉鸡是江苏省家禽科学研究所育成的三系配套杂交鸡。商品代为羽毛黄色，胸肌发达，体脂适度，肉质细嫩，滋味鲜美。肉用鸡的 70 日龄体重，公鸡为 1.745 kg，母鸡为 1.314 kg，饲料转化率为 2.5：1。

八、长沙黄鸡

长沙黄鸡是湖南省畜牧兽医研究所与长沙种鸡场合作培育而成。长沙黄鸡单冠直立鲜红，黄羽、黄喙、黄脚；体型中等，强壮健实，胸宽而深，背平直；公鸡体重 3～4 kg，母鸡体重 2～3 kg。长沙黄鸡具有生长快、肉质好、适应性好、抗病能力强等优点。长沙黄鸡做父本与湘黄鸡杂交产生的商品代，成为地方优良三黄鸡的改良型，90 日龄体重 1.5 kg，料肉比 3.2：1，成活率 95%以上。

九、溧阳鸡

溧阳鸡是江苏省西南丘陵山区的著名肉鸡品种。溧阳鸡的特点是鸡脚粗长、胸宽、肌肉丰满、觅食能力强、产蛋较多。溧阳鸡羽毛、喙和腿多为黄色，体躯呈方形。公鸡单冠直立，冠齿基本 5 个；母鸡单冠有直立与倒冠之分。公鸡羽色为黄色或橙黄色，母鸡绝大部分为草黄色，少数为黄麻色。成年公鸡体重 3.3 kg，母鸡体重 2.6 kg 左右。公母鸡配种比例为 1：13，受精率为 95.3%，孵化率为 85.6%，35 日龄成活率为 96%。

十、浙江三黄肉鸡

浙江三黄肉鸡是以萧山鸡为母本与引进的肉用公鸡杂交培育而成。该品种鸡，胸肌丰满，屠体美观，耐粗饲，抗病力强，羽毛呈金黄色无杂毛，腿黄色，双冠，体态匀称，呈方圆形，饲料报酬高，前期生长快，90日龄可达1.5～1.6 kg，饲料转化率为(2.8～3)∶1。成年公鸡体重4～4.5 kg。其产区主要在浙江省宁波、湖州、杭州、金华等地。

我国地方良种鸡品种还有很多，如岭南黄鸡、贵农黄鸡、江苏鹿苑鸡、云南武定鸡、湖南桃源鸡、广西霞烟鸡和福建和田鸡等优良品种，不再一一列述。

第四章　肉鸡的繁殖技术

第一节　鸡的生殖生理

一、母鸡的生殖器官及功能

母鸡的生殖器官位于体躯左侧，包括 1 个卵巢和 1 个输卵管。右侧的卵巢和输卵管一般均退化，只保留原痕迹，很少有两侧完全正常的卵巢和输卵管(图 4-1)。

(一)卵巢　卵巢位于腹腔内腰区中线稍左和肾脏的前端，并借卵巢系膜韧带悬于背壁。卵巢中的卵泡约有万余个，但只有部分能发育成熟。较小的卵泡呈苍白色，随着成熟越来越黄。卵泡发育到成熟排卵时一般需要 7～10 d。正在产卵的母鸡，卵巢一般有1～5 个破裂的卵泡。成熟产卵鸡的卵巢重量为 40～60 g。卵巢呈一串葡萄状。卵巢产生雌激素、雄激素和孕酮。这些物质从表层间质细胞和髓质中产生，可促进卵泡生长、成熟和排卵，调节输卵管的机能。

(二)输卵管　正在产卵的母鸡的输卵管为长而盘旋的导管，占据腹腔左侧大部分。它的前端接近卵巢，后端开口于泄殖腔。输卵管从形态上可分为五部分：伞部(漏斗部)、膨大部、峡部、子宫部和阴道部。每个部分在卵的形成中都有特殊的作用。

1. 伞部　位于卵巢的正后方，并在排卵后吞入或摄取卵黄，持续 5～10 min，使卵黄到达蛋白分泌部。

2. 膨大部　它的基本功能是由大量腺体组织分泌蛋白，在 3～5 h 能组成鸡蛋的全部卵蛋白。在不产蛋时期，蛋白分泌部的

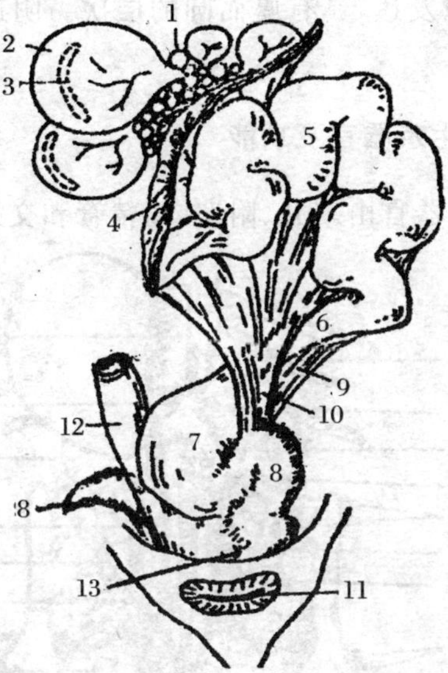

1. 卵巢 2. 成熟卵泡 3. 卵带区 4. 漏斗部 5. 膨大部 6. 峡部
7. 子宫部 8. 退化右侧输卵管 9. 输卵管背侧韧带
10. 腹侧韧带 11. 肛门 12. 直肠 13. 阴道

图 4-1 母鸡生殖器官

活动和功能完全停止。

3. 峡部 峡部分泌形成卵壳膜所必需的物质,同时补充蛋白的水分。当蛋经过峡部时,分泌角蛋白纤维,形成内外蛋壳膜。

4. 子宫部 子宫本身不长,仅 8～12 cm,为强健的肌肉组织,蛋在这里最后形成。子宫的黏膜具有锯齿边的皱壁,使子宫内表层呈绒毛状。蛋在子宫前 6～8 h,蛋的蛋白重量成倍增加,这是由于子宫分泌无机盐水溶液特别是钾盐和碳酸氢盐水溶液造成的。因此,蛋白获得特有的层次和结构。

5. 阴道部 阴道是不长的肌肉器官,肌纤维的长度为 8～

12 cm，肌肉组织发达，具有厚而圆的层次。阴道开口于泄殖腔偏左侧的通道口。

二、公鸡的生殖器官及功能

公鸡的生殖器官由睾丸、附睾、输精管和交媾器组成(图4-2)。

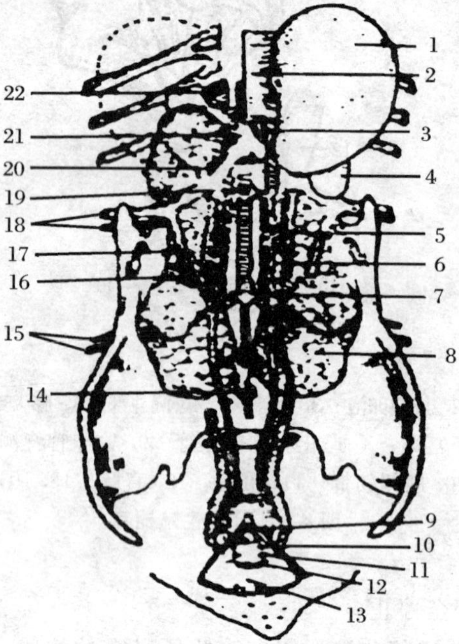

1. 睾丸　2. 睾丸系膜　3. 附睾　4. 肾的前叶　5. 输精管　6. 肾的中叶　7. 输尿管　8. 肾的后叶　9. 粪道　10. 输尿管　11. 射精管口　12. 泄殖道　13. 肛门道　14. 肠系膜后静脉　15. 坐骨动脉及静脉　16. 肾后静脉　17. 肾门后静脉　18. 股动脉及静脉　19. 主动脉　20. 髂总静脉　21. 后腔静脉　22. 右肾上腺

(右侧睾丸及部分输精管除去，泄殖腔剖开)

图 4-2　公鸡泌尿、生殖器官构造示意图

(一)睾丸　睾丸对称地位于脊柱的两边，靠近肾的前端，形状椭圆形，颜色为乳黄色或深黄色。成年公鸡睾丸的重量为体重的1%～2%。睾丸由大量的小曲管组成。小曲管间的空隙被血管和淋巴管及间质细胞所充满。睾丸的主要功能是产生精子、分泌雄性类固醇激素——睾酮。

(二)附睾　附睾被睾丸总囊所包围，呈长椭圆形，位于睾丸的背侧面，色深黄。鸡的附睾发育较差，只有在睾丸活动期才明显扩大。

(三)输精管　输精管位于脊柱的两侧，是从附睾到泄殖腔的细曲管。管的上部腹面上有输出的横静脉，而下部与输尿管平行。在性活动期，输精管及精囊(输精管扩展部)被精子所充满。输精管由前至后逐渐变粗，形成一个膨大部，末端为圆锥形，突出泄殖腔内，为射精管的乳头。附睾及输精管为精子成熟的地方，也是贮藏精液的场所。当交配或采精时，精液借助管壁收缩而排出。公鸡没有真正的交配器官，只不过在泄殖腔的腹侧有短而可勃起的乳状突，精液从中射出。

(四)交媾器　公鸡的交媾器相当于哺乳动物的阴茎，但极不发达，包括一对圆褶和一中央白体。射精时，精液从交媾器中排出。

第二节　繁殖技术

一、自然交配繁殖

鸡生长快，繁殖力强，1只母鸡1年可繁殖上百只后代。鸡没有严格的配种季节，只要条件适宜，任何时间都可排卵、产蛋和交配。因此，鸡的繁殖潜力很大。

(一)公母比例　在一个鸡群中，常常是1只公鸡与数只母鸡交配，是一雄多雌配种。因此，常常见到一些具有进攻性的公鸡，无论采食、活动或交配等都占据优势，但其受精能力不一定最好。配种群中，若公鸡过多，则公鸡争先与母鸡交配，易发生斗架，踩伤母鸡，干扰交配，降低受精率；若公鸡过少，母鸡得不到足够的交配次数，也影响受精率。所以，公母比例多少对种蛋受精率影响很大。适宜的公母性比一般为 1∶(8～10)。

（二）种鸡的利用年限　公母鸡的交配年龄对受精率有很大影响。通常新育成的公鸡配老龄的母鸡，受精率不会超过 70%。只有公母鸡处于同样的性活动状态，才能有较高水平的受精率。如果产蛋率很低，受精率也不会高。一般来说，50 周龄之前的受精率比较高，随着年龄的增长，受精率逐步下降。所以，种鸡的利用年限最好为 1 年。

二、肉鸡的人工授精

肉用种鸡本交群体虽然普遍采用，但后期的受精率低。随着肉鸡业的迅速发展，肉用种鸡转向笼养。在笼养的条件下，人工授精技术是最有效、最先进的繁殖方法，是育种和繁殖工作的一大改革。使用笼养肉用种鸡人工授精，不用单间配种，可以通过鉴定公鸡的精液品质提高繁殖力；人工授精记录方便、准确，并可节省垫料。由于母鸡不接触地面，种蛋清洁卫生，相应地提高了孵化率。

（一）人工授精的优越性

1. 扩大公母比例　自然交配公母性比为 1∶(8～10)，采用人工授精可以扩大到 1∶30，提高了良种公鸡的利用率。

2. 提高种蛋受精率　自然交配的受精率前期比较高，受精率在 90%以上，但后期受精率较低，受精率在 70%～80%。而采用人工授精技术，无论在配种的前期或后期，受精率均保持在 90%以上，最高可达到 96%。

3. 解决配种困难　大型父系公鸡与矮小母系母鸡交配比较

困难，直接影响到种蛋的受精率。而采用人工授精技术，就可解决这种配种困难的问题。

4. 降低饲养成本　采用人工授精可以大量减少公鸡的饲养量，节省饲料和设备费用，降低饲养成本。

5. 克服种鸡的选相交配　在公母交配活动中，无论公鸡对母鸡的偏爱或母鸡对公鸡的偏爱，都影响受精率，特别是小群配种受精率极低。通过人工授精能有效地解决这种选相交配，而提高受精率。

6. 可以充分利用优秀公鸡　自然交配过程中，某些腿部受伤或其他外伤的优秀公鸡无法进行自然交配，人工授精便可继续发挥该公鸡的作用。

7. 减少疾病的传播　这主要指公鸡交配器官疾病的传播。在公鸡交配器官有病时，公鸡精液污染，如果自然交配，导致母鸡阴道疾病。

8. 扩大基因库　若能使用冷冻保存精液，则不受公鸡年龄、时间、地区以及国界的限制，即使某些优秀公鸡死后，仍可利用它的精液繁殖后代。

9. 简单易行，便于推广　人工授精技术操作简单、易行，不需要比较精密及复杂的设备。一般具有初中以上文化水平经 10～15 d 学习和实际操作训练，就能基本掌握。

（二）公鸡的选择与调教训练

1. 公鸡的选择　要求选择健康、高产和体况结实的公鸡，并且公鸡体型结构匀称。

公鸡的第一次选择在 6 周龄时进行。将冠大、鲜红，饱满直立、健康无病、发育良好的公鸡，按公母性比 1∶(15～20)确定留种数量。

公鸡的第二次选择在 24～25 周龄进行。此时主要根据初步按摩，选择性反射良好、乳状突充分外翻、大而鲜红，并有一定的精液量的公鸡，按公母性比 1：(25～30)留选。凡经几次训练按摩精液量少、稀薄如水或无精液、无反射条件的公鸡应淘汰掉。在挑选的时候，最好先单笼饲养 7～10 d，并应做精液品质显微镜检查，对精液量多、精液品质好的公鸡选做种用。

2. 调教训练　在进行按摩训练及在整个配种期间要人员、时间、地点三固定。大部分公鸡经过有规律的几次按摩之后，均可达到理想的效果。特别是肉用种公鸡经过训练后，性情比较温顺。在按摩采精训练开始前，先将公鸡泄殖器周围的羽毛剪掉，以不妨碍采精为限。

(1)公鸡的保定。一般可由一人抱起公鸡，左右两手握住公鸡的大腿根部，同时一起握住鸡的左右翅膀，令其紧贴保定人员身体腹部上侧；保定人员两腿前后叉开；抱鸡的高矮程度要与采精人员互相配合，有时采精人员按摩用力较重，抱鸡者要站稳并使身体稍向胸前倾斜，以适应采精的需要。

(2)采精时的按摩手法。采精人员用左手(也有人用右手，视个人的习惯)自鸡的背部向后至尾根按摩数次，右手中指和无名指夹着集精杯，拇指与其他四指分开放于耻骨下方做腹部的按摩准备。在按摩背部的同时，观察泄殖腔有无外翻或呈交尾动作。如果有性反应表现，用按摩背部的左手掌心迅速压住尾羽，并将拇指和食指分开放于泄殖腔上方，做好挤压准备，进而在腹部的右手同左手高频率地抖动按摩，使泄殖腔充分外翻，即可见到勃起的乳状突。做好挤压准备的拇指和食指适当用力挤压。当排出精液时，夹着集精杯的右手迅速反转为手背朝上，集精杯放于泄殖腔下边，协同左手将精液收集入杯。此时，右手也可以将食指、中指和无名指向手心握紧，中指和无名指夹住集精杯，紧贴腹部，集精杯口偏向泄殖腔的左边或右边，以防在按摩时粪便和尿液进入集精杯。在左手按摩泄殖腔外翻排精时，右手夹集精杯，杯口朝向泄殖腔。此时，只要右手臂稍向外扭转，集精杯口边稍用力向乳状突的下缘施加压力，就能辅助泄殖腔充分外翻。应注意，当通过背部按摩达到性反应，泄殖腔充分外翻时，必须迅速而准确地捏住挤压部位，否则得不到采精的良好效果。

只要按摩手法正确熟练，对选定的公鸡每天采精 1 次或隔天 1 次，经 5～7 d 的按摩训练均可达到使用要求。对个别的公鸡调教时间可能要长些。

初学者，可以选几只性欲旺盛和性反射好的公鸡做练习用，主要是熟练掌握采精的手法，搞清楚由性反射到排精的过程及技术关键，然后，再着手训练大群公鸡。掌握不好采精的要领及排精的规律，就采不出精液或采得精液量少，并且还会使精液受到粪尿的严重污染。

（三）人工授精常用器具

1. 集精杯　集精杯有锥形和 U 形刻度 2 种，作用是收集精液。

2. 吸管　吸管有带刻度和不带刻度 2 种，并带胶皮头。吸管的作用是吸精和输精用。

3. 保温杯　常用保温杯带有橡胶塞，在橡胶塞上面钻 3～4 个试管孔。使用时，保温杯内放入 30～35℃的温水，将试管插入，目的在于为精液保温。

4. 温度计　温度计用于测量保温杯内的水温。

5. 药棉　药棉做卫生消毒用。

6. 试管刷　试管刷用于洗刷试管。

7. 显微镜　显微镜用于检查精液品质。

8. pH 试纸　pH 试纸用于检查精液的酸碱度。

9. 烘干箱　烘干箱做集精杯，输精管的烘干消毒用。

10. 其他　其他包括电炉、毛巾、脸盆、试管架等。

（四）人工采精的过程

1. 采精　采精的方法有多种，但一定要按照在训练调教时的手法进行。当从笼内抓出公鸡保定之后，要立即进行操作，否则，摆布按摩时间过长，公鸡往往出现麻木状态，反应迟缓，而采不出精液或采得精液较少。收集的精液应及时用吸管导入试管内，试管插放在30～35℃水温的保温杯内，当精液达到一定量时，立即送给输精人员。

2. 采精过程中常见问题及处理

(1)精液量极少或没有。其原因是多方面的，如饲养管理不善、饲料搭配不匀和突然更换饲料。在此情况下，应改善饲养管理，减少应激因素，保证饲料质量，稳定饲料种类，并搭配均匀。在发生疾病时，要及时治疗。

另外，更换采精人员、改变采精手势、操作不熟练等也能引起精液量减少。有时，当构成排精条件时，用力不当、捏得过紧或过松都可影响采精量。

(2)粪尿污染。在采精过程中，由于按摩和挤压，容易排出粪尿现象。因此，在按摩时，集精杯口不可垂直对着泄殖腔，应向泄殖腔左或右偏离一点，防止粪便直接排到集精杯内。一旦出现排粪尿时，要将集精杯快速离开泄殖腔。如果精液被粪尿污染严重，应连同精液一起弃掉。如果精液污染较轻，可用吸管将粪尿吸出弃掉。否则，给母鸡输入污染严重的精液，不仅影响受精率，而且易引起输卵管发炎。采精人员应动作敏捷，尽可能做到粪便少污染精液。

(3)精液中带血。精液中有血往往是由于挤压用力过大，手势不对，使乳状突黏膜血管破裂，血液与精液一起混合流出。遇此情况，应用吸管将血液吸出弃掉，对血液污染轻的精液，在输精时可加大输精量。

(4)性反射快。有的公鸡只要采精人员用手触其尾部或背，甚至保定人员刚从笼内抓出，精液立即射出。这类公鸡一定要先标上记号，因为公鸡排精时总是有一些先兆，应提前做好采精的准备工作，首先对此类公鸡进行采精。

(5)性反射差。性反射差和排精慢是由于泄殖腔或腹部肌肉松弛，无弹性。此类公鸡按一般的按摩采精手法无反应或反应极差。遇此情况，按摩动作要轻，用力要小，并适当调整抱鸡姿势。当发现有轻微性反应时，一旦泄殖腔外翻，立即挤压，便可采出精液。

(五)人工输精

1. 人工输精过程　输精时先将母鸡输卵管口(阴道口)翻出，才能将精液输入。基本方法是，翻肛人员用左手(或右手)打开笼门，抓住鸡的双腿从笼内拖到笼门口，并稍提起，右手拇指与其他四指分开按压尾根和腹部。当腹内压增大时，输卵管口便可翻出。输卵管口在泄殖腔左侧上方，右侧为直肠开口。在捏橡皮球的同时，翻肛人员迅速解除对母鸡腹部的压力，使精液借助于腹内压降低的作用吸入输卵管内。另外，注意不要将空气或气泡输入输卵管，否则，使精液外溢，影响受精率。

(1)输精深度。不同的深度对受精率有很大影响，因为精子到达受精部位的数量和时间与输精部位有很大关系。试验证明，在生产中宜采用浅部输精，以 2.5～3.0 cm 深度为宜，受精率平均达到 95%以上。

(2)输精数量。一般情况下，每次输精量以 0.025～0.03 mL 和有效精子数为 1 亿最好。据山东家禽研究所试验证明，以每次 0.025 mL 和 0.05 mL 分别给 16 只罗曼肉种鸡输精，输精深度为 2.5 cm，每 5 d 输精 1 次，下午 3 时开始，测定结果是：0.025 mL 和 0.05 mL 输精量的种蛋受精率相同，受精率为 88.33%，两组没有差异。

确定输精量的多少，还必须注意如下问题：

第一，精液品质的优劣。精子活力好，密度大，输精量可少些，还可稀释后再输精。对精液稀薄、活力差的精液，可增加输精量，每次输精量每只鸡以 0.03～0.04 mL 为宜。

第二，随着种鸡周龄的增加(指公鸡)，精液品质逐渐下降，输精量要增加到 0.03 mL 以上。因为种鸡周龄增加，体重和腹脂也增加，精液量减少，精液稀薄，受精率降低。增加输精量，可保证有效精子数，提高受精率。

第三，在输精过程中，一般是将全部的精液放在试管或集精杯里，随着输精时间的延长，输精量应相应增加。其主要原因是，精液存放时间越长，受精能力越低。要保持较高的受精率，必须加大输精量。此外，粪尿沉淀在精液的下面，输精后也会影响受精率，因此，试管内底层沉淀物质应弃掉不用。

(3)输精次数。输精次数多少与受精率高低有关。试验证明，母鸡每 7 d 输精 1 次种蛋受精率不如每 5 d 输精 1 次的高。在不影响产蛋量的情况下，也可 4 d 输精 1 次，都可获得较高的受精率，输精后第三天开始收集种蛋。

(4)输精时间。要在大部分母鸡产完蛋，即在每天 16～17 时以后进行输精，最早不能早于 15 时。试验证明，15 时前输精比 17 时以后输精，种蛋受精率低 4%。

2. 输精过程中常见问题及处理

(1)输卵管口难以翻出。在翻肛手势正确的情况下，有些母鸡阴道难以翻出，即使翻出来，输卵管口颜色发白、形状扁平。此类情况多属于不产蛋的母鸡，即使给此类母鸡输精也没有意义，同时造成精液浪费。所以，对不产蛋的母鸡不要输精，更不能硬翻，否则损伤内脏。

(2)输卵管内有硬壳蛋。此种情况，输精时既不能硬插也不能过于用力按压，以免压破蛋壳。动作要轻，输精管偏向一侧慢慢插入。

(3)精液品质差。在精液稀薄、混有血液或精液稍有污染时，为确保受精率，最好增加输精量。

值得注意的是，无论输精或采精，都不要抽烟，防止不良气味影响受精率。

（六）精液品质检查 精液品质检查是评定公鸡精液优劣、能否使用配种的依据，这对提高种蛋受精率和孵化率有重要意义。

1. 精液的颜色 正常的精液为乳白色、不透明，混入血液为粉红色，被粪便污染为黄褐色，尿液混入呈粉白色絮状块。凡受污染的精液，品质均急剧下降，受精率不高。

2. 精液量 一般公鸡的精液量为 0.2～0.6 mL，有的多达 1～2 mL。射精量的多少，用带有刻度的吸管或其他度量器测量。

3. 精子浓度 在显微镜下观察，一般把精液评为浓、中、稀 3 种。浓，整个视野完全被精子占满，精子与精子之间距离很小，呈云雾状，每毫升精子数在 40 亿个以上；中，视野中精子之间有明显距离，每毫升有 20 亿～40 亿个精子；稀，精子间有很大空隙，每毫升精液在 20 亿个以下。

4. 精子活力 检查于采精后 20 min 内进行。方法是，取等量精液及生理盐水各 1 滴，置于载玻片一端，混匀，放上盖玻片，精液不宜过多，以布满载玻片而又不能溢出为宜。

在室温 37℃条件下用 200～400 倍显微镜检查。测定精子活力是以直线前进运动的精子数为依据，前进运动的精子数越多，精子的活力就越大，受精率越高。精子的活力按 10 分制评定，按比例多少评为 0.1～0.9。做圆周运动和就地摆动的均无受精能力。

5. pH 值的测定 公鸡的精液呈中性反应（pH7）时最好；pH 小于 6 时呈酸性反应，会使精子运动减慢；pH 大于 8 时呈碱性反应，精子运动加快，但精子很快死亡。精液的 pH 值使用精密试纸测定。

6. 畸形率检查 取精液 1 滴于载玻片上抹片，自然干燥后用 95%酒精固定 1～2 min 冲洗，再用 0.5%龙胆紫染色 3 min，冲洗，干后即在显微镜下检查，数 300～500 个精子，畸形精子占有多少。

三、提高肉用种鸡的受精率

(一)种公鸡的饲养管理　种公鸡的饲养管理好坏,直接影响到精液品质,而精液品质的好坏又直接影响到种蛋受精率。所以,良好的饲养管理是确保人工授精顺利进行的重要条件。

1. 饲料营养　根据肉用种鸡营养标准配制饲料,饲料配方中多种维生素要充足。养鸡专业户可以因地制宜,多喂点青菜等。

2. 光照管理　光照时间每天恒定在16～17 h,有条件的最好安设自控钟。光照强度,每平方米3～4 W,要求照度均匀。光照颜色,用一般普通灯泡。

3. 环境条件

(1)舍内温度。最好在15～20℃,不要高于26℃,也不要低于10℃。冬天要做好保温防寒工作,夏季要做好防暑降温工作,有条件的最好安装空调设备。

(2)湿度。要求相对湿度在55%左右,湿度不要过高或过低。

(3)卫生。要求舍内无不良气味,经常保持舍内清洁卫生,空气新鲜。

(4)饲养方式。最好为单鸡单笼饲养。试验证明,单鸡单笼饲养,公鸡的精液数量多。笼底用2～2.5 cm宽的竹板铺设。

4. 管理

(1)喂料。根据公鸡配种多少确定每天的饲喂量。实践证明,若公鸡连续4 d采精,休息1 d,公鸡的饲喂数量最好不要限制,任其自由采食。若每5 d采精2次,饲喂量与产蛋期母鸡的饲喂量相同。但在种公鸡55周龄以后,要想法让公鸡多吃料。

(2)饮水。要求饮水清洁,饮水不断。若饮水过少,冠子发绀,则影响采精量。

(3)清粪。每3～4 d清粪1次。

(4)观察鸡群。主要观察公鸡的采食量、饮水,粪便状态、冠子的颜色及精神状态，若发现异常应及时采取措施。

5. 疾病防治　要遵守防重于治的原则，为防止传染病的发生，按期接种疫苗和进行舍内消毒。若发现疾病应及时治疗。

（二）种公鸡的利用年限　随着公鸡周龄的增加，脂肪沉积的能力加强，体重增大，性机能逐渐减退，射精量和精液质量逐渐降低，影响种蛋受精率。一般在公鸡55～60周龄时更换，换上青年公鸡。实行强制换羽的种鸡群，也最好同时更换公鸡，以保证下一个产蛋期具有较高的受精率。实践证明，肉用种公鸡在25～55周龄，受精率可保持在92%～95%。若采用自然交配，受精率在90%左右。在55周龄以后受精率逐渐下降到75%～80%，此时，若未更换公鸡仍采取自然交配，受精率也很低。若采用人工授精技术，仍可保持较高的受精率，平均在90%～92%。

四、精液的稀释与低温保存

（一）精液的稀释　精液的稀释是指在精液里加入一定比例并能保持精子受精率的稀释剂。精液稀释的目的，不仅在于增加精液容量，提高公鸡的利用率，为扩大优秀种公鸡的遗传影响，加速育种进程和繁殖新的畜牧品系开辟途径，而且稀释后的精液还可在低温下短期保存和运输，为育种场种鸡交换精液，提高人工授精效率和降低生产成本创造有利条件。

精液稀释液的配制：每100 mL蒸馏水中加果糖0.5 g，氯化镁0.034 g、醋酸钠0.43 g、柠檬酸钾0.064 g、谷氨酸钠0.867 g、磷酸二氢钾0.065 g、磷酸氢二钾1.27 g。配制稀释液时，必须按照配方及试剂的重量倒入灭菌的烧瓶进行摇动，然后在烧瓶中倒入所需数量的蒸馏水，使稀释的成分溶于蒸馏水中，稀释液pH值为7.5。

（二）低温保存　将采取的新鲜、无污染的精液，用刻度试管测量后，按1∶1或1∶2稀释，然后混匀。稀释精液逐步（一般不少于

15 min)降至 2～5℃,保存 9～24 h 给母鸡输精。在精液运输时,将稀释后的精液放入保温瓶内,同时放上冰块。使用时,将稀释精液取出直接输精。输精量以每次每只母鸡 0.03～0.05 mL 为宜。

第五章　肉鸡的孵化技术

第一节　种蛋的选择、保存、消毒和运输

一、种蛋的选择与要求

（一）选健康无病或经净化的鸡群　种鸡群只有健康、活泼、反应灵敏和无病，所产的种蛋才有较高的孵化率。如果种鸡群不健康，特别是种鸡有亲子垂直传染性疾病，如白痢、伤寒、副伤寒、支原体病、鸡传染性滑膜炎、传染性支气管炎、白血病和减蛋综合症等，可经蛋传染给小鸡，小鸡就会发病，影响小鸡的生产和生存。所以，凡患有上述疾病的母鸡所产种蛋，一律不能作为种蛋入孵。

（二）种蛋的外观选择

1. 蛋的大小　种蛋大小不仅影响孵化率，而且影响雏鸡的整齐度。种蛋大，孵出的小鸡大，种蛋小，孵出的鸡小。因此，选择种蛋要求大小、长短适中，不能选过大或过小的种蛋，否则，雏鸡出生后个体大小不均，难以管理。种蛋的重量应在50～60 g，在此范围以外都不宜入选。

2. 蛋的形状　试验证明，蛋形指数在71％～76％，孵化率最高；蛋形指数低于71％或高于76％，孵化率最高降低15％～20％。因此，选择种蛋的蛋形指数应在71％～76％。此外，腰凸、两端尖、砂顶种蛋均不能留做种用。

3. 蛋壳颜色　蛋壳的颜色反映品种的特性。不同品种的种鸡，所产蛋的颜色有较大的差异，因此，选择种蛋的颜色应符合本品种的要求。

4. 蛋壳厚度　种蛋蛋壳厚度在 0.33～0.35 mm，孵化率最高。如壳太厚（如钢皮蛋）雏鸡不易破壳，薄皮蛋，蛋内水分易蒸发，且易破裂，均影响孵化率（表 5-1）。

表 5-1　合格与不合格种蛋的孵化率　　%

合格种蛋	不合格种蛋							
	蛋重		气室		蛋壳			内容异物
	<45 g	>65 g	不正	破裂	破损	畸形	脆薄	大血斑
87.2	80.0	70.8	68.1	32.4	53.2	48.9	47.3	71.5

5. 蛋的清洁度　蛋壳表面应光洁、无污点。若蛋壳表面粘有粪便或污点，应用 40℃温水在自流水管下冲洗干净、晾干，或用干净布擦干后入孵。否则，影响种蛋的孵化效果。

6. 蛋的透视　用照蛋灯在夜间或暗室内对种蛋进行透视。在照蛋检查时，如蛋白的颜色发黄，蛋黄转动较慢，则为蛋白浓稠的表现，其孵化率高；如蛋白的颜色浅，蛋黄转动较快，则为蛋白稀薄的表现，这种蛋孵化率低。此外，凡有裂纹、气室过大、蛋黄上浮、散黄及蛋内有异物（如血斑、肉斑）的蛋都不能入孵。

（三）种蛋听音选择　操作者两手各拿 3 枚蛋，转动手指，使种蛋相互轻轻碰撞，听其声音，如声音清脆，则为完整无损的蛋；蛋破损时，可听到破损声。

二、种蛋的保存

（一）种蛋保存所需要的环境条件

1. 温度　种蛋的保存温度超过 24℃，胚胎即可发育，容易中途死亡；温度低于 5℃，胚胎则易冻坏或降低出雏率。种蛋保存温度以 10～13℃为最好。如果保存 14 d 以上，则以 10.5℃条件保存效果最好，否则影响孵化率。

2. 湿度　种蛋内大量水分通过蛋壳上的许多小孔蒸发掉，影响种蛋孵化率。而种蛋内水分蒸发的速度与蛋库内的相对湿度有关。环境湿度大，种蛋内水分蒸发慢，易生霉；湿度小，种蛋内水分蒸发快。蛋库内的相对湿度以75%～80%为最好。

3. 空气　空气要求新鲜，流通，无异气味。

4. 保持清洁卫生　蛋库内无粉尘埃、无鼠、无飞虫。

（二）种蛋的保存时间　种蛋的保存时间与环境温度有关，并对孵化率有显著的影响（表5-2）。一般来说，保存时间越长、环境温度越高，孵化率会越低。通常，冬、春两季气温较低，保存时间为5～10 d，最好5 d；夏季天气炎热，保存时间为1～3 d，不能超过5 d。为延长保存天数，有条件者可在蛋库内安装空调设备。

表5-2　种蛋保存时间与孵化率、孵化时间的关系

种蛋保存时间(d)	孵化率(%)	比正常孵化时间推迟(h)
1	88	0
4	87	0.7
7	79	1.8
10	68	3.2
13	56	4.6
16	44	6.3
19	30	8.0
22	26	9.7
25	0	11.8

（三）保存期间注意事项

1. 逐渐降温　母鸡体温为40.6～42℃，胚胎在种蛋产出之前已开始发育，产出后即停止发育；应将种蛋逐渐转至蛋库内保存。为创造种蛋保存的适宜温度，要注意蛋库内的降温速度。降温速度过快或过慢，对胚胎发育均有一定影响。同样，种蛋入孵前由蛋库转到孵化室，也应有逐渐升温的过程，即预热。

2. 保存过程中种蛋的放置　种蛋保存期间，小头朝上放置可以提高孵化率。

3. 翻蛋　种蛋保存时间如果在 7 d 内，一般不需要翻蛋。保存天数超过 14 d 时，则每天进行 1～2 次翻蛋，角度以 30°～45°为宜。翻蛋可防止蛋黄与蛋壳粘连，有利于提高种蛋孵化率（表 5-3）。

表 5-3　种蛋保存期间翻蛋与孵化率的关系

处理方法	受精蛋孵化率（%）		
	2 周	3 周	4 周
每天翻蛋	72.35	60.75	41.90
不翻蛋	72.65	50.70	31.25

三、种蛋的消毒

鸡蛋从母鸡的泄殖腔产出，到达蛋窝内或产蛋箱内，蛋壳表面被许多微生物所污染，并且微生物开始迅速繁殖。虽然蛋壳表面有一层胶质，大量微生物仍可进入种蛋内，影响种蛋孵化率和雏鸡质量。特别像鸡白痢、伤寒等经蛋可能造成小鸡的疫病流行。通过消毒处理，可以杀死蛋表的病菌，阻断传播途径，从而减少死胎率，提高孵化率，促进小鸡的健康发育，为其高效生产奠定基础。

（一）消毒时间　种蛋的消毒共分为鸡舍内消毒和孵化前消毒。

1. 鸡舍内消毒　每次收集种蛋完毕，立刻在鸡舍内消毒。消毒所用的消毒箱，应根据该鸡舍鸡群的最大产蛋量设计，并设有排风扇。每天收集种蛋至少 2 次，多者更好。

2. 孵化前消毒　孵化前消毒，一般在入孵前 12～15 h 进行。由于多种原因，消毒过的种蛋仍会被污染，所以在孵化前需进行第二次消毒。消毒应在孵化室内单设的消毒室内进行。该消毒室的设计，应根据每次入孵种蛋多少而定，并设有排风扇。

（二）消毒方法

1. 甲醛熏蒸法　每立方米空间用甲醛 40 mL、高锰酸钾

20 g，熏蒸 1 h。熏蒸的箱体或房间一定要密封，不能漏气。这是消毒效果最好的一种方法。

2. 新洁尔灭消毒法 以 1∶1 000(5%新洁尔灭原液对 50 倍水)溶液喷于蛋表面，或用 40～45℃的 1∶1 000 新洁尔灭溶液将种蛋浸泡 3 min。

3. 过氧乙酸熏蒸消毒法 过氧乙酸是一种高效、快速、广谱消毒剂。消毒种蛋时，每立方米用含 16%的过氧乙酸溶液 40～60 mL，加高锰酸钾 4～6 g，熏蒸 15 min。但须注意：它遇热不稳定，如 40%以上的浓度，加热至 50℃易引起爆炸，应在低温下保存；它是无色透明液体，腐蚀性很强，不要接触衣服、皮肤，消毒时用陶瓷盆或搪瓷盆，现配现用，稀释液保存不超过 3 d。

4. 碘液浸泡消毒法 将种蛋浸入 1∶1 000 的碘液中(10 g 碘片＋15 g 碘化钾＋1 000 mL 水，溶解后倒入 9 000 mL 清水) 0.5～1 min。浸泡 10 次后，溶液浓度下降，可延长消毒时间至 1.5 min或更换新碘液。溶液温度 43～50℃。种蛋保存前不能用此法，因破坏蛋表胶护膜，蛋内水分蒸发加快，细菌容易进入蛋内，故仅用于入孵前。

5. 季铵或二氧化氯喷雾消毒法 用含有 200 mg/L 的季铵或 80 mg/L 的二氧化氯微温溶液喷种蛋。另外，可用二氧化氯泡沫消毒种蛋(10 mg/L，5 min)。

6. 紫外线照射法 40 W 紫外灯，离地面 1 m，照射 10～15 min。此法既可达到消毒的目的，又可提高孵化率，简便易行。

四、种蛋的运输

(一)种蛋运输的条件

1. 环境条件 种蛋运输的最佳温度为 12～15℃，相对湿度为 75%～80%。运输种蛋时温度不能超过 23.9℃。种蛋运输过程中，注意气候和天气的变化。避免夏季炎热天气从南方向北方运输，或者冬季寒冷天气从北方向南方运输种蛋。

2. 运输工具　运输工具要根据运输路程而定。路程较远的，最好用火车、飞机运输；路程较近的，可用汽车运输。种蛋在运输过程中一定要平稳、无颠簸，否则，易造成种蛋系带受损，蛋黄下沉或形成流动气室，降低孵化率。

（二）种蛋的包装　种蛋包装最好采用特制的纸箱或蛋托，也可用木箱。若用特制纸箱，应将种蛋放置在每个小纸格内。纸格的大小，应根据种蛋的大小设计。每层种蛋再用纸板相隔。若用蛋托包装，每个蛋托可放 30 枚，一个蛋箱放 2 个蛋托，上下各五层，共放 300 枚。如果用木箱而无蛋托时，木箱底部应铺设新鲜、干燥的锯末、麦秸等垫料，每层种蛋之间都要有一层垫料，以防止蛋与蛋直接接触。另外，在放置种蛋时，要大头朝上，小头朝下，不能平放，蛋与蛋之间要靠紧，尽可能不留空隙。

在运输种蛋时，要根据气候和天气的变化情况，备有保温用的棉被、棉毯等。夏季高温多雨，要带有遮荫及防雨用的雨具、帆布等。蛋箱要用绳子捆牢。为减轻运输途中的颠簸，运输种蛋的汽车应配装沙子、粮食等。

第二节　孵化条件

胚胎在母体外的发育，完全依靠外界条件，即温度、湿度、通风、转蛋和凉蛋等五个条件。只有根据胚胎发育的特点，给予最适宜的孵化条件，才能获得理想的孵化效果和健康的雏鸡。

一、温度

温度是鸡胚孵化的首要条件。温度掌握的是否合适，是决定孵化成败的关键。温度过低，胚胎发育缓慢，孵化期延长，胚胎虽已形成，但啄壳能力极差，有的甚至后期闷死在壳内。温度过高，胚胎发育加快，孵化期缩短，但孵化率降低，且出壳雏鸡绒羽干枯、体质弱、腹部大、活力差。如果在1～3日龄温度过高，则可使胚胎皱缩，使卵黄囊及尿囊血管发育受影响。

（一）胚胎发育的适温范围及最适温度　鸡胚胎发育的适宜温度为37～39.5℃。但就立体孵化器来说，最适宜的孵化温度：1～18 d为37.8℃，19～21 d为37.3～37.5℃。孵化温度过高或过低，均会降低孵化率（表5-4）。

表5-4　孵化温度与孵化率的关系

温度（℃）	35.5	36.1	36.6	37.2	37.8	38.3	38.8	39.4
孵化率（%）	10	50	70	80	88	85	75	50

（二）孵化温度与所需的孵化时间　当孵化温度为35.5℃时，所需孵化时间为22.5 d；当孵化温度为36.6℃时，所需孵化时间为21.5 d；当孵化温度为37.2～37.8℃时，所需孵化时间为21 d；当孵化温度为38.9℃时，所需孵化时间为19.5 d。孵化温度超过42℃，胚胎经2～3 h死亡。孵化温度达47℃，则孵化5 d的胚蛋2 h全部死亡，孵化16 d的胚蛋0.5 h全部死亡。

二、湿度

湿度与蛋内水分蒸发和胚胎的物质代谢有关。如果孵化时的湿度较小，蛋内水分加速向外蒸发，导致尿囊绒毛膜复合体变干，阻碍了二氧化碳的排除和氧气的吸收。如果尿囊和羊膜腔的液体蒸发过多，会因渗透压的增高而破坏其正常的电解质平衡。相反，湿度过大会阻碍种蛋内水分的正常蒸发，妨碍胚胎的气体交换，同样也会影响胚胎的正常物质代谢。水分有导热作用，在孵化初期保持适宜的湿度，可使胚胎受热良好；孵化后期保持适宜的湿度，可使胚胎散热良好，因而有利于胚胎发育。此外，出雏时，保持适宜的湿度，使水分与空气中的二氧化碳作用，从而进一步使蛋壳变脆，利于雏鸡啄壳。

在孵化过程中，高于或低于最适宜湿度要比长期高温对胚胎的损害小些，不致严重影响孵化率，这是胚胎长期自然选择的结果，胚胎发育对湿度有一定的适应能力。胚胎发育的适宜相对湿度为40%～70%。立体孵化器内的最适湿度是：孵化器为50%～60%，出雏器为60%～70%。胚胎的不同发育时期对湿度的要求有所差异。在孵化初期（1～7日龄），相对湿度一般控制在55%～55%；孵化末期（19～21日龄），相对湿度要求提高到70%～75%（图5-1）。

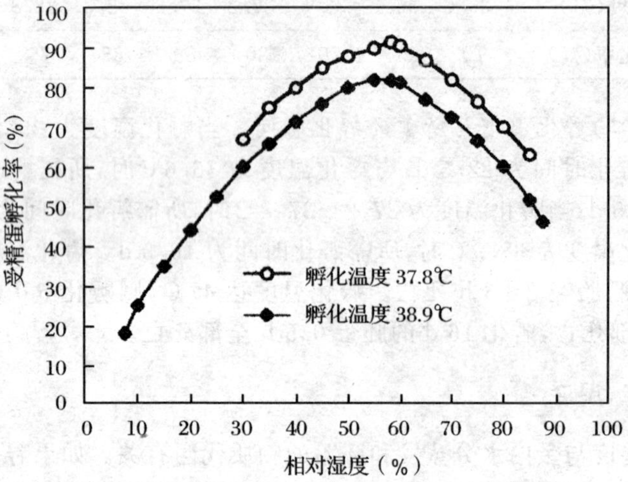

图5-1 相对湿度与孵化率的关系

测定湿度用相对湿度计。调节湿度可用增减机内水盘面积或向孵化室地面洒水的方法来完成。

三、通风

鸡胚胎从孵化第1～21天，氧气需要量和二氧化碳排出量均增加约100倍。因此，为了保证胚胎的正常发育，必须不断地通风换气，以保证胚胎发育的氧气供给和二氧化碳的排出。若通风不良会导致孵化机内氧气不足和二氧化碳浓度增加。试验证明：氧气含量每下降1%，孵化率下降5%；二氧化碳每增加1%，孵化率下降15%。当二氧化碳浓度超过2%时，胚胎发育缓慢，死亡率增高，会出现胎位不正和畸形等现象。

（一）通风与胚胎的气体交换　胚胎在发育过程中，不断地与外界进行气体交换。不同胚龄的胚胎耗氧量不同。例如，孵化初期，每胚耗氧量为0.51 mL/h，第17天为17.34 mL/h，整个孵化期总耗氧量为4～4.5 L，排出二氧化碳4 L左右。

（二）孵化器内二氧化碳对孵化率的影响　二氧化碳含量高低对孵化率有很大影响。据测定，二氧化碳含量在0.5%～4.0%（孵化温度37.7℃，相对湿度60%，氧21%），随着二氧化碳含量的增加，孵化率成正比下降。当二氧化碳含量超过1%时，每增加1%，孵化率下降15%。

（三）孵化器内氧气含量对孵化率的影响　在孵化过程中，孵化器内氧气含量为21%时，孵化率最高。若氧气含量低于21%，则每降低1%，孵化率下降5%.氧气含量在30%～50%每增加1%，孵化率下降1%左右。

（四）通风对孵化率的影响　有人认为，孵化器中每1 000枚胚蛋每分钟需空气0.14 m^3，出雏时需0.23 m^3。通风量的大小对孵化率有很大影响。据试验，当通风量每小时分别为0.020 m^3，0.027 m^3，0.045 m^3，0.200 m^3，0.415 m^3时，受精蛋孵化率分别为12.7%，25.8%，42.6%，69.8%，86%，84.7%。

（五）通风与温度、湿度的关系　通风与温度、湿度的关系极为密切。通风良好，散热就快，湿度就小；通风不良，空气不流畅，湿度则大；通风过度，温度和湿度都难以保持。

四、转蛋

（一）转蛋的作用　由于蛋黄含脂肪多，比重较轻，胚胎浮在蛋黄上面，如果长时间不转动，易导致蛋壳内膜粘连。转蛋的目的就在于改变胚胎位置，防止粘连。

（二）转蛋次数　孵化器孵化一般每1～2 h转蛋1次，土法孵化一般3～4 h转蛋1次。14 d以后即可停止转蛋。在孵化过程中，前期转蛋比后期更为重要，尤其是第一周。有人主张，在孵化过程中转蛋次数越多越好。

（三）转蛋角度　转蛋角度以水平位置前俯后仰各45°为宜。转蛋不能仅在一个方向，否则增加胚胎的死亡率。转蛋动作一定要轻、稳、慢，不能粗暴。

五、凉蛋

（一）凉蛋的作用　凉蛋的作用主要是驱散孵化器中的余热，让鸡胚得到更多的新鲜空气，促进胚胎代谢，加强血液循环系统机能，增强胚胎调节体温的能力，从而提高孵化率和雏鸡质量。

（二）凉蛋的方法　机器孵化时，种蛋经1周的孵化后，通常要求每天凉蛋2次。一般使室温置于25℃左右，将孵化器门打开，抽出蛋盘、也可关闭热源，开动风扇，让胚胎温度下降至30～33℃后，重新关上机门继续孵化。应根据气候、胎温和机器性能，灵活掌握凉蛋方法与时间。温度保持正常的情况下，不需要凉蛋。

第三节　机器孵化方法

一、孵化规模的确定

孵化规模的确定，应根据市场的雏鸡需求情况和本单位种鸡群产蛋多少来决定，事先做出详细的计划。若孵化量大，孵化设备不足，需增加几台孵化器，此时应做好资金预算。一般情况下，孵化器设备投资以1枚蛋1元计，容量1万枚蛋的孵化器，大约需要资金1万元以上。若有条件，也可以自制孵化器，能节省投资的1/2～1/3。

二、孵化器的构造

(一)孵化器的分类　孵化器分平面孵化器和立体孵化器两大类。平面孵化器容积很小，机内只容纳一层蛋盘，通常每次可孵化100～1 000枚蛋。立体孵化器容积较大。按其容量的大小又可分为大型(1次可孵化5 000～12 000枚蛋)、中型(1次可孵化3 000～5 000枚蛋)和小型(1次可孵化800～3 000枚蛋)3种。

根据孵化器外壳形态，立体孵化器又分箱式孵化器和房间式孵化器。箱式孵化器根据出雏形式不同，又可分为下出雏、旁出雏以及单出雏3种类型。这3种类型的外壳多采用木制结构或铁、铝结构。房间式孵化器是砖外壳、无底、架车式，多为整批入孵，孵化量大，占地少，经久耐用，但须有空调及冷却设备。

(二)孵化器的构造

1. 主体结构

(1)机体。机体是胚胎发育的场所，要求隔热性能(保温性能)好，防潮能力强，坚固美观。一般箱体厚约50 mm，通常分为内外两层，夹层中填隔热材料如矿渣棉、泡沫塑料等，箱壁亦用多层胶合板或铝板，外层可用薄木板或铁皮等。孵化器容量不宜过大，过大操作不太方便。以1万枚蛋的孵化器较好，并设可拆卸式板墙结构，无底，便于操作，省力。

(2)种蛋盘。种蛋盘分孵化盘(1～19 d)和出雏盘(19～21 d)2种。出雏盘孔眼直径不应超过15 mm。孵化盘多采用上下相等铁丝数，不等间距相隔，也有采用塑料蛋盘。

(3)活动翻蛋架。按蛋架形式分为圆桶式、八角式和架车式3种，都以纵或横中轴为圆心，用木材或金属材料制成的蛋盘托架；将蛋盘插入并固定，以板闸或手动蜗杆使蛋盘架翻转。翻蛋时以蛋盘托中心为支点，向右、向左各倾斜45°～55°。

2. 控温系统　控温系统由电热管(或红外线棒)，温度调节器和降温机构组成。电热管(热源)应安放在鼓风叶板与孵化器侧壁下方之间。电热管功率每立方米配备200～250 W，容纳1万枚种蛋的孵化器常装设总功率1 800 W电热管，其中1 200 W为基本热源，600 W为辅助热源。辅助热源在开始入孵或外界(孵化室内)温度偏低时使用，待孵化器里温度正常后，马上关闭辅助热源。

温度调节器包括膨胀饼、双金属片、晶体管继电器、热敏电阻感温控制仪，控制精度在0.1～0.2℃。非电子温度调节器控制不太准确；要经常调整，但易安装和维修。电子温度调节器比较准确，使用比较安全。

由于整批入孵量较大，胚胎发育到中期，体温度很高，易引起孵化器严重超温。为了克服超温，入孵器和出雏器均设有降温装置—冷排。超温时，孵化器切断电源，超温报警，控制冷水管(冷排)的电磁阀打开供冷水，以降低机温。冷排是一根弯曲的铜管，安装在机壁与鼓风叶片之间。

3. 控湿系统　一般在孵化器箱底放置2～4个镀锌铁皮浅水盘，以水盘内水分蒸发保持机内的湿度。目前，较先进的供湿系统，安设叶片供湿轮，连接供水管、水银导电表和电磁阀自动控制喷雾。

4. 报警系统　由温度调节器(即水银导电表)、电铃和指示灯(红绿灯泡)组成，温度调节器当做感温原件。一般多设有高温报警，也有的设有高、低温报警。在机内温度偏离规定的温度±0.5～1℃时，即发生警讯。

5. 转蛋系统　用手摆动或用电力带动，使蛋架向左向右或前后各翻转 45°～55°。

6. 均温系统　由电动机带动风扇叶片转动，使机内温度均匀。电动机转速一般为每分钟 200～240 r，转速过高，影响孵化率。

7. 通风换气系统　由进出气孔、电动机和风扇叶组成，可分为顶吹式和侧吹式。顶吹式风扇叶设在机顶中央部位内侧，进气孔设在机顶近中央位置左右各 1 个，出气孔设在机顶四角。侧吹式风扇叶设在侧壁，进气孔设在近风扇轴处，出气孔设在顶部中央。气孔数量、大小，依据孵化箱体积及蛋容量设计。

8. 机内照明及安全　机内设有照明灯和门限（启闭电机设备）。开孵化箱门时，机内照明灯自动亮，电机自动停止转动，关机门时，灯光熄灭，电机启动。

三、孵化前的准备

（一）孵化计划的制定　在制定孵化计划前，要进行调查研究，主要调查肉鸡产品、饲料、种蛋、鸡苗等价格和肉鸡的饲养经济效益及市场对肉鸡的需求。预测将来一段时期内，社会对鸡苗的需求和孵化的经济效益等，从而确定孵化的规模。

制定孵化计划还应根据自己的孵化设备条件、孵化出雏能力、种蛋供应能力及销售能力等具体情况而定，最好签订合同，以便使整个工作有条不紊地进行。

孵化人员的安排，要根据实际情况及孵化技术水平，适当搭配，确定负责人。另外，要把孵化过程中费工费力的工作如上蛋、验蛋、落盘、出雏等劳动强度大的工作适当错开。一般每 5 d 入孵 1 批，也有 7 d 入孵 2 批（即 3 d 入 1 批，4 d 入 1 批），这样工作效率比较高。

（二）孵化设备及附属用品的准备　为保证工作连续不间断地进行，要准备好易损坏零件、电动机备用、发电机备用 2 部。另外，照蛋灯、温度计、记录表格、消毒药品等都应有备用。

（三）孵化设备检查　在孵化前几天，应把机器的每个系统逐一检查，校正各机件的性能，查出并排除故障。例如，调节控温、控湿水银导电温度计至所需要的温度、湿度；达到所需温度、湿度时，看是否能切断电源；报警系统能否自动报警；蛋的前俯后仰角度是否达到45°等。如果各调节系统均无异常，便试机1～2 d，一切正常方可入孵。

（四）孵化设备的消毒　在种蛋入孵前几天，要把孵化器、孵化设备先用清水冲刷，再用0.1%的新洁尔灭溶液擦拭，然后以每立方米容积用福尔马林40 mL、高锰酸钾20 g进行熏蒸。要求温度24℃以上、相对湿度75%以上的条件下熏蒸24 h，然后开机门和进出气孔，驱散甲醛蒸气。

（五）种蛋预热　种蛋入孵前4～6 h或12～18 h，先在22～25℃室温下进行预热。也有在入孵前1～5 h，38℃预热。预热可提高孵化率。

（六）码盘（排蛋）　国外码盘用吸蛋器，国内多采用手工操作。这项工作费工又费力，并且工作量较大，要求认真、细心。码盘的时间，可根据孵化量及劳力的多少而定。如果一次上蛋比较多，可以提前1～2 d进行码盘。如果一次上蛋不多，可在当天消毒前几小时完成。

（七）验蛋　码盘后，马上验蛋。把码好的种蛋放在一个验蛋架上，用照蛋灯逐个透视检查，把裂纹、破蛋及蛋内有异物的蛋全部剔除。在透视检查时，要上下仔细观察。

（八）入孵　入孵时间可在下午4～5时进行，也可在24时以后进行。若不是整批上蛋，要使孵化器里新老胚蛋温度较均匀，应把种蛋交错放置，并标记符号，防止出错。

四、孵化操作技术

（一）温度调节　要根据不同类型、不同结构的孵化器调节温度。孵化器在入孵前业经校正、检验并试机运转正常，一般不能随意拨动。在刚入孵时，由于上机的种蛋及孵化盘需大量吸收热量，温度可能急剧下降，这是正常现象，不能调温，直至蛋温、盘温与孵化器内温度相等时，孵化器温度就会恢复正常。即使是暂时性停电或修理，引起温度下降，最好也不要调节。只有在正常情况下，机内温度仍偏高或偏低上下 0.5～1.0℃时，才予以调节。不同的上蛋制度(入孵制度)，调温方法不同。若全进全出制，即整批入孵，可根据胚胎发育采取变温孵化。开始温度高，胚胎 11 d 后白温、孵化器温度应逐渐降低。若分批次入孵，要采取恒温孵化，因为机内各种胚龄的蛋都有，可以互相补充温度，既不能偏高也不能偏低，温度应调至 37.8℃。

温度的调节，一般都以门表的温度为依据。孵化人员还应掌握胚蛋的温度，用手触摸或用眼皮测试温度，看胎施温。另外，还要根据孵化室里的温度高低调节温度。要观察调节器的灵敏程度，并注意温度计的水银柱是否有断裂现象。每隔 0.5 h 观察 1 次温度，每 2 h 记录 1 次。

(二)湿度调节　湿度由孵化湿度计或干湿球温度来观察，每小时观察记录 1 次。湿度高低与水盘多少、水温高低、水位高低有关。湿度低，可加水盘增加蒸发表面积，提高水温，降低水位，或在孵化室内地面洒水，改善环境湿度。出雏时，应及时换水。目前，比较先进的湿度调节是自动调节。当机内湿度大时，能自动报警，减低水分的蒸发，湿度小时，自动增大水分的蒸发。

(三)翻蛋　增加翻蛋次数，可提高孵化率。翻蛋角度一般为 45°～55°。目前，机器孵化多是自翻蛋，每小时翻蛋 1 次。手动翻蛋，动作要轻、稳、慢，并防止事故的发生。

(四)验蛋(照蛋)　验蛋的目的是检查胚胎发育是[illegible]时剔除无精蛋、死精蛋、死胚蛋和破蛋等。验蛋要求[illegible]尽量缩短验蛋时间。孵化人员验蛋放盘时，可根据[illegible]

区及胚胎发育情况，趁机进行调盘，以便使胚胎发育一致，提高孵化率。

验蛋的时间，一般是 5 d 头照，18 d 二照，同时移盘（称落盘）。有些孵化厂，只在 10 d 照蛋 1 次，因肉鸡种蛋壳厚发暗，照蛋过早不易辨别。

（五）移盘（落盘） 根据原北京农业大学试验，胚蛋孵 18～19 d移盘较为合适。具体掌握 10%～20%胚蛋“打嘴”的时候进行移盘，这样可提高孵化率。移盘要求动作轻、稳、快，尽量缩短移盘时间，减少破蛋。出雏盘顶应加铁丝网，防止雏鸡跳出来。统计移盘数时，品种繁多，应做出标记。

（六）拣雏 雏鸡出壳后，待绒毛干燥后要及时拣出，不能长时间停留在出雏盘内，以免影响雏鸡的健康。一般每隔 4 h 拣雏 1 次，也可在出雏 30%～40%时拣第一次，60%～70%时拣第二次，最后再拣 1 次。

拣雏动作要轻、快，尽量避免碰破胚蛋。在第二次拣雏后将空蛋壳及时拣出，以防蛋壳套在其他胚蛋上，引起闷死。在拣雏时，不要将机门全部打开，以免出雏器里温度，湿度下降过快，影响出雏。

在出雏后期，可进行助产。雏在壳内无力挣扎时，用手轻轻剥开蛋壳，分开粘连的壳膜，把鸡头轻轻拉出壳外，但不要把整个雏都拉出壳外。

（七）清扫、消毒 针对全进全出制的出雏器，拣完雏后，应彻底清扫，然后用高压水冲洗，再用福尔马林熏蒸。对分批次出雏的孵化器，也要清扫、冲洗和消毒，消毒方法可改用新洁尔灭溶液擦拭出雏盘、出雏器等。

（八）停电时的措施

（1）大、中型孵化厂都应有自备发电机，停电时，用自备发电机供电。最好备有 2 部，其中一部备用。

（2）小型孵化厂要事先与供电部门联系，提前得知停电时间及停电时间长短，以便采取供温措施，如准备火炉、暖气等。

(3)停电时，注意机内各区域温度，必要时进行调盘或手摇风扇叶转动。

(4)5日龄胚蛋停电超过4 h，影响胚蛋发育，应把机门关闭好，并将室温提高到30～32℃，及时检查蛋温。

(5)对全进全出制5日龄胚以上或多批入孵制，将室温提高到30℃，打开机门。

(6)对胚龄小的注意保温，对胚龄大的注意散热。

第四节　胚胎发育及看胎施温技术

鸡胚胎的发育分为2个阶段，一是体内阶段，即蛋形成过程中的发育，二是体外阶段，即雏鸡形成过程中的发育。

一、胚胎在蛋形成过程中的发育

(一)胚胎发育的条件

(1)成熟的卵细胞进入喇叭口后必须与精子结合成为受精卵，若卵子不与精子结合，则不能发育。

(2)必须具备受精卵发育的温度、湿度等条件。

(二)胚胎发育过程　从卵细胞受精成为受精卵到鸡蛋产出体外，需24～25 h。在这段时间内，受精卵要经过多次有丝分裂及复杂的分化过程。第一次有丝分裂是在峡部进行，时间是卵细胞受精后3～5 h，第二次分裂在第一次分裂20 min后开始，第三次分裂也在峡部进行，分裂为8～16个细胞，到子宫后4 h内细胞增至256个。当受精卵通过输卵管各部位时，形成胚盘，在胚胎发育中形成内外胚层。剖视受精卵，肉眼可见形似盘状的胚盘。蛋产出体外，胚的发育暂时停止。

二、胚胎在孵化过程中的发育

(一)孵化期　鸡胚胎发育的孵化期为 21 d,但也受其他因素的影响。如种蛋重大比种蛋重小的孵化期长,种蛋保存时间长,孵化期略有延长;孵化温度高孵化期缩短;孵化温度低孵化期延长。不论何种原因造成孵化期延长或缩短都是不正常的,对孵化结果、雏鸡质量都不利。

(二)胚胎发育的外部主要特征

1. 胚胎发育的 4 个阶段

第一阶段是孵化的 1～4 d。在胚胎的内外胚层间很快形成了中胚层,外胚层形成皮肤、羽毛、喙、爪、神经系统、晶体、视网膜、耳、口腔和泄殖腔上皮,中胚层形成骨骼、肌肉、血液、生殖器官和排泄器官,内胚层形成消化道、呼吸道上皮和内分泌腺体。

第二阶段是孵化的 5～14 d。外部器官形成,即神经系统、性腺、肝、脾脏的形成和口腔、四肢的出现。在这个阶段形成肺的基础、感觉器官的外部,出现肋骨脊椎,脖颈伸长,翼、喙明显,四肢形成,腹部愈合,全身覆有绒毛,胫及腿趾上出现鳞片。

第三阶段是孵化的 15～20 d。胚蛋白营养物质全部被吸收利用,胚胎逐渐长大,肺血管形成,尿囊及羊膜消失,卵黄囊收缩并收入体内,继而除气室外胚胎充满壳内,胚开始肺呼吸,在壳内鸣叫直至出壳。

第四阶段是孵化的 21 d,雏鸡形成,破壳而出。

2. 胚胎发育过程中的主要变化

第 1 天:在入孵后 16 h,体节形成(体节是在脊髓两侧形成的众多块状结构,骨和肌肉由此产生);入孵后 24 h,眼开始形成。

第 2 天:入孵后 25 h,心脏和血管开始形成;入孵后 35 h,耳开始形成;入孵后 42 h,心脏开始跳动,胚胎血管和卵黄囊血管连接,从而开始了血液循环。

第 3 天：入孵后 60 h，鼻开始形成；入孵后 62 h，腿开始形成；入孵后 64 h，翅开始形成，胚胎开始转为左侧下卧，循环系统迅速增长。

第 4 天：机体所有的器官都已出现；裸露的眼球上出现清晰的血管。

第 5 天：生殖器开始分化，出现两性区别；面部和鼻尖具雏形。

第 6 天：喙开始出现；翅及腿可区分开。

第 7 天：躯体开始迅速发育，发育速度超过头部；肉眼可分辨出机体的各个器官。

第 8 天：羽毛按一定的羽区开始发生。

第 10 天：喙开始变硬；腿部鳞片及趾开始形成。

第 11 天：腹部愈合；冠出现锯齿；爪的背侧开始角质化并呈白色；尿囊在蛋小头合拢。

第 13 天：已看见初生绒毛；骨髓开始钙化；大多数器官都已分化，但有待最后完善。

第 14 天：胚胎发育转动，并与蛋的长轴相平行，其头部通常朝向蛋的大头。

第 17 天：头部发生转向，使喙部位于右翅下，并朝向增大的气室下部。

第 19 天：卵黄囊开始缩入体腔，雏鸡达到便于啄壳的位置；卵黄囊中的物质可用做雏鸡出壳后头几天的营养源；喙穿入气室开始肺呼吸，并能听到雏鸡在壳内鸣叫。

第 20 天：雏鸡已经啄壳，啄壳时喙上的破壳齿压在蛋壳内侧，一边回头，一边在气室附近啄成圆形破口，然后伸展头脚，破壳而出。出壳后，雏鸡的破壳齿自行脱落。

第 21 天；出壳。

3. 胚胎发育的透光检视特征

第 1 天：种蛋孵化 15～20 h，蛋内有一个光亮的圆珠，随蛋黄转动，俗称“白光珠”。

第 2 天：白光珠变暗红，并逐渐扩大，形成樱桃状小血饼，俗称“樱桃珠”。

第 3 天：在扩大的小血饼中间，初有血丝出现，随后呈现蚊虫状鸡胚，俗称“蚊虫珠”。

第 4 天：“蚊虫珠”长大，似小蜘蛛状，血丝分布若蛛网，此时鸡胚不再随蛋黄转动，定位于蛋的一面称为正面，而背面很光亮，俗称“小蜘蛛”。

第 5 天：“小蜘蛛”长大，如大蜘蛛，头部明显见有一黑眼，这个黑色的眼点，俗称“单珠”、“黑眼”。

第 6 天：在“大蜘蛛”头部和身躯呈现两个黑圆点，俗称“双珠”。

第 7 天：“大蜘蛛”附近羊水增多，胚胎浸沉在羊水中，蛋正面已布满血丝，称“沉”。

第 8 天：胚胎在羊水中时沉时浮，若隐若现，似游泳状，俗称“浮”。

第 9 天：此时蛋正面不再有特征性形态，在蛋背面的左右两边可见到有尿囊暗影向中心合拢，并有血管伸入蛋白中，俗称“发边”。

第 10 天：左右血管区在气室下首先吻合，尿囊暗影亦迅速自左右向中央发展，继而血管伸至蛋的小头，俗称“到底”。

第 11 天：尿囊暗影在蛋背面中央合拢，并向种蛋的小头下沉，俗称“暗影扩大”。

第 12～16 天：尿囊暗影继续向种蛋的小头下沉、扩大，俗称“暗影下沉”。

第 17 天：尿囊暗区完全充满蛋的小头，蛋内除气室外均呈暗色，俗称“封门”。

第 18 天：蛋的大头气室与暗影间，仍发红发亮，并见有血丝，俗称“红口”。

第 19 天：气室先呈现倾斜状，蛋互相撞击时发出空洞声；继而在气室内可看到翅膀、颈部的暗影闪动，并可听到雏鸡在壳内鸣叫，俗称“斜口”、“开壳”、“闪毛”、“隐胡”。

第 20 天：雏鸡普遍隐叫、啄壳，并有部分雏鸡出壳，俗称“啄壳”。

第 21 天：雏鸡已大批出壳，俗称“出壳”。

三、看胎施温技术

温度是孵化过程中最重要的因素，它决定胚胎的生长发育进程和生活力的强弱。正确地掌握温度是提高孵化率的首要条件。适宜的孵化温度应该是：孵化后 1～18 d 为 37.5～37.7℃，孵化后 19～21 d 36.1～37.2℃。如果孵化过程中温度过高，特别是超过 40℃以上时，会使孵化率明显下降。相反，如果孵化过程中温度过低，特别是低于 35℃以下时，则孵化期延长，胚胎死亡率增加。

（一）孵化温度和胚胎生长　孵化温度之所以重要，是因为它对鸡胚胎和生长发育具有深刻的影响。温度低于正常时，发育减慢；温度较高时发育则加快（但仅在很小的限度范围内）。鸟类胚胎的最佳孵化温度范围相当有限，对最佳温度范围以外温度耐受力很差。在 15℃时不能发生细胞活动，胚胎暂停发育，所以许多孵化厂都用该温度贮藏种蛋。温度再低就能对细胞产生损害并会阻止胚胎在孵化开始后的正常发育。在 25℃时胚胎不会发育，但胚胎细胞会表现出某些活动；种蛋长时间置于该温度时（数天）可导致胚胎死亡。温度低于 35℃时，胚胎开始有限度的发育，但由于胚胎发育过程受到损害难以恢复，所以胚胎易出现畸形。温度低于最适范围，并降至 35℃时可以维持胚胎的生长，但发育缓慢，孵化期延长，孵化率降低。

短时间（数分钟）置于较低的孵化温度时不会对胚胎产生显著

的影响。打开孵化器的门时，种蛋温度下降比空气温度慢。此外，胚胎对低温有一定的耐受力。但这种耐受力随胚胎的发育而有变化。幼小胚胎在低温下的存活时间长于大日龄胚胎。接近出雏时，胚胎对低温的耐受力非常差，这对于雏鸡质量十分重要。但孵化温度过高亦能引起对胚胎和出壳雏鸡的热应激，从而降低雏鸡的质量。

温度高于最适温度时，鸟类胚胎的耐受力较差。温度在38～39℃时，生长和发育加快，但未必同步，这就会延长孵化期和降低孵化率。温度为39℃或更高时，胚胎的生长发育就会受到严重限制，结果是畸形增多、死亡率增高。胚胎对高温的耐受时间比对较低温度的耐受时间短得多，接近出雏的种蛋在数小时或数分钟内会成批死亡。

（二）胚胎温度　在孵化期间，由于不同发育期的胚胎有着不同的需要，所以应当改变孵化温度来满足这些需要。因此，在单级孵化过程中，孵化温度起初被调到稍高于推荐的平均值，一般应始终保持37.8℃，出雏机温度为36.4～37.2℃。大型孵化场多采用整批入孵，孵化温度应前高后低，逐渐下降。1～5胚龄，38.3℃；6～10胚龄，38.1℃；11～15胚龄，37.8℃；16～19胚龄，37.6℃；出雏机温度为36.4～37.2℃。

（三）看胎施温　由于孵化季节、蛋的品种、大小、蛋壳的薄厚、贮存时间、孵蛋的数量以及孵化机型号不同等，因此所采用的孵化温度也不应相同。所以要想达到理想的孵化效果，必须把看胎和施温有机的结合起来。一般情况下，凡是胚胎发育符合图谱标准，孵化效果就好，违背了胚胎发育规律，孵化效果就差。所以，看胎施温的目的就是根据胚胎发育的情况来调整孵化温度，使胚胎发育符合图谱标准。当施温正常时鸡胚第5天可以明显看到眼点，血管占蛋面的4/5，一般观察平放蛋更为明显；鸡胚在第10～11天时尿囊血管布满整个蛋的表面，这是预测孵化效果的重要标志；鸡胚在第 17 天时，胚胎“封门”即除气室外全是黑的，这是预测孵化成败的又一显著标志。如果施温偏低，则胚胎发育较慢。

根据上述原理，可在孵化早期，主动掌握胚胎发育动向，判断孵化温度得当与否，及时发现问题，采取措施纠正。

（四）测定胚蛋的失重率　对孵蛋定期称重是最好的质量控制措施，它也是“看胎施温”的重要参考数据。温度是影响胚蛋减重的首要因素。温度高，胚蛋减重大；温度低，胚蛋的减重小。种蛋在孵化期间（1～19 d）的最佳失重为孵化前蛋重的 12%～13%，如果失重小于 12%或大于 13%，都无法获得最佳孵化率。因此，要获得好的孵化效果必须定期称重，计算胚蛋的失重率，以便及时调整孵化温度及其他影响失重因素，达到最佳失重率。一般胚蛋以每天减重 0.6%左右为宜。

第五节　孵化效果的检查和分析

一、孵化效果的检查

通过照蛋及对出雏情况的细致观察，结合鸡群健康情况、饲养管理、种蛋保存、运输等情况以及孵化条件和操作技术等方面的调查，进行综合判断，进一步改善饲养管理，种蛋保存和调整孵化条件，提高孵化率。

（一）照蛋（验蛋）

1. 照蛋方法　照蛋是检查孵化效果的方法之一。通常采用的工具是照蛋器。通过透视胚胎，了解胚胎发育情况，及时调整孵化条件，改善管理措施。

2. 发育正常的活胚形态与各种异常胚形态的区别

（1）发育正常的活胚。5 d 头照，可明显看到黑色眼点，血管明显呈放射状，蛋的颜色暗红。孵化第 10 天抽照时，发育正常的活胚尿囊已经合拢并包围蛋的所有内容物，透视时，蛋的锐端布满血管。在18 d再照时，发育良好的胚蛋，除气室以外已占满蛋的全部容积。胎儿的背部紧压气室，因此，气室边界弯曲，血管粗大，有时可看见胎动。即将出壳的雏体占据整个胚蛋，气室向一侧倾斜。

(2)弱胚蛋。5 d时，发育迟缓，胚体小，黑眼点不明显或看不到，血管纤细，色淡红。18 d时，胚胎发育落后，气室比发育正常胚蛋小，且边缘不整齐，可见到红色的血管，小头发亮。

(3)无精蛋。5 d照时，蛋色浅黄、发亮，看不到血管，蛋黄影子隐约可见，头照多不散黄。

(4)死精蛋、死胚蛋。头照只见黑色的血线(或血点，血弧，血环)紧贴壳上，有时可见死胚的小黑点静止不动(转蛋时跟着转动，但停转后又静止)。蛋色浅，蛋黄沉散。照蛋时，很小的胚胎与蛋黄呈分离状态，气室边缘不清晰，蛋的小头发亮。18 d时，气室小而不倾斜，其边缘整齐且呈粉红，淡灰或黑色。胚胎不动，见不到“闪毛”。

(5)破蛋。透视见有裂纹。

(6)腐败蛋(臭蛋)。蛋色呈一致的紫褐色。有的有异臭味，到一定程度就爆炸，放出一种特臭味。

(二)蛋重和气室的变化　在孵化过程中，由于蛋内水分蒸发，蛋重逐渐减轻。孵化至6 d，9 d，15 d，19 d，蛋重减轻依次为2.5%～3.0%，5%～7%，10%～11%，12%～14%。如果蛋重超出正常的标准过多，验蛋时气室很小，可能是湿度过低、蛋的品质不良。通常做法是，定期测100个胚蛋实际重量，求减少的百分数，然后与标准比较。

(三)出雏观察　出雏观察主要从出雏的膘、毛、色(精神状态)及脐部吸收愈合情况等方面观察雏鸡的健康程度。

1. 观察雏鸡质量

(1)健康雏。绒毛洁净有光泽，脐部吸收良好，干燥且被腹部绒毛覆盖着，腹平坦。雏鸡站立稳健，对光及音响反应灵敏，叫声洪亮，体型匀称，握在手里有温暖感觉并挣扎有力，膘情良好，显得“水灵”。

(2)弱雏。绒毛混乱，脐部潮湿带有血迹，愈合不良，腹大，蛋黄吸收不良，脐部无绒毛覆盖，体重大小不一，体躯干瘪瘦小；握在手里感到无挣扎力，精神不振，两眼无神，半闭半开；两脚站立不稳，叫声无力或表现痛苦呻吟状态，对外界反应迟钝。弱雏有发育不良的拐腿、瞎眼等。

2. 观察出雏时间长短及整齐性　孵化正常时，出雏时间比较一致、集中。第 20 天初出雏，20.5 d 出雏达到高峰，满 21 d 应全部出齐。孵化不正常时，出雏时间拖得很长，无明显的出雏高峰，22 d 时还有不少未破壳的蛋。

二、孵化效果分析

(一)整个孵化期鸡胚死亡的分布规律　据研究，无论是自然孵化还是人工孵化，高孵化率的鸡群还是低孵化率的鸡群，鸡胚死亡在整个孵化期不是平均分布的，而且存在着两个死亡高峰。死亡的第一个高峰在孵化的第 3～5 天，第二个高峰在孵化的第 10～20 天。一般来说，第一个高峰的死亡率约占全部死亡率的 15%，第二个高峰约占 50%，2 个高峰期死胚率约占全期的 65%。高孵化率的鸡群，鸡胚多死亡于第二个高峰，而低孵化率的鸡群，第一个高峰死亡率比较多，与第二个死亡高峰死亡率大致相等。

(二)鸡胚死亡高峰的原因分析　较高的孵化率，按入孵蛋计算孵化率可达 85%，无精蛋不超过 5%，头照中死胚蛋 2%，二照中死胚蛋 2%～3%，移盘后的死胚蛋(毛蛋)6%～7%。如果高于上述指标，就要对各期死亡的原因进行分析，以便总结经验，进一步提高孵化率。

1. 内部因素　第一个死亡高峰正是胚胎生长迅速以及形态

变化显著时期，从某种意义上讲，内部因素对第一死亡高峰影响较大。内部因素是指种蛋内在品质，它们在蛋产出之前业已固定，是由遗传性和饲养管理共同决定的。

2. 环境因素　第二个死亡高峰正是鸡胚从尿囊呼吸过渡到肺呼吸时期。此时生理变化剧烈，需氧增加，自温猛增，易感传染病，对孵化环境及管理要求高，一部分本来较弱的鸡胚不能顺利破壳出雏。从某种意义上讲，外部因素对第二个死亡高峰影响较大。外部因素是指孵化过程中所给予的条件。

(三)孵化各期鸡胚死亡原因分析

1. 孵化前期(1～6 d)死亡　这主要是种鸡的营养水平低，如缺乏维生素 A、维生素 B_2，种蛋贮存时间过长、保存温度过高或受冻，种蛋消毒熏蒸不当，孵化前期温度过高。

2. 孵化中期(7～12 d)死亡　种鸡的营养水平及鸡群健康状况不良，如维生素 B_2、维生素 D 缺乏，污蛋未消毒，孵化温度过高，通风不良，转蛋不当造成发育落后。

3. 孵化后期(13～18 d)死亡　种鸡的营养水平差，如维生素 B_{12}缺乏，胚胎多死亡于 16～18 d；气室小系湿度过高；胚胎有明显充血说明有一段高温；发育极度衰弱，系温度过低；小头打嘴系通风换气不良。

4. 闷死壳内　出雏时温度、湿度过高，通风不良，胚胎软骨畸形，胚位异常，卵黄囊破裂，颈、腿麻痹软弱等。

5. 雏鸡啄壳后死亡　其主要原因是孵化期温度高，尤其在鸡胚利用蛋白营养时，遇高温使鸡胚郁热而致死。

第六章　养鸡场的设计与养鸡设备

鸡场的规划设计对建场投资、鸡舍内外环境、生产成本都有密切的关系和长远的影响。规划设计合理的鸡场可以为鸡群创造适宜的生活、生长和生产环境，能满足鸡群的防疫要求；便于生产运行和管理，节约占地和投资，利于有效经营。鸡场设计主要包括场址选择、场区平面布局规划、鸡舍结构与总体设计、鸡舍的通风与保温隔热设计、消毒室和孵化室等内容。

第一节　养鸡场场址的选择

一、场址的选择

鸡场的防疫至关重要。鸡群规模愈大，要求愈高。环境疫情对鸡场防疫的影响巨大而时间久长。鸡场场址选择的重要性可想而知。一方面鸡场要求不受外来污染源的影响，另一方面它自身所产生的粪便、污水与废气对环境却又是一种污染源，如果处理不当，便会相互污染，造成疫病的传播。因此，鸡场应远离城市与居民区。但这样难免带来交通不便，而导致饲料与产品的运输费用增高，使鸡场的生产成本增加，经营难度加大。尽管如此，在选择场址时也要远离居民区。

在选择场址时需要考虑的因素还有，如属于自然条件的地形、地势、土壤、地质、水源水质、气候条件等，属于社会条件的交通、供电、环境疫情等。值得注意的是除了根据上述原则进行全面考虑与权衡分析外，还应从经济可行性方面进行研究论证，最后确定适宜的场址。

（一）气候条件　场址的气候条件对鸡场的规划设计如总体布局、鸡舍类型、结构、朝向与间距、防寒、防暑设计等以及鸡舍内小气候都有密切的关系，所以选择场址时首先要调查了解当地的有关气候气象资料。主要包括：经度、纬度、海拔高度、年均气温、最高最低气温、无霜期、土壤冻结深度、年降雨量与积雪深度、最大风力、冬季夏季与全年主导风向、日照情况等。

（二）地势地形　鸡场场址应选择地形平坦、地势高燥、排水方便、通风良好、光照充足的地方。在平原地区应避免在低洼潮湿或易积水处建场；地下水位要低，应在 1～2 m。在山区丘陵地带建场应选择较为平坦的向阳山坡处，建筑区坡度不宜超过 5%～10%；总坡度不超过 25%；避免在风口、谷地及沟底建场，防止山洪和暴风雪的袭击。此外，还应调查、勘察地质构造情况，离开断层、滑坡或容易塌方的地段。

（三）水源水质　水源水质关系着生产生活用水与建筑施工用水，要给以足够重视。水源供水量要充足，一般每只成年鸡昼夜用水量（包括饮水量加其他耗水量）为 1.2～1.5 kg，每只存栏鸡昼夜用水量为 0.8～1.0 kg，最大需要量为其 2～3 倍，并要求用水方便，取水设备投资不大，水源应容易保护，不被污染。水质良好。目前，我国尚无鸡的饮水卫生标准，但应要求饮水清亮纯净，符合人的饮水卫生标准，盐类等有害物质含量低，饮水的主要卫生指标见表 6-1。有了良好的水源，还要注意保护，以防受到污染，影响以后的生产。为此，鸡场投产后，每年应监测水源水质 2 次，并定期清洗供水系统。

表 6-1　鸡场饮用水主要卫生指标参考值

指标	单位	含量	指标	单位	含量
pH 值		6.5～8.5	硒	mg/L	≤0.01
硝酸盐	mg/L	≤1.5	铅	mg/L	≤0.1

续表 6-1

指标	单位	含量	指标	单位	含量
氟化物	mg/L	≤1	铬	mg/L	≤0.05
氰化物	mg/L	≤0.05	砷	mg/L	≤0.04
锌	mg/L	≤1	镉	mg/L	≤0.01
铜	mg/L	≤1	汞	mg/L	≤0.001
铁	mg/L	≤0.3	细菌总数	个/L	≤10～100
锰	mg/L	≤0.1	大肠杆菌数	个/L	≤3

(四)供电条件　大中型鸡场的生产、管理及生活各个方面都需用电。鸡舍的通风、照明、保暖、降温、消毒及孵化、供水、饲料加工等工作更是一刻不能停电。所以,鸡场应建在电源充足,用电方便之处,最好是双路供电更有保障。大型或综合性鸡场还应自备发电机,以备停电时使用。

鸡场的用电量随鸡群规模、鸡舍类型、机械化和自动化程度的不同而差异较大。一般电力安装容量为:每只种鸡 3～4.57 W,每只蛋鸡 2～3 W。按每只鸡的年耗电量计算,密闭鸡舍机械化程度高的鸡场为 7～7.2 度,普通中小型鸡场为 2～3.3 度。

(五)交通状况　鸡场投产后经常有大量的饲料、产品及废弃物等需要运进或运出,其中鸡蛋、雏鸡等在运输途中还不能颠簸,因此要求场址交通方便,道路平整。这样鸡场与外界的业务联系也较方便。

要求场址交通方便,同时必须利于鸡场防疫隔离和保持场区内良好的生产环境,并应以此为前提,确定交通方便的程度。一般要求鸡场与铁路干线公路要保持较大的距离,与铁路间的距离不应小于 2 km,距主要公路不少于 500 m,距次要公路 100～300 m。鸡场与公路之间应有鸡场专用道路。

(六)环境疫情与环保要求

1. 环境疫情　拟建场址及其附近的兽医防疫基础与隔离条

件是影响鸡场成败及维持时间长短的重要因素。要求不在旧鸡场场址或已经污染了的土壤上扩建或新建鸡场。经过调查，附近曾有严重疫情历史的地方不宜选做场址；场址应与居民点、村镇、集市、畜牧场、兽医站、屠宰场等保持较大的距离，一般不应小于 3 km。种鸡场与商品鸡场相比，这个距离应该更大。

2. 环境保护　远离工厂、化工厂、重工业厂、矿区排出的废水、废气、废渣等含有大量的有毒物质，这种环境对鸡体健康及产品品质都有不利影响，不能在这类地方建鸡场。

3. 远离生活区　鸡场的粪便、废气、废水也是污染源，对附近的人畜健康及生存环境也会带来危害。从这个意义上讲大中型鸡场也要远离村镇、居民点，一般应有 1～3 km 以上的距离。鸡场规模愈大，距离相应愈大；与人口密集的城区之间距离也要加大。

（七）场址的确定　经过认真调查与实际勘察，对上述各方面的资料进行综合分析后，根据满足防疫和环保要求，兼顾运输方便和利于经营的原则，具体确定场址。

（八）鸡场面积的确定　鸡场占地面积受鸡场性质、鸡群规模、饲养方式（或饲养密度）、房舍类型、专业化或综合性程度高低及场址环境、地价等诸多因素的制约，尚无一定的标准。一般应本着节约用地、少占农田的原则，结合满足防疫、便于生产、利于经营等要求而定。不同规模的鸡场占地面积范围大体见表 6-2。

表 6-2　不同规模的鸡场占地面积范围

养鸡规模（万只）	1	2	3	4	5
占地面积（m^2）	4 000～5 000	12 000～15 000	20 000～30 000	50 000～60 000	10 000～160 000
每只占地（m^2）	0.4～0.5	0.4～0.5	0.4～0.6	0.5～0.6	0.5～0.8

根据目前情况，要想节约鸡场占地面积，在合理和可行的前提

下，可通过提高舍内饲养密度，缩小鸡舍间距离，建连体鸡舍和增加鸡舍建筑层数等方式来实现。在农村可以在果园或经济林场内建简易长形鸡舍，实施果园养鸡或林禽结合模式。

二、鸡场的建设设计

鸡场的建设设计规划要考虑鸡场的专业化或综合性程度及规模大小来设计。一般综合性鸡场要比专业化鸡场的规划更复杂，大鸡场要比小鸡场的规划更正规、更严格。为了确保防疫效果，有利生产、经营，鸡场内根据各部分的职能分工、重要性及特点不同，需要分区管理设计。为了既要便于生产经营又要防止疫病的传播来进行设计规划。

(一)鸡场的规划设计　鸡场的规划设计一般根据鸡场的规模大小来进行设计，场内划分为生活及管理区、辅助生产区和生产区、粪污处理区等几部分。

1. 生活及管理区

(1)生活小区。有宿舍、食堂、文化娱乐室、医务室等。

(2)行政管理小区。设供销、财务、办公及车库、门卫。

2. 辅助生产区

(1)库房。物料库房、商品蛋库、饲料库、其他材料库、车库等。

(2)水、电、暖供应小区。包括供水、配电、锅炉及维修。

(3)技术室与兽医室等。

3. 生产区

(1)育雏育成小区。育雏育成鸡舍所在区域。生产区也可分为育雏、育成 2 个小区。

(2)成年鸡生产小区。此区为产蛋鸡舍所在区域。

(3)门卫及更衣消毒室。

(4)孵化小区(种鸡场设)。主要包括种蛋库、孵化、出雏、存放、清洗、消毒更衣等厅室。

(5)排污区。包括粪便、污水排放、处理及病死鸡处理设施与场地(粪场应在生产区之外)。

(二)鸡场规划设计的原则

1. 有利于卫生防疫　首先考虑人的生活和办公场环境不受污染,并与外界联系方便。另外,要保证鸡场的卫生防疫要求。各区间要保持一定距离并有隔离设施。生产区要置于场区最里边,与外界绝对隔离,门卫及消毒设施齐全,消毒措施要严格执行。生产区内鸡群以鸡舍分群,采取全进全出制度。生产区与非生产区分开,行政管理人员、生产辅助人员不得随便进入生产区,避免外来病菌带入生产区内。各小区间也要分置隔离,主要根据鸡群的抗病能力和经济价值排序。具体布局时按场内防疫环境优越的程度依次为育雏小区、育成小区、成年鸡小区。种鸡场的种鸡群要优于商品鸡群。鸡场的净道、污道一定要分开。净道为运送饲料、鸡蛋等进出鸡舍所用,而污道为运出粪便及淘汰、病死鸡所用。

2. 便于管理,利于生产　在满足防疫隔离的前提下,平面布局适当紧凑,可以缩短供电、供水管线和运输通道;饲料仓库就设在耗料较多的鸡群、舍附近;锅炉房应靠近育雏区,以保证供暖;这样便于饲料、粪便、产品、供水等其他运输呈直线往返,减少弯路。采用适宜的生产方案,设计合理的鸡舍跨度和长度。

3. 节约用地,减少投资　鸡场布局要合理,充分利用隔离地带绿化美化环境。在处理场前区和生产区的关系时,首先要拉开距离;其次应按夏季主风向基本平行布局,场前区略向前一些,生产区略向下一些;如果有坡度,场前区在上,生产区在次高处,粪污处理区在最下面。图 6-1 是按地势、风向养鸡场分区规划的先后顺序示意图。

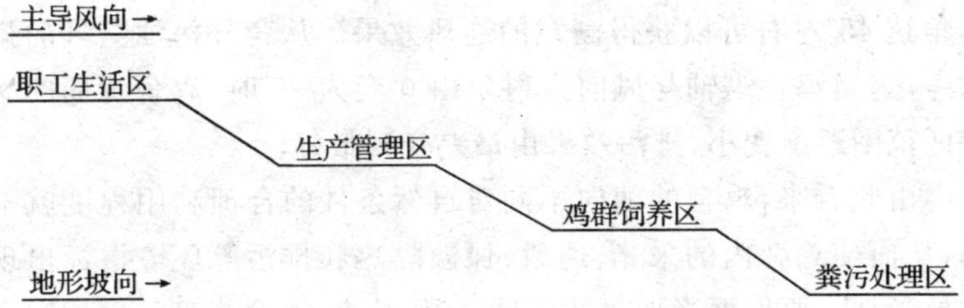

图 6-1 按地势、风向养鸡场分区规划先后顺序

(三)鸡舍的建筑设计

1. 鸡舍朝向

(1)与保温的关系。我国气候的普遍特点是夏季炎热、冬季寒冷,所以夏季要防暑、冬季要保温。因此,各地鸡舍皆应以朝南为主,南方向南为主略偏向东,北方向南为主略偏向西。这样夏季可以缓解酷暑,冬季能充分利用太阳热辐射保持舍温。在北方冬季的鸡舍保温问题,受冬季主风向的影响很大。当鸡舍长轴与风向垂直时风向入射角为0°,鸡舍长轴与风向平行时风向角度为90°。应使鸡舍纵轴与冬季主风向之间保持较大的风向角,减少鸡舍围墙的垂直迎风面积,这样有利于冬季鸡舍的保温。

(2)与采光的关系。我国地处在北纬20°～50°,窗户朝南的鸡舍,冬季阳光斜射,虽然外界自然光线较弱,但是进入舍内的光线较多,这样可以利用太阳辐射的温热效应和射入舍内的阳光给鸡舍保温取暖。夏季太阳直射,进入舍内的光线较少,有利于防暑降温。因此,鸡舍应选择朝南的方向建设。

(3)与通风的关系。自然通风式鸡舍需要借助外界气流达到舍内通风换气的目的。舍内通风量的大小,除受通风窗的设置影响外，还与进入鸡舍的风向角有关，若前后窗相对而设时，夏季主风向角达45°左右可以获得满意的通风效果。从舍外污浊空气的排除考虑，当鸡舍纵轴与风向入射角由0°变为90°时，鸡舍背面的涡旋区范围逐渐变小，排污效果由最差变到最好。

由此看来，鸡舍的朝向不同对自然条件的合理利用程度就不同，从而使鸡舍内的采光、通风、保温隔热和排污等环境指标出现差异。因此，要根据当地自然条件、气候特点、鸡舍类型等因素综合考虑后确定鸡舍的朝向。

2. 鸡舍的排列　鸡舍的排列要从鸡场防疫的角度考虑，根据场区地形形状、坡度方向、道路规划与鸡舍多少，进行鸡舍合理的排列。一般有一净道并排单列式和一净道(对头)双列式。鸡舍多时可以几组相连进行一净道双列式(对头)排列，即两列鸡舍中间的道路为净道，两边为污道。种鸡舍按一净道并排单列式排列。

3. 鸡舍间距离　鸡舍间距离的大小与鸡场的防疫、排污、鸡舍采光、防火等要求及占地面积有直接关系，原则是在满足防疫、防火要求的前提下，尽量缩小鸡舍间距，以求减少鸡场占地面积(表6-3)。

表6-3　我国若干大型鸡场的鸡舍间距

间距名称	最小距离范围(m)
小区内育雏育成舍间距	15～25
小区内产蛋鸡舍间距	15～25
小区内成年种鸡舍间距	15～50
小区内育雏育成舍与产蛋鸡舍间距	30～60
小区内种鸡舍与商品蛋鸡舍间距	38～75
孵化厅与鸡舍之间间距	50～80

(1)防疫。鸡舍之间保持一定的距离，可以避免一栋鸡舍内产生的废气、粉尘、毛屑等污物及携带的病原体传入另一栋鸡舍。实

验表明，根据当地主风向入射角的范围，鸡舍间距应为3～5个鸡舍的高度。

(2)排污。根据试验结果，鸡舍长轴与主导风向夹角在30°～60°时，鸡舍间距超过1.3～1.5倍的鸡舍的高度，即可满足排除场区污浊空气的要求。但此距离明显小于防疫要求。

(3)防火。我国规定民用建筑的防火间距是12 m。鸡舍多为砖混结构，可以略小于12 m，相当于3～4倍的鸡舍高度即可。

(4)采光要求。我国民用建筑的日照间距要求为1.5～2倍的鸡舍高度，一般鸡舍可以满足此距离要求。

综上所述，为了节约用地，降低建场投资，应尽量缩小鸡舍间距。然而，为了满足防疫、排污、采光及防火的要求，则希望加大鸡舍间距。四项要求中以满足防疫要求所需间距最大(3～5 h)。根据鸡舍朝向与夏季主风方向入射角的关系具体确定(自然通风)鸡舍间距。如是纵向通风的密闭鸡舍，可适当小些。小区内如果鸡舍较多，尤其是纵向通风鸡舍末端相对时(排出的污浊空气互相对吹时)，鸡舍末端间的距离必须加大。

4. 各小区间的距离　为了防止人鸡之间、各鸡群之间的相互污染及外界对鸡群的污染威胁，鸡场内各小区间均需保持一定的距离，并设门隔开。一般大中型鸡场的生活和行政管理区与生产区之间应有30～40 m以上的距离，与粪污处理区应有100～200 m的距离；生产与粪污处理区应在50 m以上的距离，孵化区末端与鸡舍的距离也应在50 m以上。

5. 鸡场的道路设置　鸡场道路的合理设置对鸡病的防疫，提高劳动效率和生产效益有很大关系。

(1)净、污道分开。净道和污道不能混用，也不能交叉。净道分干道与支道，由场前区、辅助生产区、生产区大门消毒池通向鸡舍的首端(操作间一端)，污道由鸡舍末端通向粪场。

(2)道路要短、宽度适宜。在满足生产与防疫要求的前提下，道路尽量短而直，并减少拐弯，缩短长度。干道与鸡舍之间应有支道相连。根据行走车辆大小，一般干道宽为 4～6 m，支道 2.5～3 m，路面中间略高于两侧，能耐冲洗。

6. 场区水、电管线应沿净道通往鸡舍　供水管线与道路保持 1～2 m 的距离，深度应在当地冻土层以下，穿越道路的交叉处应设置涵洞以便于检修。鸡舍污水需沿污道一侧的排水沟排出场外。从选场址和鸡舍建筑等工作，始终要考虑整个场区的雨水和污水排放问题，一定要防止场区内出现污水倒流或雨水漫溢现象的发生。

（四）场区绿化　鸡场场区内除了建筑物、道路等占地外，空地面积较大，应该进行绿化，改善环境与防疫条件。绿化的作用很多，花草树木的新陈代谢过程，可以吸收大量鸡舍排出的二氧化碳、氨气和硫化氢等有害气体，同时释放出有益的氧气，从而净化空气，保护环境；树冠遮荫，可遮挡 50%～90%的太阳辐射热，草地约遮挡 80%。乔木、灌木与草本结合可以降低气流速度，并减缓冬季寒流对鸡舍的侵袭；树木叶面积为投影面积的 75 倍，草地为 25～30 倍，具有明显的吸附尘埃、减弱噪声等效果；此外还可起到增强防火、适当缩短防疫间隔、节约用地的作用。

1. 隔离绿化　在场内区间或小区之间可沿鸡场四周围墙设置较宽的隔离绿化带，种植高大乔木与灌木，相间密植，形成防风隔离屏障。

2. 防护林带　主要在鸡场周围的防疫沟边密植带刺的树木和高大的乔木，形成刺篱笆，防止人畜进入。另外可以降低场区的风速，防止风沙对鸡场的侵袭。

3. 遮荫绿化　中小型鸡场在鸡舍南侧栽植株高、冠大的树木，夏季其浓密的树荫投射到鸡舍屋顶及墙壁上，可有效地降低鸡舍温度。注意树距鸡舍房基应有 2 m 左右的距离。也可种植一些藤蔓植物扯到鸡舍上面，起到遮荫作用。但要注意不要妨碍通风和排污。

4. 道路和空地绿化　在上述之外的道路,可以绿化的空地,都应栽上树木,形成林荫道,美观舒适。空地种植草坪,进行地毯式绿化。少量点缀一些花草,这样绿化更好。

应该注意,鸡场制定绿化方案的目的要明确。如在炎热南方地区,夏季比较炎热应以防暑降温为主,搞遮荫绿化是主要的。集约化程度高的大型鸡场,应以防疫为最重要,树木会招来鸟类栖息,增加传染疫病的机会,所以不宜搞树木绿化,空地应该全部建植。也有人想利用鸡场空地种植果树或饲草、粮食等作物,增加一定的效益,但鸡群的防疫有时受到威胁,因此大型鸡场和种鸡场则不宜采纳。

第二节　鸡舍建筑设计

一、鸡舍的建筑类型

(一)密闭鸡舍　鸡舍平时四壁封闭,两侧不留采光、通风窗,面积很小的应急窗与两端山墙上的门也常关闭着。舍内的通风、光照、温度等环境完全要靠人和电力来控制。这种鸡舍的优点是舍内环境可以有效地控制,受恶劣的外界气候影响较小,缺点是土建投资大,运作耗能高,对电依赖性极强,适用于饲养大规模、高效益的鸡群。

(二)有窗鸡舍　鸡舍侧壁设有窗户,可以充分利用自然光照和通风,关闭窗户后也可进行机械通风。舍内环境受自然气候影响较大,如果设计合理,既能充分利用自然环境条件,又可减轻高温和寒流对鸡群的威胁。有窗鸡舍是我国目前应用最多的一种鸡舍。也有人将有窗鸡舍的窗户遮黑、封严,当做密闭鸡舍使用。

(三)开放鸡舍　这种鸡舍仅有立柱支撑屋顶,四周无墙壁,或仅有 0.5 m 高的墙，或南侧无墙而仅北侧有墙。开放鸡舍属于一种简易鸡舍，建筑造价很低。适于南方高温地区应用。

现在农村不论是养肉鸡还是养蛋鸡，规模比较小的大多都是开放式、半开放式和塑料大棚养鸡，肉鸡或蛋鸡的育雏和育成多采用厚垫料地面平养，鸡群整日活动、采食、饮水及生长在舍内地面之上。鸡舍多为有窗式或开放式鸡舍。对于种鸡场和大型的蛋鸡场以及大型的肉仔鸡饲养场，大部分是采用密闭鸡舍饲养。

鸡舍的建筑类型按建筑材料与结构而划分为 4 种类型。其一，钢结构鸡舍。鸡舍梁柱、屋顶等为钢筋混凝土结构的鸡舍，建筑造价最高。其二，砖木结构鸡舍。砖墙，木柱，瓦顶，为常规鸡舍。砖墙留孔眼窗，小跨度，用石棉瓦或用红瓦盖顶，属简易型鸡舍。农村的蛋鸡舍大多采用此种。其三，轻型拱顶鸡舍。在砖墙上架设拱形的轻型屋顶。用泡沫塑料等材料盖顶，保温御寒性能较好，建筑造价适宜。其四，塑料保温大棚鸡舍。用钢筋或竹木为骨架，塑料薄膜覆盖，在塑料薄膜上面放上 20 cm 厚的麦穰或草苫子，再在上面用鸡网网上或盖上一层油毛毡即成。这样夏天既能隔热，冬天又能保温，价格还比较低廉。两边的墙高在养肉鸡时不超过 1.5 m，养蛋鸡时不超过 2 m。大窗子，窗子可以有框，也可以无框；冬天窗上钉塑料布，夏天钉纱网。这种建造投资很低，如果设计好保温与通风装置，效果很好，很适合农村的肉鸡饲养和蛋鸡饲养。

二、鸡舍建筑设计要求

在进行鸡舍总图设计时，要满足鸡群对鸡舍小气候的要求。因鸡长期生长在鸡舍里，对鸡舍的环境温度、湿度、光照、通风与空气洁净程度的要求是比较严格的，鸡舍小气候的环境发生大变化的不利于鸡体生长发育，就会发病。因此，这些要求要通过房舍结构和环境控制方法的设计得到满足或基本解决。

适合工厂化生产的需要，有利于集约化经营管理，提高经济效益。要与生产设备的配套要求相适应，如笼养鸡舍的长度、宽度应使鸡笼数量与安装合适，便于操作等。

鸡舍设计应符合鸡场总平面布置的要求，并便于选择建筑材料，便于施工，有利于节约建材，降低造价；要便于饲养管理操作，力争做到科学实用，坚固耐久而投资适宜。注意防止两种偏差，即强调先进而投资过大，或者强调节约而过分简陋，这样都会影响经营效益。各类鸡舍的装鸡容量要配套，能满足全场鸡群周转的需要。

根据上述要求，各种鸡舍的栋数，饲养批次，容鸡数等关系见表 6-4。

表 6-4　种鸡场各种鸡舍关系

	成年鸡舍	育成鸡舍	育雏舍
饲养期(d)	366	98	42
空舍期(d)	30	24	19
每年饲养批次	1	3	6
鸡舍栋数	6	2	1
每栋容鸡数(只)	5 000	5 150	5 400
饲养周期(d)	366	122	19
设计养鸡数(只)	30 000	30 900～32 000	32 400～33 000

三、鸡舍的总图设计

鸡舍的总图设计包括鸡舍的平面、剖面与立面设计。

（一）平面设计　鸡舍的设计包括使用面积、辅助面积与结构面积三部分的建筑平面设计。使用面积即饲养间的全部可用面积，包括养鸡面积与走道面积。辅助面积包括用来短时存放饲料、鸡蛋及人员值班的工作间，一般设置在靠净道的鸡舍首端。结构面积指鸡舍建筑所占的面积。要根据场地条件、建筑形式、鸡群规模、设备规格、笼或网栏的布置、走道的数量与宽窄等因素来进行平面设计。鸡舍平面布置确定后，要明示建筑物形状，各组成部分的尺寸，鸡舍的跨度、总长度，舍内外高度和坡度、门窗位置等，绘出鸡舍的平面图。

（二）剖面设计　根据生产需要，确定鸡舍的剖面结构与尺寸等。剖面设计主要包括舍内净高（指地面至屋梁下缘或顶棚的高度）、屋架起脊的高度、粪坑深度与宽度等以及舍内空间的组合利用状况。笼养鸡舍笼顶至顶棚之间的距离，自然通风时应不少于1 m，机械通风时不少于0.8 m；网上平养时，网面至顶棚距离应在1.7 m以上。两高一低平养鸡舍内，连体式产蛋箱长的一端应置于架板网上，另一端应悬吊于垫料之上空，使箱体呈水平状态。

鸡舍净高度、鸡舍跨度与饲养密度、饲养方式、设备高度、清粪方式、通风方式等有关。单层鸡舍檐高一般为2.4～3.2 m；跨度大、饲养密度大或自然通风的笼养鸡舍净高应不低于3 m；夏季不太热地区的小跨度或平养鸡舍净高可略低些；机械通风比自然通风鸡舍净高可适当降低，约为2.5 m即可；楼层鸡舍层高一般为3.3～4.2 m；半高床和高床鸡舍分别比一般同类型鸡舍加高1.0～1.3 m和1.5～1.8 m。

（三）立面设计　立面设计主要是鸡舍四壁（正面、侧面与背面）的外观平视图，包括鸡舍外形、总高度及门、窗、通风孔、台阶的位置与尺寸等。

第三节　养鸡设备

现代肉鸡生产是良种、饲料、防疫、环境、管理和机械设备等多种因素的有机整体。在肉鸡生产过程中，使用先进的机械设备可以大幅度地提高劳动生产效率，同时还可以为鸡群创造较为理想的生活环境，促进生产性能的提高。因此选择和使用性能好的机械设备，是提高养鸡生产效益的关键措施之一。常用养鸡设备主要有环境控制设备、笼具、清粪设备等。

一、环境控制设备

鸡舍内的环境控制设备包括控温、光照、通风等设备。良好的环境控制工艺应能向鸡提供充足的新鲜空气和氧气;提供适宜的温度和湿度;有利于增加舍饲的密度;消除舍内氨、二氧化碳、硫化氢等有害气体;减少致病微生物;为饲养者创造舒适的工作环境,提供较高的经济效益。

(一)鸡舍通风类型及通风设备选择

1. 鸡舍的通风类型

(1)负压通风。使用风机将鸡舍内的污浊空气抽出,鸡舍内气压变小,舍外的新鲜空气经进气窗口进入鸡舍内,这种方式称为负压通风。根据舍内气流走向,这种方式又可分为横向通风和纵向通风两种。前者是将风机安装在鸡舍的一侧纵墙上,后者是将风机安装在鸡舍的一端山墙上,纵向通风的效果优于横向通风。

(2)正压通风。这种方式是使用风机将舍外新鲜空气强制送入舍内,使舍内气压增大,加速舍内空气的流通,使舍内污浊空气经排气口排出到舍外。现在农村养鸡大部分是采用此种方式进行通风。

(3)联合通风。联合通风是指在鸡舍中同时采用排风和送风2种方式。这在大型密闭式鸡舍应用较多。

2. 风机类型　无论采取什么通风方式,都需要性能可靠、通风效果好的通风设备作保证。

(1)轴流式风机。这种风机所吸入和送出的空气流向与风机叶片轴的方向平行,主要应用于负压通风鸡舍。轴流式风机的特点是:风量大,转速低,噪声小,耗电少,安装维修方便;叶片旋转方向可以逆转,旋转方向改变,气流方向随之改变,但通风量不减;集风器设计独特,进、排风口都有较大的圆弧,有利于进风和排风。如

9FZJ-1.2型轴轮式风机的风机叶轮、集风器、活动百叶采用玻璃钢制作，质量轻，强度高，不易变形，耐腐蚀性强，抗老化。国内多数厂家生产6个叶片的轴流式风机，空气流量最大可达60 000 m^3/h以上，但配套功率也相应增大。

表6-5 9FZJ系列风机性能参数

型号规格		动力 (V/kW)	风量 (m^3/h)	压力 (Pa)	噪声 (dB)	外形尺寸 (mm)
9FZJ-0.6	700	220/0.25	11 000	60	≤70	720×720×420
9FZJ-0.9	500	380/0.55	21 000	60	≤70	1 070×1 070×680
9FZJ-1.2	400	380/0.75	39 000	60	≤70	1 350×1 350×720
9FZJ-1.4	350	380/1.50	54 000	60	≤70	1 550×1 550×720

(2)离心式风机。这种风机运转时，气流靠带叶片的工作轮转动时所形成的离心力驱动。空气进入风机时，方向与叶片轴平行，离开时变成垂直方向，因此在采用正压通风的鸡舍多应用离心式风机。离心式风机不具有逆转性，压力较强，噪声较大。

(3)吊扇和圆周扇。这2种风扇被置于鸡舍的顶棚或横梁上，将空气直接吹向鸡体，加速空气流动，促进鸡舍径向冷热空气的交换。这2种风扇一般作为自然通风鸡舍的辅助设备，安装的位置及数量可视鸡舍情况而定。如果鸡舍主要靠此通风，效果较差，因鸡舍内的热气是向上的，这样吊扇和圆周扇转动时将热风又吹向鸡体，达不到真正通风的效果。

(二)鸡舍供暖类型及设备 温度对鸡的生长、繁殖和生产性能影响很大，应根据不同的生长阶段、鸡舍类型和季节选择适当的温度调节设备，以满足鸡的生理需要。

1. 供温设备

(1)保温伞。保温伞广泛用于平面育雏，有圆形、漏斗形、多角形等多种形状，用纤维板、薄铁皮、铝片等材料制成，用电或燃气(液化石油气、煤气)等为热源，热量从上向下辐射传热，达到保温效果。

(2)热风炉。热风炉主要由热炉、送风风机、风机支架、电控箱、连接弯管、有孔风管等组成。热风炉有卧式和立式2种，是供暖系统中的主要设备。它以空气为介质，采用燃煤板式换热装置，送风升温快，热风出口温度为80～120℃，热效率达70%以上，比锅炉供热成本降低50%左右，具有结构简单，使用方便、安全，成本低，送风快，热效高，热气清洁无污染等特点，是目前推广使用的一种采暖设备。9RFL-20B型热风炉的主要技术参数是：供热量836 MJ/h，耗煤量30～40 kg/h，热效率≥70%，出风口流量7 720～9 800 m^3/h，温度不高于120℃，供暖面积600～800 m^2，装机功率2.2～4 kW。可根据鸡舍供热面积选用不同功率热风炉。立式热风炉顶部的水套还能利用烟气余热提供热水。

(3)暖气供温。暖气供暖分水暖型和气暖型2种。水暖是以热水经管网进行热交换，升温缓慢，保温时间长，舍内温度、湿度适中，操作安全。暖气升温快，管网以气进行热交换，但降温也快，舍内空气干燥。因此，一般多采用水暖供温。

(4)红外加热器。其外形有棒型、板型和灯型3种。加热器以电热丝为热源涂以远红外辐射体。板型加热器的功率为800 W，其辐射面离地约1 m。使用1～2年后，表面涂层老化发白时应重新涂刷，以保证辐射效率。红外加热器发出的不可见红外光除了可以提高舍温外，兼有杀菌、促进鸡血液循环和降低发病率的作用。

(5)火炉和火炕供温。这是用砖石、土坯砌成的火炉或火炕来对鸡舍进行供温。火炉砌成后外接烟囱，烟囱有的直立，有的斜向一侧，排烟孔伸向鸡舍外面。这时要注意伸向鸡舍外面的那节烟囱，太凉容易倒烟，太热造成热量散失。燃料可用无烟煤也可用烟煤。现在农村养鸡大部分是采用此法供暖，这也是最落后的一种取暖方式。火炕供暖是在鸡舍内用土坯或水泥板砌成，在鸡舍的一端山墙下开一洞口，为烧火口，再沿鸡舍的纵轴中间砌一主火道，顶到对面时向两边分，然后返回到烧火口的这一端的山墙，与出烟口相通。为了便于出烟，从烧火口到出烟口可逐渐升高，农村也叫回龙炕。火炕可用煤炭也可用秸秆等作为燃料。

2. 降温设备　当气温超过 30℃时，鸡群的健康和生产性能就会受到严重影响，在高密度饲养的条件下，无论是开放式鸡舍，还是密闭式鸡舍，有效地降低鸡舍的温度是夏季鸡群管理的重要任务。鸡舍常用降温设备主要有 2 种。

(1)自动喷雾降温设备。9PJ-3150 型自动喷雾降温设备由水箱、水泵、过滤器、喷头、管路及自动控制器组成。一套喷雾降温设备可安装三列并联 151 m 长的喷雾管路。笼养时，管路应安装在离笼顶 1～1.5 m 处；平养时，应距饲养面约 2 m。喷头为旋芯式；喷孔直径 0.55～0.6 mm；雾粒直径在 100 μm 以下；喷头的射程在向上喷时可达 60～70 cm，水平范围为 1.2 m，因此两喷头的间距应为 1.2 m。当鸡舍温度高于设定温度时，温度传感器将信号传给控制装置。控制装置自动接通电路，驱动水泵，水流被加压，经过滤器进入舍内管路，喷头开始喷雾；约喷雾 2 min 后，间歇 15～20 min，再喷雾 2 min，如此循环。在舍内湿度 70%时，舍温可降低3～4℃。

(2)湿垫——风机降温系统。这是一种新型的降温系统，主要应用于干热地区。该系统由 ZB 型纸质多孔湿垫、水循环系统和低压大流量节能风机及控制装置等组合而成。本降温系统的湿垫和风机分别装在密闭式鸡舍的两端山墙上或装在两侧墙壁上。风机运转时造成鸡舍内负压，迫使室外的热空气流经湿垫，引起水分蒸发吸取大量热，从而降低入舍空气的温度。夏季使用该系统降温一般可使舍内温度下降 4～8℃，气温越干热，降温幅度越大。该系统设备设计合理、安装简单、成本低廉、维修保养方便、热交换效率高，目前在国内得到了较为广泛的应用。

(三)照明设备　光照对鸡的活动、采食、饮水、繁殖等都具有重要的作用,光照时间的长短、光照强度的大小对鸡的影响有所不同,因此光照的控制也是养鸡生产一个比较重要的问题。

1. 灯具　灯具是养鸡生产中补充人工光照的电光源,目前常用的有白炽灯和荧光灯。

白炽灯的波长为 400～1 050 nm,其中包括一部分红外线,因而产热多,光效低,同样照度时耗电量大。白炽灯每瓦大约可发出 12.56 lm 的光,但数值随灯泡大小而异,小灯泡可发出较多的流明,大灯泡较少。为了提高白炽灯的发光效率,一般应加带灯罩,否则将有约 30%的流明被墙壁、顶棚、各种设备等吸收;灯泡质量差、阴暗又会减少 30%的光照,因此一只白炽灯发出的流明数值只有约 49%的流明可利用。白炽灯的利用寿命约 1 000 h。

荧光灯的波长为 400～751 nm,光效高,亮度强,电耗约为白炽灯的 1/3,使用寿命比白炽灯长 3～4 倍。但其缺点是荧光灯的设备投资较多;在额定电压范围以外使用或增加开灯次数,其使用寿命将缩短;在环境温度为 21～27℃时放射效率最大,气温降低,照度下降,如在 5～10℃时,其放射效率仅为 80%～90%。因此调整照度需用荧光灯专用调光器。一般认为,荧光灯对鸡的产蛋没有不良影响。

2. 照明控制设备

(1)24 h 可编程序控制器。适用于鸡舍光照定时开、关,最短控制时间为 15 min,最长控制时间为 24 h,它具有使用方便、操作简单、自耗低、寿命长等特点。编程序控制器时间盘外圈由 96 片塑料键构成,每片为 15 min。把键片按到底为"通电",把键片拔上为"断电"。注意:调整时间必须按顺时针方向旋转;因电频率影响或停电后复电,应及时调整时间以免程序时间滞后。

(2)DGK 型调光自控器。这是一种具有时控、光控、调光等功能齐全的鸡舍光照自控器。开闭灯模拟太阳升落情景,使鸡舍光照达到渐明渐暗的自然状况,而鸡群不会应激。该设备由石英开关钟、光敏传感器、电压表和进口集成电子线路组成，调光可靠，调整直观方便。

(3)DKG-9 型电脑控光仪。该设备采用专用定时电脑为基础设计，其特点是可在 1 d 或 1 周内任意设置 1～6 次开关时间，这对在整个饲养周期内需要逐渐改变光照时间的蛋鸡舍和每天开关次数较多的肉鸡舍都非常适合且非常经济。

(4)KX4000 鸡舍光照控制器。本设备采用全封闭外形设计，能有效地防止鸡舍内氨气、硫化氢等有害气体对仪器的侵蚀，使用寿命长，液晶数码显示便于黑暗中观察。其内芯由电脑芯片装配而成，故障率极低，能自由设置程序，24 h 内 6 开 6 关，渐明渐暗时间达 30 min，可完全模拟自然日光，对鸡群无应激。遇到停电，仪器的电池立即切换供电，能确保内存程序不丢失。

二、笼具

鸡笼是肉种鸡饲养的基础设备，其结构和形式决定了肉种鸡的生活方式、饲养工艺及配套设备的形式、安装位置和尺寸。鸡笼的设计和制造是否合理，与肉种鸡的饲养效果和肉种鸡场经济效益密切相关。鸡笼的种类按其用途可分为育雏鸡笼、育成鸡笼、产蛋鸡笼、肉鸡笼和种鸡笼。其组装形式有叠层式、阶梯式、阶叠混合式和平置式。

(一)叠层式鸡笼　叠层式鸡笼又称为全重叠式鸡笼。这种配置形式是将各层组装笼自上而下完全重叠起来架设，一般为 3～4 层，也有 2 层或更多层。四周用框架做支柱，层间设承粪板，承接上层笼内鸡排落的粪便。层间可用刮板式清粪机或带式清粪机，将鸡粪送至每列鸡笼的一端或两端(视笼组长度而定)，由横向螺旋刮粪机将鸡粪送到舍外。小型的叠层式鸡笼可用抽屉式承粪板，当承粪板上积满鸡粪时人工拉出，用刮板刮去鸡粪再将其推进。饮水采用长槽式供水或乳头式饮水器，喂料采用链式喂料机或长槽式人工喂料。

这种形式鸡笼最大的特点是能充分利用鸡舍空间，舍饲密度大，每只鸡的基建投资相对较低，饲养人员的劳动效率也较高。其缺点是每只鸡得到的光照不平衡，笼体垂直方向的通气性差，对鸡舍通风要求较高，清粪机械设备比较复杂。叠层式笼养较适合于采用密闭式鸡舍的工厂化养鸡。我国多应用于育雏阶段。目前，我国用的育雏笼具有 9YCH 叠层电热育雏器，9DYC 四层电热育雏器和 9DYL 四层电热育雏笼。

（二）阶梯式鸡笼　阶梯式鸡笼指各层组装笼之间不完全重叠配置的鸡笼，又可分为全阶梯式鸡笼和半阶梯式鸡笼 2 种，每种包括全架和半架 2 种形式。

1. 全阶梯式鸡笼　这种鸡笼的配置形式是将上、下各层的组装笼完全错开架设，国内常见的是 2 层或 3 层，从整架的一端看似品字形。国外密集型养鸡采用机械化操作时，也有 4 层或 5 层的组装形式。

全阶梯式鸡笼的特点是下层笼的后网与上一层笼的前网位置对应，粪便可直接落到笼下粪坑，故不需装承粪板，清粪作业较为简便。由于笼层之间不重叠，相互无遮挡，因此通风充分，光照均衡；由于结构简单，在机器故障或停电时便于人工操作。这种鸡笼也可组装起来，配套装上供料喂料设备、鸡蛋拣拾装置以及清粪设备等，即可组成不同规模的机械化养鸡场。但这种鸡笼也有其缺点，主要是由于笼层之间完全错开，从最上一层拣蛋较为费事，因此在采用 3 层全阶梯式鸡笼时最好用浅型笼，其一侧进深约 960 mm，有利于捡蛋。其次是舍饲密度相对较低，1 m^2 为 10～20 只。3 层全阶梯式鸡笼是目前养鸡生产中应用最为广泛的鸡笼组合形式，尤其是在产蛋阶段的应用最为广泛。

2. 半阶梯式鸡笼　这种配置形式介于全重叠与全阶梯式鸡笼之间，上、下层笼体的重叠量可达笼体深度的 1/4～1/3，下层笼的顶网在重叠部分制成斜面，上置承粪板，使鸡粪能直接落入粪沟。半阶梯式鸡笼具有与全阶梯式相近似的优点，占地面积小，舍饲密度较高（15～17 只/m^2），采光和通风效果也较好。因此适用于密闭式鸡舍或通风条件好的开放式及半开放式鸡舍。我国生产的育成鸡笼和种鸡笼多采用这种形式。国外的蛋鸡笼、育雏鸡笼、育成鸡笼和种鸡笼也多采用这种形式。

除以上 2 种常用的鸡笼外，还有阶叠混合式鸡笼和平直式鸡笼。前者一般为 3 层，1 层与 2 层为全阶梯式，2 层与 3 层为叠层式，其特点和半阶梯式相似，只是减少 1 个承粪板；后者只有 1 层，每 2 列鸡笼背靠背安装，合用 1 条饲槽、1 条水槽和 1 条集蛋带，鸡粪可直接落到地面。这 2 种鸡笼目前在我国应用较少。

制造鸡笼的材料一般是直径为 2～2.5 mm 的低碳钢钢丝，然后点焊成所需的网片，经酸洗镀锌，近几年又采用涂塑组合而成的鸡笼。涂塑网片较镀锌网片耐用，但成本较高。

3. 种公鸡笼　种公鸡笼为配合人工授精用的专用笼具。种公鸡笼有 2 种型号：一种为 220 型（整架）和 210 型（半架）；另一种为 232 型和 216 型。

4. 平养床面　肉鸡平养的关键是垫网的材料和孔径。金属底网要光滑，焊点无毛刺，并且要有一定的弹性，这样可减少机械损伤，降低胸骨囊肿和腿病。木栅条底网在肉用种鸡鸡舍中使用较多，一般宽 2 cm，厚 1 cm 左右，每根木条间隔 1～1.5 cm。塑料网比较好，但网下面的支架一定要扎好。

三、喂饲设备

（一）供料设备

1. 料槽　目前生产中应用的料槽有塑料和镀锌铁皮两大类（雏鸡或小规模饲养时也可用木板钉制而成）。但不论采用何种材料制成，其高度、长度、放置数量应与鸡舍的面积、鸡龄大小和饲养密度相适应，以保证每只鸡都有足够的采食宽度。

从料槽的横切面看，主要有矩形、半圆形、倒三角形、倒梯形等。其中上下同宽的形式多用于机械化送料，而上宽下窄的形式便于鸡能吃完槽内的所有饲料，且易于清洁。

从料槽的长度上分，有长槽和短槽2种。长槽用于大型鸡舍，主要用于笼养和网上平养；短槽长度1 m至数米，多用于平养。笼养用的料槽，其矮边应紧贴鸡笼，高边朝外以防止鸡将饲料甩出。镀锌薄板制成的料槽，其槽口可用直径为2～3 mm的铁丝卷边，以增加其强度。平养时可在料槽上设置一条能滚动的圆棒，以防止鸡进入槽内弄脏和浪费饲料。

2. 料桶　料桶主要用于平养肉仔鸡的人工喂料，由金属或硬塑料做成。常见的喂料桶有9WD-3型和9WD-6型。前者供3～30日龄肉雏鸡使用，后者供30日龄以后的肉雏鸡及育成鸡使用。料桶由桶体(底呈锥形)、食盘、调节板和弹性销组成。弹性销插入调节板孔后，桶体底边与食盘间即留有一定的流料间隙。人工将饲料加入料桶，靠饲料重力和鸡采食时触碰料桶所引起的摆动，使饲料从流料间隙不断流出，供鸡自由采食。当弹性销插入最上面的孔时，流料间隙小，饲料流出量小，适用于雏鸡采食。当弹性销插入最下面的孔时，流料间隙大，饲料容易流出，适用于育成鸡。料桶可放在地面上，也可以吊挂起来，根据鸡日龄的大小，随时调节其高度。

3. 机械化喂料设备

(1)料塔。料塔用于大、中型机械化鸡场，主要用做短期贮存干粉状或颗粒状配合饲料。一般每栋鸡舍配1个料塔供舍内饲喂。料塔有整体式和组合式之分，一般大型储料塔均为组合式。根据舍内容纳鸡的数量和供料节拍，配置不同容量的料塔，分为2.5 t，5 t，8 t，10 t几种规格。储料塔下部呈圆锥形，出料口配有输料设备，定时向鸡舍内输送饲料。

(2)输料机。输料机是料塔和舍内喂料机的连接纽带，将料塔或储料间的饲料输送到舍内喂料机的料箱内。输料机有螺旋弹簧式、螺旋叶片式和链式，目前前2种使用较多。

螺旋弹簧式输料机由电机驱动皮带轮带动空心弹簧在输料管内高速旋转，将饲料传送入鸡舍，通过落料管依次落入喂料机的料箱中。当最后一个料箱落满料时，该料箱上的料位器弹起切断电源，使输料机停止输料。反之，当最后料箱中的饲料下降到某一位置时，料位器则接通电源，输料机又重新开始工作。

螺旋叶片式输料机是一种广泛使用的输料设备，主要工作部件是螺旋叶片。在完成由舍外向舍内输料作业时，由于螺旋叶片不能弯成一定角度，故一般由两台螺旋叶片式输料机组成，一台倾斜输料机将饲料送入水平输料机和料斗内，再由水平输料机将饲料输送到喂料机各料箱中。

(3)喂料机。

其一，链式喂料机。本机由驱动器和链轮带动链片的移动，将料箱中的饲料均匀地输送到食槽中，并将多余的饲料带回料箱，可用于平养或笼养。按喂料机链片运行速度又分为高速链式喂料机(18～24 m/min)和低速链式喂料机(7～13 m/min)2种。这种喂料机是一种循环旋转的喂料系统，还配有链转角轮、清洁器等部件。肉用种鸡的喂料设备最好选用高速链式喂料机，一般蛋鸡、育成鸡可选用普通低速链式喂料机。

其二，螺旋弹簧式喂料机。螺旋弹簧式喂料机属于直线型喂料设备，由驱动器带动螺旋弹簧转动，弹簧的螺旋面连续把饲料向前推进，通过落料口落入每个食盘。当所有食盘都加满料后，最后一个食槽中的料位器就会自动控制电机停止转动而停止输料。当饲料被鸡采食之后，食盘料位降到料位器启动位置时电机又开始转动，螺旋弹簧又将饲料依次推送至每一个食盘。

其三，索盘式喂料机。本机适用于输送干粉状饲料，具有结构简单、使用和维修方便等特点。其主要工作部件是将索盘固定在钢丝绳上，由传动装置驱动索盘钢丝绳，将料箱中的饲料输送到食盘中。索盘式喂料机由传动装置、转角器、支架等部件组成。其传动装置由电机、减速器、驱动轮、张紧轮、导向轮等组成。垫料或网上平养鸡舍可选用索盘式喂料机，采用单列或并列方式安装，料线的总长度一般小于或等于 150 m。该种设备对饲料的清洁度要求较高，严禁麻绳、铁钉等杂物混入饲料。

其四，驱动弹簧式喂料机。本机是一种新型喂料设备，具有结构简单、喂料速率快等特点。本机主要工作部件是一根矩形截面螺旋弹簧，但它不采用旋转的方法，而是用动力牵引沿食槽平移的方法，由螺旋面将饲料均匀送至食槽。驱动弹簧式喂料机由电机驱动装置、驱动轮、螺旋弹簧、食槽、料箱等部件组成。驱动弹簧式喂料机一般用于平养种鸡和肉鸡。

其五，骑跨式给料车。本机常用于叠层式笼养鸡舍。在笼架顶部装有角钢或工字钢制造的轨道，轨道上装有四轮小车。小车可用钢索牵引，也可由电机直接牵引。车的两侧挂有盛料斗，每层鸡笼用 1 个。料斗底部倾斜而缩小形成下料口，并伸入料槽内，与槽底保持 3 cm 左右的间隙。流出的饲料量由下料口与槽底的间隙大小来控制。该给料车的行走速度为 8～10 m/min。给料时，饲养人员可乘车同行，以便观察鸡群并随时停车。

另外还有手推式给料车，这是一种适用于中、小型鸡场的喂料设备。本机结构简单，操作灵活、方便，只要人推机前进，饲料就可以自动加入料槽。

（二）供水设备　鸡舍内饮水设施的种类很多，发展的趋势是以节水和防疫为主，可根据不同的饲养方式选择相适应的饮水设施。

1. 过滤器和减压装置

（1）过滤器。过滤器的作用是滤去水中的杂质，避免饮水器阀门因杂质造成封闭不严。过滤器应有较大的过水和滤清能力，以提供足够的清洁饮水。滤芯呈圆筒形，它是由无毒、过滤性能好的泡沫塑料制成，可承受 816 kPa 的水压。为保证过滤效果，一般要求2个月清洗或更换1次滤芯。

(2)减压装置。鸡场一般使用水塔供水，其水压为 51～408 kPa，适于水槽饮水。若使用乳头式或杯式饮水系统时，必须安装减压装置。常用的减压装置有水箱和减压阀2种。特别是水箱由于结构简单，便于投药，生产中应用更为普遍。水箱采用无毒塑料制成，其两侧分别设置进水口和溢水口，出水口位于箱底。箱内的浮子可随水位的高低而升降，同时控制浮球阀(进水阀门)的开度，当水位达到预定高度时，自动关闭浮球阀，停止进水。水箱应放在一定的高度上，使饮水器能得到所需的水压。

2. 水槽　水槽是目前生产中应用较为普遍的供水设备，平养和笼养均可使用。水槽成本低廉、使用可靠，但耗水量大，且易传播疾病。水槽的截面形状有"V"形和"U"形两种，"V"形水槽多用镀锌铁皮制成，因容易锈蚀，使用寿命较短，一般3年左右；"U"形水槽用塑料制成，使用方便，易于清洗，使用年限较长。控制水槽水量的方法有水龙头常流水式、浮子阀门式和弹簧阀门式3种。常流水式由溢流塞控制槽内水位的高低，浪费水较多，后2种节水效果较好。

3. 饮水器　生产中常用的饮水器有真空式、吊塔式、乳头式、杯式等多种。平养鸡舍多用真空式和吊塔式饮水器，笼养鸡舍多用乳头式和杯式饮水器。

(1)真空式饮水器。真空式饮水器一般采用聚乙烯塑料制成，其结构由盛水桶和饮水盘两部分组成。盛水桶倒装在盘中间，由相配套的卡丝固定，水桶底部有出水孔。当盛满水的水桶倒置于饮水盘上后，桶内的水从出水孔流入水盘内，待盘内水位略高于出水孔时，桶内的水停止外流，鸡饮水后出水孔露出，水再次流出。这种饮水器结构简单，便于清洗和消毒，广泛应用于平养鸡舍，其容水量为1～10 L，1～3 L 的适用于雏鸡，4 L 以上的适用于育成鸡和产蛋鸡。

(2)吊塔式饮水器。吊塔式饮水器适用于大规模平养的育成鸡和产蛋鸡。它吊挂在鸡舍内,高度可调节,不妨碍鸡的活动。吊塔式饮水器一般用塑料制成。饮水器通过吊绳吊在天花板上,顶端的进水孔用软管与主水管相连接,进来的水通过控制阀门流入饮水盘供鸡饮用。这种饮水器可根据水盘内水的重量调节进水量,使饮水器盘中的水量保持一定。使用饮水器时,水槽的槽口平面应与鸡体的背部等高。吊塔式饮水器能保持干净的水质,但内部设备质量要求较高。

(3)乳头式饮水器。乳头式饮水器适用于各种饲养方式。目前应用最多的是万向球体锥封式。这种饮水器通过减压装置控制水压,触头直径分为雏鸡用、育成鸡用、蛋鸡用等不同规格。使用时只要鸡顶推触头,上方球体稍动水即流出。球体和锥体可产生封闭面,球体转动后任何位置都可做封闭面。外壳用工程塑料制成。锥体、球体和触头均为不锈钢。

乳头式饮水器具有较多的优点:全封闭式水路,全塑料管道确保了供水的新鲜、清洁、卫生,极大地减少了疫病的发生率;节约用水,用水量只相当于水槽用水的1/10～1/8;使用优质钢密封工艺及超低压供水,水量充足且无湿粪现象,改善了鸡舍的环境;乳头饮水采用“T”形连接,安装简便、更换方便;360°全方位触面,开阀力小,任何方向均可饮用;饮水器带有“T”形连接卡,可任意拧,卡接到供水管上。但要经常检查饮水器是否出水,及时检修。

(4)杯式饮水器。杯式饮水器适用于平养和笼养。其结构由杯体、杯舌、销轴、顶杆和密封帽等组成。它是采用杠杆原理供水的,平时杯内有水浮起杯舌,进水管水压压住锥封,当鸡饮水时,压下杯舌,使之绕销轴转动并推动顶杆,使密封帽离开阀座,水便流入杯内。当杯离开杯舌时,阀门重新关闭,水就停止流出。杯式饮水器有雏鸡用和成鸡用2种。雏鸡用的杯体较窄,只有29 mm宽,

68 mm 长，容水 27 g，水压 9.8～23.5 kPa；成鸡用的杯体宽 42.5 mm，长 154 mm，容水 27 g，水压 54 kPa。平养时，在雏鸡阶段每杯可供 33 只使用，育成鸡和产蛋鸡每杯供 10～12 只使用；笼养时 2 笼用 1 个，平均每杯供 6～8 只使用。

四、清粪设备

鸡舍内常用的清粪方法有 2 类：一类是经常性清粪，所用设备有刮板式清粪机、传送带式清粪机和抽屉式清粪板；另一类是一次性清粪，即饲养一定时期（如数天、数月甚至 1 个饲养周期）清一次粪，由于间隔时间较长，要求鸡舍配备较强的通风设备，以控制鸡舍内有害气体的浓度不超标，常用的设备是拖拉机前悬挂式清粪铲，这类设备一般适用于高床式笼养鸡舍或平养鸡舍。

（一）刮板式清粪机　刮板式清粪机用于阶梯式笼养和网上平养鸡舍，分全行程式和步进式 2 种。前者适用于短粪沟，后者适用于长距离刮粪。刮板式清粪机由电动机、减速器、绞盘、钢丝绳、转向轮、刮粪板等组成。工作时电动机驱动绞盘，钢丝绳牵引刮粪板。刮粪板呈垂直状态，紧贴地面刮粪，到达终点时刮粪板前面的撞块碰到行程开关，使电动机反转，刮粪板自动抬起返回。刮粪板往复行走 1 次即完成 1 次清粪工作。鸡粪被刮到鸡舍的一端落入横向粪沟，再由横向螺旋式清粪机送出舍外。

刮板式清粪机结构简单，使用方便可靠，涂塑钢丝绳耐腐蚀性强，工作噪声小，功率消耗少，清粪效果好，清粪洁净度大于 95%，代替了繁重的人工清粪，降低了劳动强度。

（二）传送带式清粪机　传送带式清粪机用于清除叠层式鸡笼的粪便。它由传送带、主动轮、从动轮、托辊等组成。上下各层传送带的主动轮可用同一动力带动。在每层笼下面均安装一条传送带，鸡粪通过鸡笼底网网孔落在传送带上，工作时主动轮转动，带动传送带，将鸡粪送到鸡笼的一端，由刮粪板将鸡粪刮下，落入横向螺旋清粪机，搬出鸡舍。

(三)横向螺旋式清粪机　该设备主要是与上述 2 种清粪设备配套使用，作用是将刮入横向粪沟中的鸡粪送到舍外。

五、消毒设备

(一)火焰消毒器　火焰消毒器主要用于鸡群淘汰后舍内笼网设施的消毒。它由工农-7 型手压式喷雾器、输油管总成、喷火器、火焰喷嘴等组成。这种设备结构简单，易操作，安全可靠，消毒效果好；喷嘴可更换；使用的油是煤油、柴油；用手压式工作压力 204～510 kPa；喷孔直径在 0.05 mm，向外形成锥体，便于发火。操作过程中要特别注意防火，最好戴防护眼镜。

(二)喷雾消毒器　这种消毒器可用于鸡舍内部的大面积消毒，也可作为生产区入口人员和车辆的消毒设施。用于鸡舍内的固定喷雾消毒(带鸡消毒)时，可沿每列笼上部(距笼顶不少于 1 m)装设水管，每隔一定距离装设一个喷头；用于车辆消毒时可在不同位置设置多个喷头，以便对车辆进行彻底的消毒。这套设备的主要零部件包括固定式水管和喷头、压缩泵、药液桶等。工作时将药液配制好，使药液桶与压缩泵接通，待药液所受压力达到预定值时，开启阀门，各路喷头即可同时喷出。由于雾粒直径大小对鸡的呼吸有影响，因此应按鸡龄大小选择合适的喷头。

(三)高压冲洗消毒器　高压冲洗消毒器用于房舍墙壁、地面和设备的冲洗消毒。高压冲洗消毒器由小车、药桶、加压泵、水管和高压喷头等组成。这种设备与普通水泵原理相似。高压喷头喷出的水压大，可将消毒部位的灰尘、粪便等冲掉，若加上消毒药物则还可起到消毒作用。

(四)背负式喷雾器　这是一种小型喷雾器，机体为高强度工程塑料，抗腐蚀能力强，一次充气可将药液喷尽，配备安全阀，起超压保险作用。3WSS 系列充气式自动喷雾器的主要技术参数是：工作压力 0.15～0.45 MPa，有效容量 4～6 L，喷雾量（喷孔 1.3 mm）每分钟 0.8 L。

六、孵化设备

孵化设备主要是指孵化机和出雏器。它的类型、容蛋量、控制模式也随着技术进步而逐渐升级。容蛋量由过去的几百枚、几千枚发展到现在的几万枚。控制系统亦由过去的电器控制发展成集成电路控制、模糊电脑控制和全自动化的电脑群控制系统。

（一）孵化机的类型

1. 箱体式孵化机　根据蛋架结构可分为盘架和蛋架车 2 种形式。目前，最常用的就是蛋架车式。一般孵化机有 2～4 个可移动的蛋架车，下边装有万向轮，可随意推动，在蛋库装完蛋消毒后整体推入机内孵化，并能与翻蛋系统相连接，把蛋翻转一定的角度。中间支架上装有低转速、大直径风扇，向两边吹风，另装有几根“U”形电热管，是孵化机的热源。

2. 巷道式孵化机　它的特点是将多台箱式孵化机连接组合拼装而成。配备独有的空气搅拌和导热系统，容蛋量一般在 7 万枚以上。使用时将种蛋码盘装在蛋架车上，经消毒预热后，逐台按一定顺序沿轨道推进巷道内，18 d 后依次转入出雏机内出雏。机内新鲜空气由进气口吸入，经加热加湿后从上部的风道由多个高速风机吹到对面的门上，大部分气体被反射下去进入巷道，通过蛋架车后又返回到出气口。这种循环充分利用胚蛋的代谢热。箱内没有死角，温度均匀，既省电，孵化效果又好。

（二）孵化机的构造

1. 箱体　箱体由框架、内外面板、中间夹层组成。箱体框架可用一般金属板，也可用塑料板；中间填充聚苯乙烯泡沫或硬质聚氨酯泡沫塑料直接发泡的隔热材料；整体坚固、美观，不变形。

2. 蛋架车和蛋盘　蛋架车由全金属焊接而成。蛋盘架固定在

4 根吊杆上,可以活动。常用的 192 型蛋架车层数为 16 层双列,可容蛋 4 800 枚;168 型为 14 层双列,容蛋 4 200 枚。蛋盘为塑料浇铸而成,可容 150 枚种蛋;既便于清洗消毒,也不易变形。

3. 翻蛋系统　翻蛋是孵化的必要条件之一,有手动、电动和气动几种形式。手动翻蛋时,利用人工扳手使滚筒前转或后转 45°即可完成翻蛋。若自动翻蛋,需安装一台微型电机和减速箱及定时控制仪。

蛋架车的翻蛋系统设在机内后壁上,由外形电动机和拉动连杆组成,蛋架车上的接头插在连杆的孔内,由电动机带动连杆左右拉动,使蛋盘倾斜 45°,达到翻蛋目的。气动翻蛋多用于巷道式孵化机,每架蛋车上装汽缸和气阀、快速接头等。当把车推入孵化机后,将车上的接头与机内固定接头插入连接。

4. 控温系统　控温系统主要由加热、温度调节和报警装置组成。加热采用电热管或远红外板等,安装在大风扇的支架上,以多组排列,并设有 1～2 组辅助加热器。温度调节装置常用的有热敏电阻、铂电阻、可控硅、导电温度计等。热敏电阻有感温时间短、调节快、体积小等特点,而铂电阻灵敏度高,可控硅作为无触点开关,克服了继电器频繁启动触头易磨损和烧毁的缺点。导电表通常作为高低温控制和备用电路的温度控制,具有使用可靠的特点。控温系统装有超温或低温报警器,当机内超温或温度偏低时,报警器报警,以便及时检查。

5. 控湿系统　过去的老式孵化器大多都是在底部放几个铁制水盘,加水后自然蒸发供湿或在机器内挂湿布、湿毛巾或直接向机内洒水供湿,这种方法操作管理不便,控湿的精确度也差。

现在的大型孵化设备都采用叶片式或供湿轮供湿。该系统安装在机器底部中间,风扇下边,由水箱、供湿硬塑料片,驱动电机及感湿元件组成。根据机内湿度的高低自动开启控湿系统进行供湿。

6. 报警系统　报警系统是孵化过程中的一个安全保护装置,

它包括超温、低温、低湿及电源缺相和风机停转报警。

7. 通风换气系统　一般孵化机都设有进风口(在机器的下部两侧)、出风口(在顶部)、风机等。比较先进的孵化器出风口装有自动抽风机,当二氧化碳含量超过标准时它会自动打开排气。

(三)部分孵化机型号简介

1. 8400 型　容蛋量 8 400 枚;2 个蛋架车,总功率 3.94 kW;可单独配出雏器,也可配孵化出雏一体机,一边孵化,一边出雏。

2. 16800 型　容蛋量 16 800 枚;4 个蛋架车,每车容蛋 4 200 枚;总功率为 5.84 kW;配备 16800 型出雏器。该机型是大中型孵化场常用的机型之一,根据规模和生产量,可自由编组,三孵一出、六孵一出、十二孵两出。可分批入孵,也可全进全出。

3. 38400 型　容蛋量 38 400 枚;8 个蛋架车;蛋车摆放为前 4 排后 4 排;可分批入孵,也可全进全出。

七、智能设备

(一)计算机在养禽生产的应用　随着计算机各类软件开发,利用计算机存贮信息量大,运算快速准确、信息传递方便等特点,将生产中各种数据及时输入计算机内,经处理后可以迅速地做出各类生产报表,并结合相关技术和经济参数制定出生产计划或财务计划,及时的为各类管理人员提供丰富而准确的生产信息,作为辅助管理和决策的智能工具。

(二)禽舍内环境的自动化控制设备　根据禽舍理想环境条件的要求,限定舍温、空气有害成分、通风量的控制范围和控制程序,通过不同的传感器和处理系统,使其利用通风装置启闭进行调节。

(三)电视监控系统　禽舍内安装电视录像监视管理系统,管理人员能通过这种设备,在办公室直接观看禽舍现场和鸡群动态,减少技术管理人员直接接触鸡群带来的惊扰和疫病传播的弊端,及时发现饲养管理中存在的问题,快速进行处理,并提高工作效率。

第七章　环 境 控 制

鸡的生产性能不仅与遗传因素有关，环境因素对其生产性能的表现也有重要影响。在环境条件恶劣的情况下，即使具有优良的性状，也不能充分发挥出来。光照、气体、温度、湿度等任何一种环境因素恶劣，都会使鸡的生长发育受到影响，甚至发生不良反应产生疾病。只有环境条件适宜，才能充分发挥其遗传性能，使优良品种鸡的生产性能得以充分体现。外界环境因素是不断变化的，在一定范围内环境条件的改变，鸡体可以利用自身调节能力适应新的环境；如果环境条件变化超出其调节能力，就会影响鸡的生产能力，引发疾病以至死亡。环境因素和疫病防治已经成了肉鸡生产中的制约因素。因此，了解环境因素对鸡体的作用，尽可能控制环境条件，是养鸡生产中不可缺少的技术环节，也越来越受到人们的重视。

第一节　光　照

光，根据人们的视觉反映可分为可见光和不可见光。波长在400～760 nm 为可见光，可在人们的视觉范围内得到反映。在上述波长范围之外的光称为不可见光。波长 760～300 000 nm 的不可见光为红外线，波长小于 400 nm 的为紫外线，波长小于 290 nm 的紫外线一般不能到达地面。

一、光的作用

(一)不可见光的作用

1. 红外线的作用　红外线具有较强的穿透性，在辐射到鸡体后，光线在皮肤或皮下组织转化为热，引起温度升高，血流加速。利用红外线可有助于御寒，改善血液循环、促进生长。

2. 紫外线的作用

(1)杀菌作用。波长在 200～275 nm 的紫外线对细菌具有巨大的杀伤力。紫外线被细菌吸收后，能够进入细胞核引起光化学分解，导致细菌死亡。波长为 253 nm 的紫外线杀菌效果最好；它对某些病毒(如流感病毒)及毒素也有一定破坏作用；因其穿透力较弱，只有当细菌或病毒在空气中或物体浅表面时，方有杀伤效果。

(2)照射皮肤可使皮肤中 7-脱氢胆固醇变为维生素 D_3，可促进肠道对钙的吸收，保证骨骼的正常发育。

(3)提高鸡体的免疫力和抵抗力。长波紫外线适量照射，能提高血液凝集素的滴定效价，增加白细胞数量，因而增强了血液的杀菌性和吞噬作用，促进机体的免疫力和对疾病的抵抗力。

(4)增强气体代谢。紫外线能兴奋呼吸神经中枢，使呼吸变慢变深，促进氧的吸收，促进二氧化碳和水的排出；同时能增加血液红细胞和血红素的含量，提高血液携带氧和二氧化碳的能力，加速组织代谢过程。在紫外线局部照射时还有改善局部血液循环、止痛、消炎和促进伤口愈合的作用。

(5)紫外线照射蛋鸡可以提高产蛋率、蛋重和孵化率，波长在 275～320 nm 的紫外线有较明显的生物学作用。

(二)可见光的作用　可见光通过视觉器官影响动物的生理机能。一般认为光线对鸡的影响通过视网膜，引起视神经兴奋，传至大脑皮层的视觉中枢又进一步传至下丘脑，影响下丘脑分泌一系列激素。光线穿过脑颅骨作用于松果腺，影响松果腺的分泌从而影响下丘脑的激素分泌。光照对增加肉用仔鸡的采食量、提高生产性能及提高肉用种鸡的繁殖性能影响很大，在肉鸡生产中应科学合理地控制光照。

光对养禽业有着极其重要的作用，对鸡性成熟、产蛋量、产蛋时间都具有非常大的影响。在小母鸡生长阶段的后半期，如增加光照时间就有可能引起小母鸡过于早熟或提前开产。在产蛋期间如缩短光照时间、降低光照强度，会使鸡在产蛋时间上缩短和产蛋量下降。

二、光照制度的制定

光照对鸡的生产性能的影响非常重要。但如光线过强，鸡会显得烦躁不安，在密集饲养下如未断喙会造成严重的啄癖，因此，要依据一定的原则合理利用光照。

(一)光照原则　采取光照必须遵循一定的原则，以取得应有的效果。这些原则是从一系列试验中得到的规律。一般在生长阶段光照时间宜短，特别是在生长后期，不能逐渐延长光照时间。在产蛋阶段光照时间宜长不宜短，且不可逐渐缩短光照时间，不可减弱或逐渐减弱光照强度。不管采用何种光照制度，一经实施，不宜变动，不可忽照忽停，光照时间不可忽长忽短，光照强度不可忽强忽弱。

(二)光照方式

1. 自然光照　自然光照是指利用天然的太阳光进行光照。这样可节约能源，但自然光在一年中呈现周期性变化，经常不符合肉鸡的生理生产要求。所以，需要人为地加以控制和调节，如自然光不能满足产蛋鸡对长光照的要求时，可人工补充；自然光渐增的季节培育小母鸡时，会使青年母鸡性成熟过早，可用遮黑的办法加以控制；夏季光照过强，要设法遮光。

2. 人工光照　人工光照是用灯光照明，以弥补自然光照之不足。

(1)肉鸡所要求的光照强度与时间。作为人工补充照明通常是考虑早晨、傍晚和夜间自然光照强度过弱，不能满足鸡群对光照的要求的情况下用灯具进行照明的。一般对光照强度的要求主要是强调人工光照(表 7-1)。

表 7-1 鸡所要求的光照强度与时间

	光照时间(h)	光照强度(lx)
0～3 日龄	23	30～20
4 日龄至 18 周龄	23 渐减或突减为 8～9	5
成鸡舍	14～17	10～20
肉用仔鸡舍	23(或 3 明：1 暗)	0～3 日龄为 25,以后减为 5～10

(2)光源的选择。光源有白炽灯和荧光灯。荧光灯与白炽灯相比,光效高,同样功率照度可提高 3～4 倍;不产热,夏季可减少鸡的热负荷;但设备投资较大,温度较低时不好启动,且只在 20～27℃时光照效率较高。不同光源悬挂高度为 2 m 时所提供的光照强度见表 7-2。灯泡的发光效率受其表面清洁度的影响比较大。鸡舍内由于灰尘较多,苍蝇活动频繁,灯泡表面脏污较多,这样的灯泡其发光效率仅有干净灯泡的 60%～80%。因此,需要定期用布擦拭,去掉表面的脏污。灯罩对灯泡的发光效率同样具有重要影响,应尽量考虑安装灯罩。

表 7-2 每平方米舍内面积设 1 W 光源可提供的光照强度 lx

光源种类	白炽灯	荧光灯	卤钨灯	自镇流高压水银灯
1 m^2 舍内面积设 1 W 光源可提供的照度(lx)	3.5～5.0	12.0～17.0	5.0～7.0	8.0～10

注:表中数字为有灯罩时的照度,无灯罩时数值下降,舍内尘埃较多时应取最小值或再酌减。

(3)灯具的布置方法。一般按行距及灯距隔 3 m 来布置,或按工作面的照明要求来布置灯具,再根据所需灯具总功率和灯具盏数,算出每盏灯的功率。不同行的灯具应交错布置。灯具悬挂高度一般距离地面 2 m;不要用软线吊挂,以免灯晃动,惊扰鸡群。人工光源要有可靠的电力供应，短时间停电影响不太大，但如果次数多、时间长，则会使鸡减产、甚至停产换羽。

（三）光照对肉用种鸡的影响

1. 光照时间对肉用种鸡的影响

（1）光照时间对后备母鸡性成熟的影响。小母鸡在10周龄前性器官发育很慢，因此光照时间的变化对其性成熟影响较小。10周龄后，小母鸡的卵巢、输卵管进入迅速发育阶段，光照对其发育的影响随鸡周龄的增加而加大。10周龄后的青年鸡，每天超过10 h的光照时间就会使小母鸡的性成熟加快提早。

（2）光照时间对小公鸡性成熟的影响。青年阶段增加光照时间，能使小公鸡的性成熟提前。光照对睾丸的刺激主要在生长前期，每天至少有12 h的光照才能使公鸡睾丸达到最大的生长速度和大量精子的生成。

（3）光照对肉种鸡产蛋的影响。最有利于肉种鸡产蛋的光照时间为每天14～16 h，但不能超过17 h。肉种鸡在产蛋期间，光照时间不能缩短，否则，会干扰鸡生理机能，引起减产、换羽等。

2. 光照强度对肉用种鸡的影响 雏鸡在弱光照下就能获得很好的生长。但对于初生雏鸡，为使其极早熟悉水槽和食槽位置，出壳后的前3 d光照强度可增大到20～30 lx，从4日龄到开产前，一直给5～10 lx光照。产蛋鸡的光照强度以10～20 lx最好。在自然光照的鸡舍，夏季过强的光照能使产蛋鸡啄癖增加，死亡率上升，因而夏季应采取在鸡舍南墙外植树或在南窗上加挡板遮阳等措施，以减弱舍内的光照。

3. 光照程序的制定

（1）肉用种鸡生长期光照程序的制定。生长在10周龄以后的青年母鸡光照时间过长，尤其是光照时间渐增，会使性成熟提前。这样，在开产时，其体重小，身体尚未发育好，不仅产蛋小，产蛋率上升慢，整个鸡群产蛋不整齐，还会造成鸡体的早衰，因而必须加以控制，使小母鸡适时开产。4月15日到9月1日出壳的雏鸡，因其到达10周龄后，处于一个光照时数逐渐缩短或光照时间较短时期，除1～3 d给予23 h光照外，从4日龄到18周龄可完全利用自然光照。每年9月1日到4月15日出壳的雏鸡，其生长后期多处于日照渐增的自然光照阶段，易于刺激母鸡早熟，为此采用渐减光照制度。前3 d也是给予23 h光照，然后查出此批鸡10～18周龄当地光照最长那天的光照时数，将育成期光照恒定为这一时间，或使10周龄时的光照时间比该时间长2 h，以后每周缩短15～20 min，至18周龄将所加的2 h减完；或者从4日龄起，每天给8 h光照，其余时间遮黑。

(2)产蛋期的光照制度。肉用种鸡22周龄时，当有少数鸡开始产蛋后，要逐渐增加光照时间。根据情况，每周增加20～40 min，使鸡群在30周龄的产蛋高峰时，使光照时间正好达到16 h，之后即可恒定。

(四)商品肉用仔鸡的光照　合理的光照，有利于商品肉用仔鸡群充分采食，促进增重。这里包括两种光照，一种是阳光，另一种是灯光。阳光既可提高鸡群的生活力，有杀菌消毒作用，又能促进鸡体维生素D_3的合成，促进骨骼生长发育。在日照不足或晚上可用灯光照明，利用阳光与灯光相结合，科学合理地确定光照时间和光照强度对提高肉用仔鸡的生产性能非常重要。

1. 光照对肉用仔鸡的影响　对肉用仔鸡较好的光照方法是每天给予23 h较弱光照，使其有充足的采食时间。另外，2∶1的明、暗间歇光照也能获得较好的生产性能，同时还能减少肉用仔鸡腿病的发生率。但是，采用间歇光照时，饲槽和水槽的面积要增加，使所有的肉仔鸡都能同时采食和饮水，避免强夺弱食，造成肉仔鸡发育不均。鸡舍可安装杀菌能力最强的波长为280～300 nm的紫外线灯，每日照射2 h，可使皮肤中的7-脱氢胆固醇转变为维生素D_3并增强机体对钙、磷代谢的作用。

2. 光照强度对鸡的影响　光照强度对肉用仔鸡的影响也是非常大。如光照过弱，将影响鸡的采食；如光照过强，容易导致肉用仔鸡神经质，烦躁，易惊，耗料多，增重慢，甚至还会发生啄癖。比较适宜的光照强度为1～3日龄，2.5～3 W/m^2，4～10日龄，1～1.5 W/m^2。一般肉仔鸡5 lx光照即能获得最大生长和饲料报酬，且啄癖少，因而设计人工光源时5 lx即可。

3. 光照程序的制定　一般肉用仔鸡舍多采用24 h光照。有的鸡场3日龄前采用24 h光照，4日龄以后采用2 h光照，1 h黑暗，这样能使鸡有一个适应黑暗的习惯，以免在停电时惊群造成损失。在密闭的鸡舍可以采用2∶2或2∶1的间歇光照程序，即在提供足够的食槽位和水槽位不影响采食和饮水的前提下，给鸡群造成定时采食定时休息的环境，达到增进食欲，减少运动量，提高增重，降低料肉比。

第二节　温湿环境的控制

温度和湿度是紧密联系的2个因素，在肉鸡生产中占有非常重要的地位。不适宜温度和湿度严重影响肉鸡的生长发育和生产性能。因此，要想获得较好的经济效益，就必须有适宜的温度和湿度。

一、温度控制

空气温度是影响家禽健康和生产力的首要环境因素，也是生产中容易发生问题的环境因素。要保持肉鸡生产的低投入、高产出，就必须将舍内温度经常控制在适宜温度范围内。

（一）环境温度　环境温度即气温。每日气温的高低是由太阳所决定的，随着昼夜和季节的变换而波动。日出后地面吸热，气温升高；到13～14时，气温最高；午后太阳西斜，大气净失热量，气温逐渐下降，至次日日出前达最低值。鸡是恒温动物，外界气温只要在一定范围内发生变化，鸡体内体温就可以保持相对平衡。

1. 体温　体温是指身体深部的温度，一般用直肠温度来代表体温。成年鸡的直肠温度为40.6～41.7℃。刚孵出的雏鸡，体温较低，以后随着日龄增长，体热调节机能逐渐完善，到2～3周龄时达到成年鸡的水平。尽管四季、昼夜温差变化很大，但鸡的体温保持相对恒定。

2. 热调节机能　鸡体之所以能够保持体温恒定，就是因为它具有高度发达的体温调节机能，包括产热和散热。鸡的产热包括基础代谢产热、热增耗、肌肉活动产热及生产过程产热。在不同的环境温度条件下产热量变化很大。如低温条件下基础代谢产热明显增加，同时鸡体颤抖也可增加产热。而在高温条件下则出现相反的结果，如基础代谢减弱、肌肉松弛、产热量减少。

鸡的散热方式主要有辐射、传导、对流和蒸发散热。在气温不十分高的情况下，鸡主要以辐射、传导、对流方式散热；温度高于25℃，则蒸发散热的作用表现突出。

3. 环境温度对鸡的影响　当气温高时，鸡体通过减少产热和增加散热来维持体温的平衡。这时鸡站立，张翅或垂翅，皮肤血管扩张，皮温升高，张口喘气，力图使散热量增加。但由于外界气温过高，鸡不能通过非蒸发方式散发热量时，就必须通过提高蒸发散热量来增加散热。如在22℃时，鸡每小时每千克体重的蒸发散热量为2.51 kJ；气温升高到32.5℃时，蒸发散热量增加到10.04 kJ。由于鸡体表无汗腺，提高蒸发散热的途径只有通过提高呼吸次数来实现。鸡在27℃时，呼吸频率为18次/min，气温上升到37℃时，呼吸频率可达170次/min，而达39℃时，呼吸频率提高到285次/min。若昼夜温差大，夜间温度低，使鸡体有恢复的机会，对鸡的生产和健康影响还小些。但若持续高温，超过鸡体的热调节机能，使鸡的健康状况恶化，采食量下降导致主要营养素的摄入不足，鸡体无法保证高产的营养供应，其生产性能不可避免地要下降。温度升高会使鸡的饮水量明显增加，这对于鸡体本身而言，饮水增加可以吸收体内热量，通过排泄稀粪而排出体内热量；但是，它带来的问题是粪便含水量过高，给清理、贮存、运输和加工利用带来许多不便；另外还会因为饮水过多而冲淡消化液、缩短食物在消化道内停留时间，影响饲料的消化吸收。

鸡在炎热环境中是以消耗体内储存的营养物质来尽可能维持产蛋，这时料蛋比的下降只能说明鸡的营养代谢受到破坏，使鸡的健康受影响；热应激严重时，鸡发生热射病而死亡。

高温情况下，鸡体内的内分泌机能也会发生改变。血液中肾上腺皮质激素含量明显升高，它具有抗生殖作用；甲状腺激素和生殖激素（促卵泡素、排卵诱导素等）含量降低，影响蛋的形成和产出。

由上可以看出，炎热对鸡的健康和生产力危害很大。因而，夏季鸡场管理工作的重要任务之一，就是做好防暑降温工作，缓解以至消除炎热带来的危害。为了减少鸡体内产热，应对日粮作适当调整，如在炎热时减少日粮中的粗纤维，添加一些油脂，以减少体增热，且可有较多的能量用于生产；同时，在高温时，还应提高日粮中的蛋白质、氨基酸、维生素和矿物质浓度，以使鸡在采食量减少时，所获得的这些生产所必需的营养物质的绝对量不减少，并提高热应激状况下家禽的抵抗力。

低温时，鸡缩成一团并聚堆，以减少散热面积，皮肤血管收缩，散热减少，同时肌肉颤抖产热，随低温时间的延长，鸡采食量增加，代谢率提高，产热量增加。低温对雏鸡的危害很大，既易使其患呼吸道病和鸡白痢，又易使雏鸡聚集成堆而压死；对其他年龄的鸡，只要温度不低于 7℃，鸡的健康和生产水平都不会受到较大影响，只是饲料效率下降得较多。但温度过低可能会造成鸡冠冻伤、鸡蛋破裂、水管结冰而影响饮水，还会使肉鸡的腹水症发病率明显升高。

（二）各种鸡的适宜温度　鸡的适宜温度指的是既对鸡的健康、生产水平有利，同时又能获得最大经济效益的温度（表 7-3）。

表 7-3　不同日龄肉鸡的适宜温度

日龄	1～3	4～7	8～14	15～21	22～28	29～35	36 以上
适宜温度（℃）	35～32	32～30	30～27	27～25	25～20	25～15	25～15

雏鸡刚出壳时，由于个体小，被毛保暖性差，体热调节机能不健全，因而要求的环境温度较高。

刚出壳的前 3 天为 35℃，以后随日龄增长，羽毛迅速生长，采食量增加，要求的温度逐渐下降，一般每周下降 2～3℃，直到 18～23℃止。产蛋鸡的适宜温度为 13～23℃；肉鸡在前 4 周的育雏期对温度的要求与蛋雏鸡相同，而 4 周龄以上，则以 18～24℃为宜。

（三）鸡舍的防寒防暑措施

1. 鸡舍的防寒保暖措施　我国的大部分地区冬季气温较低，西北风和东北风频袭，造成鸡舍温度过低，对鸡的健康和生产造成不利影响。做好防寒保温工作是冬季鸡舍环境管理的重要内容。

防寒保温的主要措施是选择有利保温的鸡舍形式。选用保温性能好的建筑材料；增加屋顶护墙的厚度；加大鸡舍跨度；减少鸡舍净高；前面窗子留的大些，后面小些，这些都能显著提高鸡舍的保温能力。农村采用塑料大棚，利用太阳能维持鸡舍温度，饲养肉鸡取得了良好的效果。冬天，在不影响卫生状况和饲养管理的前提下，可适当加大鸡舍内的饲养密度。做好防潮工作，及时清除粪尿、合理通风、封闭门窗，设置挡风障，都是行之有效的防寒方法。对于雏鸡舍，由于其对温度的要求较高，在建造设计时必须考虑采暖问题。大规模的养鸡场，采暖可用锅炉集中进行，中小型鸡场可用电热育雏笼、育雏伞、红外线灯、火墙、地下火道等设施进行采暖。

2. 鸡舍的防暑降温　除雏鸡外，其他年龄段的鸡对低温的耐受力远较对炎热的耐受力强。高温对养鸡生产造成的损失也较低温大。因此,夏季要做好防暑降温工作,对保证鸡群生产性能的正常发挥、提高养鸡的经济效益至关重要。其主要措施是:屋顶可增设隔热层,如加草泥或建成通风屋顶,以增加其隔热和蓄热能力,防止屋顶温度过度升高;屋面用石灰加涂料涂成白色或浅色可以增强屋顶对太阳辐射热的反射能力;墙壁可做成空心墙,有条件的可采用组装式鸡舍,留大窗子甚至形成半开放式鸡舍;鸡舍要加强通风,设天窗、地窗、通风屋脊等,夏季较热的地区最好采用纵向机械通风;鸡舍周围要搞好遮阳与绿化,在不影响通风的情况下窗外设挡板以减少阳光直接进入鸡舍;在鸡舍四周种植高大的树木,在鸡舍之间和其他空闲地上种草、种树等可以增加植物对热的吸收,从而减少环境温度的升高幅度;向鸡舍内喷雾、洒水,也可直接向鸡体喷水,或结合机械通风在鸡舍进气口设置湿垫蒸发降温系统以降低进入鸡舍空气的温度;也有将地下室的凉空气引入鸡舍降温。

二、湿度控制

(一)衡量湿度的指标 空气在任何温度下都含水汽,称为空气湿度,通常以水汽压、绝对湿度、相对湿度、饱和差、露点等表示。

1. 水汽压 水汽压是指大气中水汽本身所产生的压力,用帕斯卡(Pa)表示。大气中水汽含量的最大值在一定的温度下是一个定值;超过这个定值,多余的水汽就凝结成液体或固体。该值随气温的升高而增大,当大气中水汽达到最大值时,称为饱和空气。这时的水汽压称为饱和水汽压。

2. 绝对湿度 绝对湿度是指单位体积空气中所含水汽的质量,用 g/m^3(克/立方米)表示。绝对湿度直接表示空气中水汽的绝对含量。

3. 相对湿度 相对湿度是指空气中实际水汽压与同温度下

饱和水汽压之比，用百分数表示。即：

相对湿度＝实际水汽压/饱和水汽压×100％

相对湿度表示水汽在空气中的饱和程度，是一常用指标，在实际应用时可通过计算或查表得到。

4．饱和差　饱和差是指在某一温度下饱和水汽压与当时空气中实际水汽压之差。饱和差愈大，表示空气愈干燥，否则反之。

5．露点　空气中水汽含量不变且气压一定时，因气温下降，使空气达到饱和，这时的温度称为露点。空气中水汽含量愈多，则露点愈高，否则反之。

由于呼吸、潮湿地面、粪尿等水分的蒸发，舍内空气的绝对湿度总比舍外高。冬季，封闭式和通风不良鸡舍绝对湿度显著大于舍外；夏季，通风良好的鸡舍，舍内外湿度相差不大。

（二）湿度对鸡的影响　空气湿度对鸡的影响一般是与温度相结合共同起作用的。

高温高湿时，鸡主要靠蒸发散热。这时，由于空气湿度大，阻碍其蒸发散热，体热不易散发，使鸡体内积热，采食量减少，饮水量增加，活动减少，抗病力下降，生产性能降低，严重时造成鸡死亡。另外，高温高湿的环境也有利于微生物的滋生繁殖，易使鸡群发病。改善办法是加强通风。而高温低湿，有利于鸡体的蒸发散热，可缓解高温对鸡的影响。

低温高湿时，鸡舍内又潮又冷，鸡体主要通过辐射、传导、对流散热。空气湿度大时，其热容量高，导热性大，并易于吸收鸡体的长波辐射热，使鸡体失热量大大增加，鸡为维持体温恒定，必须加大采食量，使饲料消耗增加，生产性能有时反而下降；严重时，会造成鸡的冻伤，甚至死亡。鸡雏容易发生感冒和胃肠疾病。

高温低湿，鸡舍燥热，可造成初生雏鸡脱水，或因大量饮水引起腹泻，使死亡率增加，低湿也会引起鸡的羽毛生长不良，皮肤落屑，产生啄癖（早春育雏时多见）。这种环境会使鸡雏体内水分大量散失，蛋黄吸收不良，绒毛干枯变脆，眼睛发干，形体瘦弱，俗称伤热。改善办法是在舍内墙壁或过道上喷水；使水分蒸发达到调节湿度的目的。

（三）鸡体的适宜湿度　一般来说当鸡舍内温度适宜时，鸡对空气湿度的适应范围比较大，湿度偏高或偏低所带来的不良影响远远小于温度变化的影响。

1. 肉用种鸡的湿度控制　肉用种鸡第一周龄适宜的相对湿度为 70%～75%，第二周龄为 65%，三周龄及以后保持在 55%～60%即可。

2. 商品肉用仔鸡的湿度控制　商品肉用仔鸡对舍内湿度的要求与周龄有关；第一周龄宜为 70%～75%，第二周龄为 65%，三周龄及以后保持在 55%～60%。湿度过大，易导致球虫病的发生。湿度偏低不利于仔鸡的生长发育，易患呼吸道疾病。鸡舍内湿度要求见表 7-4。

表 7-4　鸡舍内相对湿度的要求　%

季节	冬季	夏季
比较适宜	60～70	60
可以满足	70	50～70
最高或最低	最高 75	最高 75，最低 45

（四）鸡舍的防湿措施　鸡舍内，除育雏前期（3 周龄前）雏鸡舍湿度可能会偏低外，一般情况下鸡舍内的湿度往往偏高。冬天气温比较低，若湿度过大，往往对鸡造成冻害。因而鸡舍的湿度控制是比较重要的。控制湿度，鸡场应选在地势高燥、排水良好的地方，鸡舍内地面要比鸡舍外高 30 cm 左右。对于已建成的新鸡舍或经过冲洗消毒的鸡舍应待其充分干燥后再使用。在饲养管理过程中，应及时清除粪便，并尽量减少水的外溢，保持舍内良好的通风，经

常保持垫料的干燥等措施来控制湿度。

第三节 通风换气

通风换气是调节鸡舍空气环境状况最主要、最经常的手段。舍内通风换气的效果直接影响舍温湿度及空气中各种有害物质的浓度等。特别是近年来大规模集约化养鸡场、个体养鸡户等多采用高密度饲养，为保持其环境条件的适宜，对鸡舍通风换气应更加重视。

通风换气可起到排污的作用。因鸡是一种代谢旺盛的动物，呼吸频率较高，公鸡每分钟 18～21 次、母鸡 20～37 次；换气量也大，每千克体重每小时需氧气约 740 mL（牛 328 mL、猪 392 mL），呼出二氧化碳约 710 mL（牛 320 mL、猪 336 mL），因而鸡舍内需大量清洁、新鲜的空气。通风换气首先可将舍内空气中的有害物质排出去，使舍外含有较高氧气的清洁空气换入，使舍内空气中有害物质浓度不致过高，对鸡群造成危害。其次，通风可保持舍内一定的气流速度，使舍内呈静止状态的空气加速流动，这样可保证舍内环境状况的均匀一致，保证换气作用的顺利进行。第三，通风换气可在一定范围内调节舍内温湿度状况。一般舍内气温高于舍外，通风可以排出舍内余热，换入较低温度的空气。通过控制通风量的大小及通风时间的长短，保持舍内适宜的温度。舍内外温差越大，通风效果越明显。而在干燥地区或季节，通风换气起到的排湿作用较大，但在雨季大气中水汽含量高时，通风换气起不到或只能起到很少的排湿作用。在外界气温平均值达 27℃以上时，通风系统中应采用冷却或降温措施，才能起到控制舍温的作用。

一、舍内的有害物质

鸡舍内的有害物质主要包括有害气体、微粒和微生物。舍内由于鸡的生活，粪便、饲料、垫草等有机物的分解，使氨、硫化氢、硫醇、粪臭素等有害气体含量增加，同时也使空气中的灰尘、微粒、微生物等有害物质的浓度远远高于舍外。因此，应通过通风换气控制鸡舍中的有害物质。

（一）有害物质

1. 氨气　氨气是无色有刺激性臭味的气体。氨气水溶性强，密度为 0.596，主要来自厌氧菌分解含氮物质如粪便、尿、饲料、垫草等。高温、高湿、饲养密度过大、垫料反复利用及通风不良都可使其大大增加。氨因产自地面，虽比重小，但也主要分布在鸡群所能接触到的范围。氨产生气味的低限为 5 mL/m^3。氨气的浓度达 15 mL/m^3 时，人进入鸡舍便感受不适。鸡对氨的允许浓度不超过 20 mL/m^3。鸡在 5 mL/m^3 的长期作用下，其健康也会受到影响。氨气能吸附在眼结膜上刺激该处产生痛感，流泪；若刺激时间较长，会引起发炎。氨气进入呼吸道作用于黏膜，使气管、支气管发生水肿、充血、疼痛，分泌黏液堵塞气管，并可麻痹呼吸道黏膜或损害其黏膜上皮，使病原微生物易于侵入，从而对疾病的抵抗力下降。鸡因单位体重呼吸量大，因而对氨气特别敏感，当浓度超过 20 mL/m^3时，若超过 6 周以上，鸡肺部充血、水肿，对新城疫的易感性增强。蛋鸡在氨气浓度 50～80 mL/m^3 的环境中 2 个月，与正常相比产蛋率减少 10%。据报道，在氨气浓度每立方米为 0 mL，50 mL，100 mL 的人工控制环境的鸡舍中饲养肉鸡，49 日龄的体重相应为1 894 g，1 699 g 和 1 648 g，死亡率相应为 1%，3%和 14%。冬季气温低加上通风不良，鸡舍内氨气含量过高是造成呼吸道感染的重要因素。鸡舍中氨气的最大允许量为 70 mL/m^3。

2. 硫化氢　硫化氢是一种无色、易挥发的恶臭气体，易溶于水，密度为 1.19。鸡舍中硫化氢主要由含硫有机物分解而来。当鸡采食蛋白质含量高的饲料而消化不良时，可由肠道排出大量的硫化氢；当舍内破鸡蛋较多时，硫化氢含量也增加。硫化氢产自鸡活动区，且比重大，故越接近地面，浓度越大。硫化氢主要是刺激黏膜，当硫化氢接触到动物黏膜上的水分时，立即溶解，并与黏膜中的钠离子结合生成硫化钠，对黏膜产生刺激作用，引起结膜炎、鼻炎、气管炎、肺水肿等；进入肺泡中的硫化氢可迅速被吸收进入血液中，和氧化型细胞色素氧化酶中的三价铁结合，使该酶失去活性，影响细胞的氧化过程，造成组织缺氧。长期处在低浓度硫化氢环境中，鸡的体质变弱，抗病力下降，易发生胃肠病、心脏衰弱等；高浓度的硫化氢可直接抑制呼吸中枢，引起窒息和死亡。鸡舍内硫化氢最高不允许超过 10 mL/m^3。

3. 二氧化碳　二氧化碳为无色、无臭、略带酸味的气体，密度为1.524。舍内二氧化碳主要是鸡群呼吸过程中呼出的。冬季在鸡舍内安装火炉时燃料燃烧过程中也产生二氧化碳。二氧化碳本身并无毒性，只有在空气中浓度过高，持续时间过长时会造成机体缺氧，鸡舍中一般不会达到此危害程度。其意义在于当舍内二氧化碳浓度过高时，说明空气较污浊，其他有害物质含量也较多。鸡舍中二氧化碳的最高含量不得超过 0.15%。

4. 一氧化碳　一氧化碳主要来自燃料燃烧不完全所产生的废气中。在育雏舍、肉鸡舍用火炉采暖而通风不足时，易出现一氧化碳含量过量。一氧化碳进入鸡体内后与血红蛋白结合。它与血红蛋白的亲和力比氧大得多，所以使氧无法与血红蛋白结合，造成组织缺氧，轻度中毒会出现精神沉郁，严重时引起死亡。在农户小规模养鸡生产中尤其是育雏期间，一氧化碳中毒的事例比较多。鸡舍中最高含量不得超过 2.4 mL/m^3，平均含量不得超过0.8 mL/m^3。

5. 尘埃和微生物　空气中夹杂着大量的水滴和灰尘，给微生物提供了良好的保护和营养，使微生物附着其上而生存。这些微生物中有许多是致病的。尘埃和微生物的来源，一部分是由于通风换气过程中由舍外大气进入，另一部分由舍内生产过程产生。鸡群采用干粉料饲喂、间歇光照、厚垫草饲养时，便会使舍内空气中的灰尘及细菌数量增多。在这些尘埃中，病原微生物附着在灰尘上对鸡群造成的传染叫灰尘传染；附着在微小液滴上所造成的传染叫飞沫传染。自然界以灰尘传染为多，舍内则以飞沫传染为主。鸡咳嗽、喷嚏、鸣叫、采食时均可喷出小液滴，这些液滴迅速蒸发，只留下较小的滴核，直径一般为1～2 μm，可长期漂浮在空气中。这些滴核是由唾液中的黏液素、蛋白质、盐类和微生物所组成。因其中有营养物质，又不易干燥，微生物可长期生存。滴核被鸡只吸入，造成鸡发病。呼吸疾病主要是由飞沫传播的，如传支、传喉、新城疫等。在封闭式鸡舍内，由于飞沫可散发到鸡舍的各个地方，且空气和外界交换慢，因而，一旦发病，往往引起鸡群迅速发病。

二、通风方式

对鸡舍进行通风换气必须要有足够的推动空气流动的通风动力，依据通风动力的不同分为自然通风与机械通风。

（一）自然通风　自然通风是指依靠自然风和舍内外温差所形成的空气自然流动，使舍内外空气得以交换。进行自然通风时，实际是风力通风和温差通风同时进行。通常风力的作用大于温差作用。如风力和温差2种作用相反时，风量减少。当风力和温差2种作用相加时，则风量增大。采用自然通风鸡舍时，要使二者作用相加，以提高通风效果。自然通风不需要耗费电能，不需风机设备等投资，设计合理通风效果也好。这是我国各种小型鸡舍普遍采用的通风方式。但自然通风随机性太大，单纯依赖自然条件，通风效果不能保证；且鸡饲养密度较小，影响鸡舍利用率。其饲养密度为成鸡所占有鸡舍容积在0.45～0.6 m^3 以上，雏鸡饲养密度如表7-5。

表 7-5 自然通风时雏鸡的饲养密度 只/m²

日龄	平养	多层笼养	日龄	平养	多层笼养
15	36	35	90	6～8	18
30	18	26	120	4.5～6	9
60	9～12	18			

在设计自然通风的鸡舍时必须注意6个方面的问题。一是鸡舍跨度不可太大，以6～7.5 m为宜，最大不应超过9 m。二是根据当地主风向考虑在迎风面的下方设置进气口，背风面上部设排气口。自然通风时虽然风力的作用大于温差的作用，但无风时，仍要依靠温差作用进行通风。三是夏季利用自然通风，在屋顶应设通风管；风筒设计要高出屋顶60 cm以上，其上应有遮雨风帽；风筒的舍内部分也不应低于60 cm。为了便于调节舍温，其内应安装保温调节板，便于随时启闭。这样可在风力和温差各自单独作用或共同作用时进行排气。四是在冬季为解决通风和保温这2个问题，保证有良好舍内环境，可进行低流量或间歇式通风；各部结构要严密，以免造成舍内局部地方出现低温、贼风等现象而使鸡着凉。五是为适应冬夏季不同气候状况，须精心设计门、窗和排风管等，使其开闭调节方便灵活。使冬季进入舍内的气流由上而下不直接吹向鸡体；夏季则使气流直接吹向鸡群。同时，在生产实践中必须精心维护管理。六是小型鸡舍如需机械通风作辅助设置，应以送风为好，可将风机安装在鸡舍一端山墙上，开动风机直接将风送入舍内；亦可在鸡舍中央走道顶棚下安装一串高速风机。无论哪种方法，都能加速舍内气流的速度，降低鸡的体感温度。

（二）机械通风　机械通风是指依靠机械动力强制进行舍内外空气的交流。一般使用轴流式通风机，也有一些鸡场使用离心式风机。根据通风机及进出气口的设置不同，机械通风有多种方式。

1．正压通风　通风机将外界新鲜空气强制送入舍内，使舍内气压稍高于外界气压，这样将舍内污浊空气排出舍外。正压通风可将通风机安装在鸡舍一端山墙上，或单独设置风道将空气送入舍内。开动风机后直接将风送入舍内，小型鸡舍可根据笼组布置，将风机安装在相对于走道的山墙上，高度与鸡笼相当，送风效果好。这种方式送风不够均匀，但投资少，易于管理。大型鸡舍则须设计风道，送风到鸡舍各点，这种方式送风均匀，并可对空气进行预处理，或加温或冷却或过滤，只是设备投资大，不易管理（图 7-1）。

1. 两侧壁送风形式　2. 屋顶送风形式　3. 侧壁送风形式

图 7-1　正压通风的 3 种形式示意图

2. 负压通风　利用风机将舍内污浊空气强行抽出舍外，使舍内压力略低于大气压，成负压环境，舍外空气则自行通过进气口流入舍内。负压通风方式广泛应用于密闭式无窗鸡舍的通风方式。这种通风方式投资少，管理比较简单，进入舍内的气流速度较慢，鸡体感觉比较舒适。由于进、排气口的布置形式和位置各有不同，负压通风有两大类型。

(1)横向通风。其特点是风机和进气口分别沿鸡舍两侧纵墙均匀布置，气流从进气口入舍后横向穿过鸡舍，由对侧墙上之风机排出舍外。由于鸡舍跨度不同，负压通风的方式主要有 4 种。其一，一侧进风一侧排风，主要应用于跨度小于 12 m 的鸡舍。其二，二侧进风屋顶排风。其三，屋顶进风二侧排风。这种形式在高床平养鸡舍较为常见。其四，二侧进风一侧排风的方式（图 7-2）。这种横向通风形式的特点是，利用进气口的气体射流特性，在舍内形成一定的气流速度，并将舍外新鲜空气送入舍内一定距离。一般来讲，在进气口前方的局部范围内有较大气流速度，在射流区内气流速度也较均匀。但就整栋鸡舍环境来看，横向通风的不足之处是进气口间的窗间墙附近有明显的气流死角，与空气的射流流动规律及进气口的结构形状等都有关。我国砖混结构鸡舍常用的是矩形进气口，有多个窗间墙，其宽度越大，气流死角也越大。因此，横向通风鸡舍最好采用扁平形进风口，减少窗间墙宽度。横向通风射流的速度衰减较快。进气口一般设在墙壁较高位置，因而进气口下侧附近区域也是气流死角。总之，横向通风方式的鸡舍内气流不够均匀，气流速度偏低，死角多，空气不够新鲜。所以，在肉鸡生产中应用有一定的局限性。

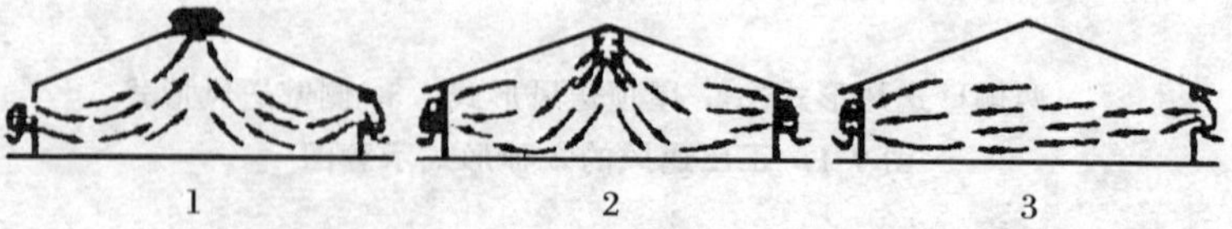

1. 屋顶排风形式　2. 侧壁排风形式　3. 横向排风形式

图 7-2　负压通风的 3 种形式示意图

（2）纵向通风。排风机全部集中在鸡舍一端的山墙上或山墙附近的两侧墙上，进气孔在鸡舍另一端的山墙上或靠近山墙部位的两侧纵墙上，将鸡舍其余部位的门和窗全部关闭，使进入鸡舍的空气均沿鸡舍纵轴方向流动，开动风机将舍内污浊空气排到舍外如图 7-3 所示。纵向通风设计的关键是使鸡舍内产生均匀的高气流速度，并使气流沿鸡舍纵轴方向流动，因此，风机宜设于对侧墙的下部。为防止进风口透光，在墙外侧应设遮光罩。纵向通风亦称之为隧道式通风。这种通风方式的特点是：进入舍内的最大量空气均沿一个方向平稳地流动，各部分空气的运动流线均为直线，因而气流在鸡舍纵向各断面的速度可保持均匀一致，舍内气流死角少。纵向通风，舍内平均风速较横向通风平均风速高 5～10 倍。纵向通风舍内风速可达 0.7 m/s 以上，夏季可达 1～1.5 m/s。气流速度较高可降低鸡的体感温度，使鸡体感到舒适。在冬季为避免一端进气气温较低，须利用气体射流与位流相结合的气流原则，使进入鸡舍内的冷空气先与鸡舍上部热空气充分混合后再降到鸡群生活区，因而进风口可沿鸡舍纵向均匀布置，冬夏季调节不同位置进气口以解决冬季鸡舍两端温差较大的弊病。纵向通风可采用大直径低压头大流量节能风机，风机排风量大，台数减少，因而可节省设备投资及其安装接线费用和维修管理费达 20%～35%，节约电能及运行费用达 40%～60%；也可结合整个鸡场的排污设计，组织各栋鸡舍间的气流，将进气口设在清洁道侧，排气口设在脏道侧，这样可以避免鸡舍间的交叉传染，保持生产区空气清新，便于栋舍间绿化植树，改善生产区的环境。进气口风速一般要求：夏季 2.5～5 m/s，冬季 1.5 m/s。

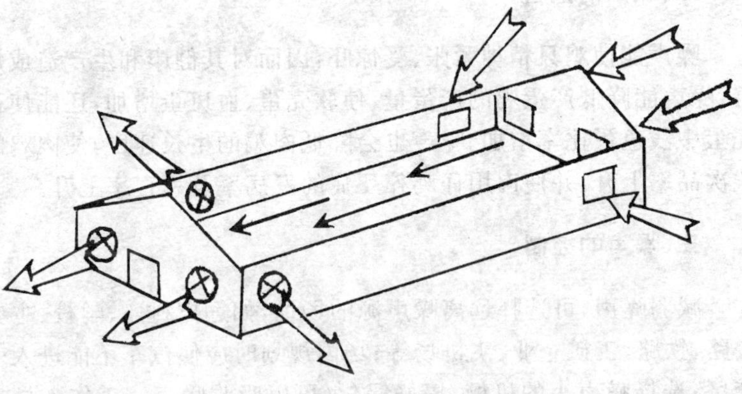

图 7-3　纵向通风示意图

采用纵向通风设计时须注意：在排风量相等时，减少横断面空间，可提高舍内风速。因此，有顶棚空间较小的鸡舍较好，对现有三角屋架鸡舍，可在每 3 间房之间，将三角屋架用挂帘隔开，以减少过流断面。布置排风机时,可大小风机结合,以适应不同季节通风之需要。冬季为避免鸡舍两端温差过大,须调节进风口的位置,可封闭近山墙的进风口启用鸡舍中央的进风口,并用小风机进行排风。

第四节 噪 声

一、噪声的来源

汽车鸣笛、飞机噪声、机械运行、刮风时门窗晃动、雷鸣和鞭炮、家禽的鸣叫等都可产生噪声。工作人员突然地高声喊叫也是噪声的重要来源。

二、噪声的危害

噪声能使鸡只精神紧张、受惊吓,因而对其健康和生产造成危害,噪声能降低产蛋鸡的产蛋量,使软壳蛋、血斑蛋增加,还能使褐壳蛋中浅色蛋比率增加。噪声也会降低肉鸡的生长速度,使肉鸡的残次品率上升,并使肉用仔鸡猝死症的发病率及死亡率上升。

三、噪声的控制

减弱噪声,可选择远离噪声源的场址,如远离村庄、学校、主要公路、铁路、工矿企业、飞机场等;场内规划时应使汽车不能进入生产区;选择噪声小的机械;搞好绿化(可以吸收噪声);工作人员在鸡舍内外不能大声喊叫;门窗打开后要固定好;工具放在合适的位置以避免碰撞。对鸡影响最大的是突然的噪声,它是生产中造成鸡精神紧张或惊群的主要因素。对于经常性的、低分贝的声响,鸡经过一段时期后可以适应。

第八章　肉鸡的营养和饲料

第一节　肉鸡的营养需要

一、肉鸡所需要的营养物质

肉鸡在生长过程中需要40多种营养物质。这些营养物质有主有次。有些是饲料的主要成分，有些只占百分之几，有些只占万分之一，甚至百万分之一。但是它们都很重要，各有其生理功能，饲粮中如果缺乏就会使鸡发生严重疾病。在动物营养中，把饲料作为一个各种营养物质的载体，但它们的含量有多有少，应尽量满足动物的营养需要。营养学的任务就是了解各种各样的饲料中含有哪些营养素的数量，以及需要各种营养物质的数量，从而将各种饲料互相配合，使它们所含各种营养素的数量恰好符合或是稍微超过家禽的需要。这就是配合全价饲料的工作。

（一）能量　动物的一切生理过程，包括运动、呼吸、循环、吸收、排泄、神经系统、繁殖、体温调节等都需要能量。日粮中碳水化合物和脂肪是能量的主要来源，蛋白质多余时也分解产生热能。碳水化合物包括淀粉和纤维。在饲料成分中，淀粉作为肉鸡热能来源，价格最便宜，而肉鸡代谢旺盛，需要能量较多，必须喂给含淀粉较多的饲料。肉鸡对纤维的消化能力低，日粮中纤维不可过多。

家禽日粮中淀粉含量较高，淀粉可转化为脂肪，而且大部分脂肪酸可以在体内合成，一般不存在脂肪缺乏问题。脂肪的热能价值高，其发热量为碳水化合物的2.25倍。国外肉仔鸡或产蛋鸡日粮中添加1%～5%的脂肪，提高日粮的能量水平对肉鸡生长，特别是提高饲料效率都有很好的效果。

日粮中的能量大部分消耗在维持需要上，包括基础代谢和非生产活动的能量需要。基础代谢的能量需要依家禽体重大小而异。体重愈大热能需要愈少，初生雏最低的热生产量为每克体重每小时23 J，而成鸡仅为一半。非生产活动需要的能量大约为基础代谢的一半，依鸡舍条件和品种特性而有很大差异。

尽管每单位体重的维持需要的能量，体重大的比体重小的少，而总的能量需要，体重大的比体重小的要多。环境温度对能量需要影响很大。家禽有维持恒定体温的本能，低温比适温时维持需要的能量多。无论产蛋鸡或育成鸡都能适应一定日粮能量范围，而日粮能量水平高时，产蛋量、生长速度、饲料效率都可提高。配合日粮时既应考虑生产成绩，也要注意经济效益，选择合适的能量水平。一般而言，肉用仔鸡需要高能量水平。为提高日粮的能量水平可添加适量的脂肪。蛋用型鸡育雏和育成期均用较高能量水平，产蛋鸡适当提高日粮水平，可减少每生产单位重量鸡蛋的饲料消耗。肉用种鸡在育成期，水平应低于规定的需要量，为此可控制采食量或光照时间。肉用种鸡产蛋期用低能量日粮或限制采食量，以防过肥引起产蛋量下降。能量用焦耳表示，即焦耳(J)，千焦(kJ)，兆焦(MJ)。

（二）蛋白质　蛋白质是含有碳、氢、氧、氮、硫的有机化合物，由20多种氨基酸构成。蛋白质是肌肉、皮肤、羽毛、神经、内脏器官及酶类、激素、抗体等的主要成分。蛋白质不能由其他物质代替，如脂肪和碳水化合物都缺少蛋白质所具有的元素，在营养上不能代替蛋白质的作用。

日粮中蛋白质和氨基酸含量不足时，雏鸡生长缓慢，食欲减退，羽毛生长不良，性成熟晚，产蛋量减少，蛋小；严重缺乏时，采食量减少，体重下降，卵巢机能退化。为了维持家禽生命，保证肉鸡的健康生长及成禽大量产蛋，必须从饲料中提供足够的蛋白质。氨基酸又分必需氨基酸和非必需氨基酸。

必需氨基酸是指在家禽体内不能合成，或是合成速度慢和合成的数量不能够满足家禽生产需要，必须由饲料中供给的氨基酸。家禽的必需氨基酸包括：赖氨酸、蛋氨酸、异亮氨酸、精氨酸、色氨酸、苏氨酸、苯丙氨酸、组氨酸、缬氨酸、亮氨酸和甘氨酸。在饲料中，用一般的谷物与油饼类饲料配合时，蛋氨酸、赖氨酸、精氨酸、苏氨酸和亮氨酸常常达不到营养需要的标准数量，使蛋白质的营养受到限制，因此，这些氨基酸被称为限制氨基酸。按它们缺乏多少的次序，将它们称为第一限制氨基酸与第二、第三限制氨基酸。

非必需氨基酸包括：丝氨酸、丙氨酸、谷氨酸、天门冬氨酸、胱氨酸、脯氨酸、羟脯氨酸、酪氨酸、半胱氨酸等。所谓非必需氨基酸是指家禽在体内能用其他氨基酸或非蛋白氮合成，不必要从饲粮中供给。但是，已知非必需氨基酸中的胱氨酸要由蛋氨酸来合成，酪氨酸要由苯丙氨酸来合成，因此，胱氨酸与酪氨酸不足时实质上是增加了必需氨基酸——蛋氨酸、苯丙氨酸的需要量，所以饲粮中胱氨酸的量与酪氨酸的量往往都分别与蛋氨酸、苯丙氨酸合并考虑。日粮中胱氨酸和酪氨酸充足时，可节省蛋氨酸和苯丙氨酸的用量。

必需氨基酸中某一种需要量不足时，均会影响蛋白质的合成。所以必须注意氨基酸的平衡，尤其注意赖氨酸、蛋氨酸、色氨酸。家禽利用其他氨基酸合成蛋白质时，均受它们的限制。实际饲养家禽时，饲料种类要多一些，补充一部分动物蛋白饲料或添加人工合成的蛋氨酸和赖氨酸，以保证氨基酸的平衡。

某些氨基酸之间的特殊关系在确定家禽营养需要时也必须加以考虑。蛋氨酸与胱氨酸：蛋氨酸只能由蛋氨酸来满足需要，而胱氨酸可由胱氨酸或蛋氨酸满足需要。因蛋氨酸在代谢上很快可以转化为胱氨酸，反之则不行。苯丙氨酸与酪氨酸：苯丙氨酸只能用苯丙氨酸满足需要，而酪氨酸可由酪氨酸和苯丙氨酸满足需要，甘氨酸与丝氨酸：二者可以互相代用，通常日粮总蛋白质量满足需要时，甘氨酸与丝氨酸也够用。某些氨基酸之间有拮抗作用，如缬氨酸-亮氨酸-异亮氨酸、精氨酸-赖氨酸。增加某一组的1种或2种氨基酸量也能提高同一组内其他氨基酸的需要量。

确定蛋白质需要量时，首先应明确日粮的蛋白质水平，因日粮的能量水平决定采食量的多少。NRC标准关于不同年龄鸡的蛋白质和氨基酸的需要量，均注明是按每千克兆焦表示的，以便饲养员按自己的日粮能量水平确定蛋白质和氨基酸的需要量。温度也是影响采食量的因素，饲养家禽时必须注意每日耗料量，以便根据鸡的采食量合理地调配日粮。家禽按日粮中每单位能量的蛋白质和氨基酸的需要量，以肉用仔鸡和种用雏鸡的育雏阶段最多，尔后随雏鸡生长减少；产蛋鸡从初产到产蛋高峰需要量最大，尔后随产蛋量的相应下降也相应减少。

（三）脂肪　脂类是不溶于水而溶于有机溶剂的一类有机物。是细胞原生质的成分，但是家禽在形成体组织和修补旧组织时，体内可以将碳水化合物转化为脂肪，不需要由饲料中供给。有些脂肪酸必须由饲料中供给，它们不能在体内合成，称为必需脂肪酸。亚油酸和亚麻油酸就是必须由饲粮中供给的脂肪酸，以亚油酸最为重要，因为后者可由亚油酸转变。它们的需要量很少，饲粮中含有0.8%～1%亚油酸就够了。植物饲料的脂肪中亚油酸的含量常在50%左右，所以饲粮中含植物油2%以上时就不致于缺乏亚油酸了。谷物饲料一般含脂肪3%左右，油饼内含有5%以上。

饲料中的脂肪的消化与吸收主要在小肠里面进行，脂肪与其他养分的机械分离在胃中就开始，初步的乳化在胃中及十二指肠中就已开始，进一步的乳化是在与胆盐接触之后，因为胆汁中的胆酸、牛磺胆酸和糖胆酸将脂肪乳化成小颗粒脂肪便具有更大的与胰脂酶接触的表面积。在胰脂肪酶作用下，脂肪的脂肪酸从甘油三酯分子上水解下来。磷脂由磷脂酶水解成溶血磷脂，胆固醇酯由胆固醇酯水解酶水解成胆固醇，少量甘油二酯可被吸收。幼鸡对饱和脂肪酸的吸收能力较差，随同日龄增大而提高。脂肪的作用主要是彻底氧化供能；重新酯化生成甘油三酯，参与血液循环或沉积在组织中，少部分与血中清蛋白形成复合物。

(四)*矿物质* 矿物质构成鸡体组织和细胞的成分，特别是形成骨骼最重要的成分。其性质差异很大。矿物质有调节渗透压、保持酸碱平衡等作用，又是骨骼、蛋壳、血红蛋白、甲状腺激素的重要组成成分，因而成为家禽正常生活、生产所不可缺少的重要物质。钙、磷和镁是身体的结构物质。矿物质在代谢中也起重要作用，锰、锌、铜、铁、碘、钴是辅酶、激素或某些维生素的组成成分，磷在体内几乎每个反应都不能缺少。畜禽需要的矿物质元素有十几种，包括常量元素钙、镁、钾、钠、磷、氯、硫，微量元素铁、铜、钴、锰等。

在矿物质中，家禽对钙和磷的需要量最多。钙是骨骼的主要成分，特别是蛋壳主要由碳酸钙组成。钙在一般糠麸和谷物中含量很少，必须注意补充。但钙量过多，对雏鸡生长也有害，钙能影响镁、锰、锌的吸收。育雏-育成阶段，钙量不应超过0.8%～1.0%。蛋壳上有白垩状沉积、两端粗糙，可能是母鸡喂钙过多的结果。

磷也是骨骼的主要成分，体组织和脏器中含量也较多。鸡缺磷时，食欲减退，生长缓慢，严重时关节硬化，骨骼易碎。谷物和糠敖中含磷较多，但鸡对植酸磷利用较低，其利用率雏鸡大致为10%，成鸡为50%，而无机磷可视为100%。因此日粮中必须补充一部分无机磷(占总磷的1/3以上)，如日粮缺少鱼粉时尤应注意。产蛋鸡的日用磷不应超过0.35%，否则蛋壳质量变坏，破蛋增多。饲养家禽时，除应满足钙和磷的需要外，还要按饲养标准注意钙、磷的正常比例。一般情况下雏鸡以1.2∶1为宜，(1.1～1.5)∶1为允许范围；产蛋鸡4∶1或钙更多些为宜；二者比例适当，有助于其正常利用，保持血液和其他体液的中性。

氯和钠、钾主要分布在体液中，它们协同维持细胞外液的渗透压和调节体液容量方面的重要作用。这在维持家禽的正常生理作用方面有重要的意义。此外，氯参与胃液的形成，保证胃蛋白酶作用所必需的 pH 值。钠和钾的互相作用是参与神经组织冲动的传递过程。钠在肠道中保持其碱性，有助于消化酶的活动。饲养家禽时必须补给少量的食盐，食盐不足则鸡的消化不良，食欲减退，生产发育缓慢，易出现啄肛、食血等恶癖，产蛋鸡体重、蛋重减轻，产蛋率下降。另外，钾、镁、硫、铁、铜、锰、锌、碘、硒等矿物质在维持家禽生理方面起着重要作用。但大部分在家禽日粮中并不缺乏，只有少数在日粮中以添加剂形式给予补充，主要是锰、锌、铜，有时亦补充铁、碘、硒。

锰与骨骼的生长和家禽的繁殖有关。锰不足时，雏鸡骨骼发育不良，患屈腱病，生长受阻。成鸡缺锰则产蛋孵化率低，蛋壳薄。锰与脂肪代谢有密切关系。缺锰时肝和骨骼中沉积脂肪。锰在麸皮中含量较多。

锌在鸡体内含量甚微，但分布很广，骨、毛、肝、胰、肾、肌肉、酶类中都含有。缺锌时，生长缓慢，羽毛、皮肤发育不良；严重时，脚短，表面呈鳞片样，并有皮肤炎症状。

铁存在于血红蛋白组织细胞的某些氧化酶中，不足时易发生贫血。铜与铁共同参与血红蛋白的形成，饲料缺铜时铁吸收不良，也发生贫血。

碘与甲状腺活动机能有关，缺碘时可引起甲状腺肿大而损害家禽的健康。

硒过去被认为是有毒物质。近年的研究证明，土壤缺硒的地区添加 0.1 mg/kg 硒可预防渗出性素质病，但含量超过 5 mg/kg 就会出现中毒症状。

（五）维生素　家禽对维生素的需要量甚微，但它们在禽体物质代谢中起着重要作用。维生素缺乏，造成物质代谢紊乱，影响家禽的产蛋。种鸡和雏鸡对维生素的要求更严，有时鸡群产蛋量并不低，而受精率、孵化率不高，往往是某些维生素缺乏所致。已知家禽必须从日粮中摄取的维生素有13种,其中脂溶性维生素有维生素A,维生素D,维生素E,维生素K4种,水溶性的有硫胺素、核黄素、烟酸、泛酸、生物素、胆碱、叶酸和维生素B_{12}等9种;最易缺乏的是维生素A、维生素B_2、维生素D_3,而硫胺素在饲料中含量丰富,维生素C在体内可合成,只在高温逆境时可少量补充。

许多维生素存在于饲料中,不喂添加剂的禽场保证青饲料的供应是必要的。如饲料以玉米为主,则应适当搭配麦类和糠麸以补充维生素B的不足。在现代禽场,所需维生素均以添加剂的形式给以补充。

维生素A,又称促生长维生素,有维持上皮细胞和神经组织的正常机能的作用,能促进生长,增进食欲,促消化,增强对传染病的抵抗力;缺乏时生长慢,产蛋率少,孵化率低,易发生各种病,是最重要而易于缺乏的维生素之一。维生素A在鱼肝油中含量丰富,胡萝卜、苜蓿干草中含胡萝卜素很多,经水解后变成维生素A,转化率约为2/3。谷物及副产品中只有黄玉米含有少量的胡萝卜素,应注意补充。

维生素D与体内钙、磷代谢有关。鸡缺乏维生素D时生长不良,羽毛粗乱,腿部无力,常行走几步即蹲伏休息;喙、脚、胸部易弯曲,踝关节肿大;成鸡则蛋壳薄软,产蛋率和孵化率降低。禽体皮下7-脱氢胆固醇经紫外线照射可生成维生素D,笼养鸡应注意补充。家禽对维生素D_3利用能力强,其效能比D_2高40倍,鱼肝油中含D_3多。青饲料中的麦角固醇经紫外线照射可形成维生素D_2。

维生素E与核酸的代谢及酶的氧化有关。缺乏维生素E,雏鸡易患脑软化症、渗出性素质病和肌营养不良;公鸡发生睾丸退化,种蛋孵化率低。添加维生素E可提高孵化率,促进雏鸡生长。鸡处逆境时维生素E需要量增加。维生素E在青饲料、谷物胚芽、蛋黄中较多。

维生素K的主要作用是催化肝脏中凝血酶原与凝血活素的

合成。凝血活素促使凝血酶原变为凝血酶。雏鸡维生素 K 不足时，皮下出血出现紫斑。种鸡饲料中维生素 K 不足，孵化率降低。畜禽消化道内微生物有合成维生素 K 的功能，但如服用抗生素等抑菌药物就会导致维生素 K 的缺乏症。此外，逆境因素，如球虫病，会降低维生素 K 的摄取量；肝脏疾病（如胆汁不足，阻塞性黄疸等）都会影响维生素 K 的吸收。

硫胺素与保持糖类代谢和鸡体正常机能有关。缺乏硫胺素时，鸡食欲减退、衰弱、消化不良和发生痉挛。硫胺素在糠麸、青饲料和干草中含量丰富。

核黄素对鸡体内氧化还原、调节细胞呼吸起重要作用，是 B 族维生素中对家禽最为重要而易感不足的一种。缺乏核黄素时，雏鸡生长不良，软腿，有时以关节触地走路，趾向内侧卷曲；成鸡产蛋少，特别是孵化率低。核黄素在青饲料、干草粉、酵母、鱼粉、糠麸和小麦中含量较多。

烟酸是某些酶类的重要成分，与碳水化合物、脂肪和蛋白质代谢有关。雏鸡需要量高，缺乏时食欲减退，生长慢，羽毛不良，踝关节肿大，腿骨弯曲；成禽缺乏时，种蛋孵化率低。烟酸在酵母、豆类、糠麸、青料、鱼粉中含量丰富，麦类含量也较多。

泛酸与碳水化合物、蛋白质和脂肪代谢有关。鸡缺乏泛酸时发生皮肤炎，羽毛粗糙，生长受阻，骨短粗，口角有局限性痂块损伤，种蛋孵化率低。泛酸与核黄素的利用有关，一种缺乏时，另一种需要量增加。此外，泛酸很不稳定，与饲料混合时易受破坏，故常用其钙盐作为添加剂。泛酸在酵母、糠麸和小麦中含量较多。

生物素在肝、肾中较多，参与脂肪和蛋白质代谢，鸡缺乏生物素时发生皮肤炎症，脚发红，喙有溃疡，雏鸡患屈腱症，运动失调，骨骼畸形，种蛋孵化率低。鸡蛋白中有一种抗生物素蛋白，因而母鸡有啄蛋癖时易发生生物素缺乏症。生物素在鱼肝油、酵母、青饲料、鱼粉、谷物和糠麸中含量较多。雏鸡对生物素的利用率低。最近的NRC标准增加了生物素的需要量。

胆碱是鸡体内含甲基化合物为蛋氨酸等合成甲基的来源。雏鸡需要量大,缺乏时生长缓慢,发生屈腱病。胆碱有助于脂肪的移动,可以预防脂肪肝症。最近研究表明,产蛋鸡能合成相当量的胆碱。胆碱在小麦胚芽、鱼粉、豆饼、糠麸、甘蓝等中含量丰富,玉米中含量较少;日粮以玉米为主,缺少麦类、糠麸类时,应注意补充;相反,日粮中麦类、糠麸充足时可不另补充胆碱。

叶酸与维生素B共同参与核酸的代谢和核蛋白的形成。缺乏叶酸时,雏鸡生长缓慢,羽毛不良,贫血,骨短粗,种蛋孵化率低。苜蓿粉、青饲料、酵母、大豆饼、麸皮和小麦胚芽中叶酸含量较多。

维生素B_{12}与核酸合成、甲基合成、碳水化合物代谢、脂肪代谢及与维持血液中谷胱甘肽有关。缺乏维生素B_{12}时,雏鸡生长不良,种蛋孵化率低。维生素B_{12}在鱼粉、骨肉粉、羽毛粉等动物性饲料中含量丰富,苜蓿中也较多。

(六)水分　雏鸡身体含水分约70%,成鸡50%,蛋含水70%。水分在养分的消化吸收、代谢废物的排泄、血液循环和调节体温上均起着重要作用。饮水不足,则饲料的消化吸收不良,血液浓稠,体温上升,生长和产蛋均受影响。鸡体失水10%时,则可造成死亡。鸡的饮水量依季节、产蛋水平而不同。1只鸡1 d饮水150～250 g。气温高时饮水量增加;产蛋量高时饮水量增加;笼养比平养多;限制饲养时,饮水量增加。一般言之,成鸡的饮水量约为采食量的1.6倍,雏鸡的比例更大些。

在环境因素中,温度对饮水量的影响最大。当气温高于20℃时饮水量即开始增加,35℃时饮水量为20℃时的1.5倍;0～20℃时饮水量变化不大;0℃以下时饮水量减少。夏季气温高,鸡采食量少,饮水增加。笼养鸡往往粪便过稀,适当限制饮水或间歇给水可防止这种现象而不影响鸡的产蛋量。此外,鸡患病或处于逆境时,往往在采食量减少前1～2 d饮水量就先减少。注意观察这些细微变化有助于及早采取措施，减少损失。水的质量应与人的饮水标准一致。

二、肉用种鸡的营养需要

（一）肉用种母鸡能量需要　鸡所吃的食物主要是能量部分。肉用种鸡在生产过程中所需能量主要是维持需要和产蛋需要两部分。对能量需要的衡量单位普遍采用代谢能(kJ)。一般一只成年母鸡每千克体重的基础代谢净能为 345 kJ/(kg · $W^{0.75}$)，(W 为鸡的体重)以 0.80 作为代谢能用于维持的利用率。也有用 0.82 为系数的，则代谢能为 430 kJ/(kg · $W^{0.75}$)。由于家禽活动量不同，维持需要也就不同。一般在平养鸡基础代谢之上增加 50%，笼养鸡增加 37%。一枚重 50～60 g 的蛋含净能值 293～377 kJ，一个中等大小的蛋含净能值 355 kJ。代谢能用于产蛋的效率以 0.65 计，产一个蛋约需代谢能 546 kJ。当鸡产蛋率为 80%，则产蛋需要能量为 546×0.8＝437(kJ)。若肉用种鸡还增重，每增重 1 g 约需代谢能 12 kJ。因此，如果 2.5 kg 体重，产蛋率为 80%，日增重 7 g 的肉用种鸡的各项代谢能需要总和为每天每只约 1 803 kJ。影响肉用种鸡产蛋能量需要的因素与产蛋率，限制饲养和环境温度等有关。

（二）肉用种母鸡的蛋白质需要　肉用种母鸡如果饲喂氨基酸平衡的蛋白质，产蛋高峰期每天每只需要 23 g，在一般产蛋水平时，每天每只 18～20 g 即可满足。NRC(1994)规定肉用种鸡蛋白质需要量为每天每只 19.5 g。生产中应注意氨基酸的平衡，避免粗蛋白食入过量，每天摄入量 27 g/只，对孵化率有不良影响。实际生产中，补充氨基酸时摄入较少的蛋白质就足够了。饲喂理想的氨基酸混合物时，每天每只摄入 15.6～16.5 g 粗蛋白质就足够了。美国 NRC 肉用种母鸡的饲养标准参见表 8-1，对于其他矿物元素和微量元素需要量，可参考蛋鸡标准。

表 8-1 美国 NRC 肉用种母鸡饲养标准

营养素	单 位	需要量	营养素	单 位	需要量
粗蛋白质	g/(只·d)	19.5	苯丙氨酸+酪氨酸	mg/(只·d)	1 112
精氨酸	mg/(只·d)	1 100	苏氨酸	mg/(只·d)	720
组氨酸	mg/(只·d)	205	色氨酸	mg/(只·d)	190
异亮氨酸	mg/(只·d)	850	缬氨酸	mg/(只·d)	750
亮氨酸	mg/(只·d)	1 250	钙	mg/(只·d)	4 000
赖氨酸	mg/(只·d)	765	氯	mg/(只·d)	185
蛋氨酸	mg/(只·d)	450	非植酸磷	mg/(只·d)	350
蛋氨酸+胱氨酸	mg/(只·d)	700	钠	mg/(只·d)	150
苯丙氨酸	mg/(只·d)	610	生物素	mg/(只·d)	16

注:①本表列值为种母鸡产蛋高峰期需要量。肉用种鸡常需限饲以维持适宜的体重。每日能量消耗随年龄、生长阶段和环境温度变化而异,在产蛋高峰期每只种母鸡需代谢能 1 672～1 881 kJ。②本表建议的粗蛋白质是以玉米—豆粕型日粮为基础确定的,添加合成氨基酸时粗蛋白质水平略作下调。

（三）肉用种母鸡矿物质需要

1. 钙　由于蛋壳强度随钙的升高而增加。由表 8-1 可以看出,NRC 规定肉用种母鸡每天钙需要量为 4.0 g/只。确定钙最适需要量的最佳指标之一是测定蛋的比重。研究表明,比重达到 1.08 或 1.08 以上时孵化率较好。下午补充钙可提高蛋壳质量。如果钙全在下午供给,又会使蛋壳变厚,明显降低孵化率。

2. 磷　每天总磷供应量从 532 mg 提高到 1 244 mg 不会明显增加鸡的产蛋量、受精蛋孵化率或蛋的比重(即每天每只 163～863 mg 非植酸磷)。喂给 718 mg 总磷(338 mg 非植酸磷)时,每天的产蛋数增加。NRC(1994)推荐肉用种母鸡磷需要量为每只每天 350 mg 非植酸磷。

3. 钠和氯　肉用种鸡每天摄入钠和氯的量在 154 mg/只以上,不会再提高产蛋量,饲料利用率、蛋重、受精率以及孵化率。钠摄入量若超过 320 mg,会降低受精率。NRC(1994)规定,肉用种母鸡每天每只对氯需要量为185 mg,钠为150 mg。

(四)肉用种母鸡维生素的需要　肉用种母鸡和种公鸡的维生素需要量可参考蛋用型产蛋鸡的维生素需要量。

(五)肉用种母鸡对水的需要量　肉用种母鸡对水的需要量不确定,与环境温度、相对湿度、日粮的成分、生长或产蛋率等因素有关。

三、肉用仔鸡的营养需要

肉用仔鸡由于生长比较快,因此对饲料的营养的要求比较高。一般要求全价配合饲料,任何微量成分的不足或缺乏都可能出现病态反应;还要求高能量、高蛋白质水平,只有这样才能取得最高的生长速度;其次是要求日粮的各种营养素配比适当,以提高饲料转化率。

(一)肉仔鸡的能量需要　肉用仔鸡的一切活动都离不开能量,了解肉用仔鸡生长过程中对能量的需要,并精确掌握用于配制日粮的饲料所含的代谢能值是养好肉用仔鸡的基础。

肉仔鸡是一种快速生长的家禽,一般达7周龄左右即可上市,平均体重达2.0 kg左右。肉用仔鸡饲养一般采用高能量、高蛋白质日粮,自由采食,以充分发挥它的生长速度,提高饲料效率;反之,会造成生长缓慢,饲料效率降低。肉用仔鸡饲养一般分为3个阶段,即0～3周龄,3～6周龄,7周龄至出栏。美国NRC肉用仔鸡饲养标准表8-2。我国肉用仔鸡饲养采用两阶段饲养,即0～4周龄和5周龄以上(参见表8-3我国肉鸡饲养标准),日粮代谢能水平为12.12 MJ/kg和12.55 MJ/kg,比NRC低10%左右。但肉用仔鸡若营养水平过高,生长太快,特别是在饲养管理条件极差,环境条件差,通风不良的情况下,肉用仔鸡易发生猝死症和腹水症。由此,在生产中要根据饲料原料和成本等具体情况,适当降低营养水平,使饲料能量水平保持在12.13～13.99 MJ/kg。若代谢能在 12.6 MJ/kg 之内，采用玉米、豆粕和少量鱼粉配制日粮即可达到要求，但再高则需添加动植物油脂。

表 8-2　美国 NRC 肉用仔鸡饲养标准

营　养	单位	周　龄		
		0～3	4～6	7～9
代谢能	MJ/kg	13.38	13.38	13.38
粗蛋白质	%	23.00	20.00	18.00
精氨酸	%	1.25	1.10	1.00
甘氨酸＋丝氨酸	%	1.25	1.14	0.97
组氨酸	%	0.35	0.32	0.27
异亮氨酸	%	0.80	0.73	0.62
亮氨酸	%	1.20	1.09	0.93
赖氨酸	%	1.10	1.00	0.85
蛋氨酸	%	0.50	0.38	0.32
蛋氨酸＋酪氨酸	%	0.90	0.72	0.60
苯丙氨酸	%	0.72	0.65	0.56
苯丙氨酸＋酪氨酸	%	1.34	1.22	1.04
脯氨酸	%	0.60	0.55	0.46
苏氨酸	%	0.80	0.74	0.68
色氨酸	%	0.20	0.18	0.16
缬氨酸	%	0.90	0.82	0.70
亚油酸	%	1.00	1.00	1.00
钙	%	1.00	0.90	0.80
氯	%	0.20	0.15	0.12
镁	mg/kg	600	600	600
非植酸磷	%	0.45	0.35	0.30
钾	%	0.30	0.30	0.30
钠	%	0.20	0.15	0.12
铜	mg/kg	8	8	8
碘	mg/kg	0.35	0.35	0.35
铁	mg/kg	80	80	80
锰	mg/kg	60	60	60
硒	mg/kg	0.15	0.15	0.15
锌	mg/kg	40	40	40

续表 8-2

营　养	单位	周　龄		
		0～3	4～6	7～9
维生素 A	IU/kg	1 500	1 500	1 500
维生素 D_3	IU/kg	200	200	200
维生素 E	IU/kg	10	10	10
维生素 K	mg/kg	0.50	0.50	0.50
维生素 B_{12}	mg/kg	0.01	0.01	0.007
生物素	mg/kg	0.15	0.15	0.12
胆碱	mg/kg	1 300	1 000	750
叶酸	mg/kg	0.55	0.55	0.50
烟酸	mg/kg	35	30	25
泛酸	mg/kg	10	10	10
吡哆醇	mg/kg	3.5	3.5	3.0
核黄素	mg/kg	3.6	3.6	3.0
硫胺素	mg/kg	1.80	1.80	1.80

注:①代谢能含量为典型日粮浓度,当地饲料来源和价格不同时可做适当调整。②粗蛋白质建议值是基于玉米—豆粕型提出的,添加合成氨基酸时可下调。

(二)肉仔鸡对蛋白质和氨基酸的需要　蛋白质是构成鸡体的主要成分,是一切生命活动的基础。饲料中蛋白质的含量不足,会严重影响肉用仔鸡的生长发育,降低饲料报酬。当日粮代谢能为13.39 MJ/kg 时,由表 8-2 可看出,肉用仔鸡在 3 个饲养阶段的日粮蛋白质含量分别为 23.0%,20.0%,18.0%,我国肉仔鸡的饲养标准中规定肉仔期(0～4 周龄)和后期(5 周龄以上)日粮粗蛋白水平分别为 21%和 19%。肉用仔鸡对蛋白质的利用率较高,平均为60%左右,前期对蛋白质的要求高于后期。

蛋白质营养实质上是氨基酸的营养。蛋白质由 20 多种氨基酸组成,其中有些氨基酸在体内不能合成或合成速度较慢不能满足机体的需要,必须由饲料供给,这种氨基酸叫必需氨基酸。肉用仔鸡最重要的必需氨基酸主要是蛋氨酸和赖氨酸。肉用仔鸡在 3 个饲养阶段中，日粮蛋氨酸的需要量分别为 0.50%，0.38%，0.32%，赖氨酸的需要量分别为 1.10%，1.00%，0.85%，其他氨基酸的需要量可见肉鸡饲养标准。由于饲料中能量水平影响肉用仔鸡的采食量，因而也影响日粮的蛋白质水平。但应注意，无论蛋白质水平如何变化，上述氨基酸的比例及种类必须得以保证。

(三)肉用仔鸡对矿物质的需要 肉用仔鸡所需要的矿物质元素有 13 种以上，即钙、镁、钾、钠、磷、氯、硫、铁、铜、钴、锰、锌、碘、硒等。它们是构成骨骼、蛋壳、羽毛、血液等组织必不可少的成分，对肉鸡的生长发育、生理功能和生殖系统具有重要作用。

1. 钙、磷 钙、磷是肉鸡体内含量最多的矿物质元素。99%的钙和 80%的磷参与构成骨骼。磷还是消化酶的组成成分。由表8-2 NRC(1994)推荐可见，“三段式饲养”日粮中钙的含量分别为 1.0%，0.90%，0.80%；非植酸磷含量分别为 0.45%，0.35%，0.30%。我国肉用仔鸡的饲养标准中规定，“二段式饲养”日粮中钙含量分别为 1.0%和 0.90%；总磷为 0.65%和 0.65%；有效磷分别为 0.45%和 0.40%。

2. 钠、钾、氯 钠、钾、氯对维持鸡体内酸碱平衡和细胞渗透压、调节体液有重要作用；氯还参与胃酸的构成，保证胃蛋白酶作用所必需的 pH；钠和钾参与神经组织冲动的传递过程。NRC(1994)推荐，钠、氯在日粮中含量前、中、后期分别为 0.20%，0.15%，0.12%。实际日粮中需补加氯化钠，一般钾不需要另外添加。

3. 锰 稻糠、麸皮、苜蓿粉、酒糟等含锰丰富，但鸡对其利用性低。无机锰盐可以被鸡利用。大多数日粮中含锰不足，且吸收明显不佳。锰分布于体组织中，是骨骼发育所必需的矿物质。肉用仔鸡缺锰时，出现腿病，形成“滑腱症”。肉用仔鸡对锰的需要量以每千克日粮 100 mg 为宜，肉用仔鸡对锰的最大耐受水平为每千克饲料 2 000 mg。

4. 锌　锌是碳酸酐酶的活性成分，参与维持体内酸碱平衡和在肺中释放二氧化碳。肉用仔鸡缺锌时生长受阻，羽毛发育异常，羽毛末端有磨损，腿骨短粗，跗关节肿大，出现皮炎。肉用仔鸡对锌需要量为每千克饲料 40 mg，最大耐受量每千克饲料为 10 000 mg。

5. 铁　铁主要存在于血红蛋白中，参与氧的运输，也是很多酶的成分。肉用仔鸡缺铁时，食欲减退，贫血，轻度腹泻，呼吸困难。肉用仔鸡对铁的需要量每千克饲料为 80 mg，最大耐受量为 1 000 mg。

6. 铜　肉用仔鸡体内含铜量每千克体重为 1.5～2 mg，主要集中在肝脏。铜参与血红蛋白的合成，是很多酶的成分。肉用仔鸡缺铜时，出现贫血，抑制生长，骨骼畸形，羽毛脱色，神经病变。肉用仔鸡对铜的需要量每千克饲料为 5～10 mg，最大耐受量为 300 mg。给肉用仔鸡施用高铜，每千克饲料 100～750 mg，其促生长效果是不肯定的，可能受日粮蛋白质来源及锌、铁的影响。多数日粮无需补铜。

7. 硒　硒是谷胱甘肽过氧化酶的组成成分，与维生素 E 协同某些代谢物质对细胞膜的氧化，保护细胞膜不受损害。肉用仔鸡缺硒时，使维生素 E 吸收受阻。肉用仔鸡缺硒的主要症状是渗出性素质病、心肌损伤、心包积水。饲粮中含硒 0.1～0.2 mg/kg，就能防止缺硒症的发生。硒是剧毒元素，每千克饲粮含量超过 5 mg 时，肉用仔鸡会出现生长受阻，羽毛蓬松，神经过敏，性成熟延迟。肉用仔鸡日粮中硒的建议用量每千克日粮为 0.15～0.5 mg。

8. 碘　碘是构成甲状腺激素的主要成分，参与调节基础代谢。当饲料中碘缺乏时，可引起肉用仔鸡甲状腺肿大，生长变慢。肉用仔鸡对碘的需要量每千克饲粮为 0.35 mg。

9. 砷和氟　目前有机砷制剂正以促生长添加剂在动物饲料

中应用。肉用仔鸡用量每千克饲料为50～100 mg。但砷是剧毒物质，对人体有致癌作用，而且含砷的粪便会造成环境污染。氟在机体内直接参与骨骼代谢，在一定pH条件下，适量的氟有助于钙、磷代谢，使骨骼强度增加，密度提高，但氟过量会导致钙吸收减慢，使骨骼钙化不良，出现骨质疏松、瘫痪、骨折等。目前，多见于磷酸氢钙含氟超标造成危害，因此在使用此类产品时一定要慎重。

（四）肉用仔鸡对维生素的需要　维生素是维持肉鸡生长发育，新陈代谢必不可少的物质，虽然需要量仅占日粮的百万分之一以下，但其具有高度的生物学特性，其营养价值不亚于蛋白质，碳水化合物和矿物质等。维生素包括脂溶性维生素和水溶性维生素两大类。

1. 脂溶性维生素　其包括维生素A、维生素D、维生素E、维生素K。

维生素A对保证视觉、呼吸、消化功能有重要作用，如缺乏，易出现干眼病、失明、肠炎、下痢，肺炎等。在确定日粮中维生素A的水平时，需考虑许多因素。维生素A在日粮中易氧化，故需要以一种稳定的形式供给。肠道寄生虫对肠壁的损伤会影响维生素A的吸收。饲料的脂肪水平和脂肪吸收也影响维生素A的吸收。因而，饲粮中维生素A的含量应大大高于理想条件下鸡的最低需要量。

维生素D促进钙、磷吸收，具有在骨骼中沉积钙的作用，可用于佝偻病的防治。其需要量取决于日粮中钙、磷含量及比例。动物皮肤内的7-脱氢胆固醇经紫外线照射可产生维生素D。一般经常接受日光照射的鸡不易缺乏维生素D。但对肉用仔鸡来讲，很难经常接受日光照射，所以应注意补充维生素D。另外，如饲料中含有霉菌毒素，则维生素D的需要量会显著增加。

维生素E具有抗氧化作用，大剂量使用可增强机体免疫力。维生素E和硒共同作用可防止渗出性素质病。遇到酸败油脂、饲料制粒和铁盐时，维生素E易受破坏。玉米贮藏1年以上维生素E损失严重。因此，肉用仔鸡日粮中应添加维生素E。

维生素K参与凝血反应。在治疗球虫病时，在饲料或饮水中添加磺胺喹啉等药物时，对维生素K需要量增加，可多用苜蓿粉或直接补充维生素K。

2. 水溶性维生素　水溶性维生素包括维生素B_2、烟酸、泛酸、胆碱、维生素B_{12}。

维生素B_2参与脂肪酸、核酸等多种物质的代谢。肉用仔鸡缺乏时出现腹泻、生长迟缓、跗关节着地、趾爪内屈等。大多数谷物类饲料中核黄素含量不足，而乳产品、肝粉或某些发酵产品中含核黄素丰富。一般各阶段肉用仔鸡日粮中都添加维生素B_2。

烟酸是辅酶Ⅰ和辅酶Ⅱ的重要组成部分，与碳水化合物、脂肪和蛋白质代谢有关。肉用仔鸡缺乏烟酸时食欲不振，生长停滞，羽毛发育不良，脚和皮肤发生炎症，关节肿大。小麦、酵母、铁皮中含烟酸丰富。

泛酸参与脂肪、糖和蛋白质的代谢。肉有仔鸡缺乏泛酸时，代谢紊乱，生长受阻，皮肤发炎，成活率低。糠麸中含有丰富的泛酸。

胆碱参与脂肪代谢，具有促进肉用仔鸡生长的作用。胆碱不足易引起脂肪代谢障碍，同时缺锰时可引起肉仔鸡腔骨短粗症、滑腱症等。一般蛋白质饲料中含胆碱0.2%～0.4%，谷物类饲料含胆碱0.05%～0.1%。肉用仔鸡对胆碱的需要量为0.13%。

维生素B_{12}含有4.5%的钴，所以又称其为钴维生素。维生素B_{12}与叶酸作用相关联，影响体内生物合成所必需的活性甲基的形成。维生素B_{12}不足时，影响蛋白质代谢，出现生长停滞、贫血、羽毛粗乱、肌胃黏膜炎症、肌胃糜烂等。肉用仔鸡每千克饲料中需要9 μg维生素B_{12}。除鱼粉外，一般饲料中几乎都不含有维生素B_{12}，必须注意补充。

四、优质黄羽肉鸡的营养需要

优质黄羽肉鸡的营养需要，目前尚没有可供参考的国家标准，大多数饲养场或饲养户采用育种单位提供的没有经过认真研究的鸡种推荐标准，甚至有的饲养户采用快大肉鸡饲养标准。根据优质鸡生长发育的特点，这些推荐标准和快大肉鸡饲养标准一般都高于优质鸡的生长需要，从而影响其饲料报酬。因为优质黄羽肉鸡不同鸡种营养需要的差异较大，标准难以统一；而且满足优质鸡的营养需要是以既要充分发挥鸡种生长潜力，又要提高饲料经济报酬为首要条件的。所以，在实际生产中，应该以鸡种推荐的营养需要为基础，以提高饲料经济报酬为目标，适当调整营养标准。此外，为改善鸡肉品质要注意饲料的多样化。

第二节　肉鸡的饲养标准

一、制定肉鸡饲养标准的意义

饲养标准的制定是以鸡的营养需要为基础，反映其对营养物质的客观需求。该标准是肉鸡生产计划中安排饲料供给、设计饲料配方和对肉鸡实行标准化饲养的技术指南和科学依据，可使肉鸡饲养者做到心中有数而不盲目饲养，尽量使肉鸡饲养者能合理地养好肉鸡。但在实际生产中影响因素很多，如不同个体、饲料的适口性和物理特性、环境条件、甚至市场、经济形势变化等对鸡的饲养都有影响。因饲养标准没有考虑这些影响，因此只能结合具体情况，按饲养标准规定的原则灵活应用，进行适当调整。由此看来，饲养标准中的数值并不是一成不变的。

二、饲养标准的表示方法

（一）能量　能量以代谢能（MJ/kg）表示鸡对能量的需要。

（二）蛋白质　以粗蛋白质（含氮量 N×6.25）占饲料百分比表示。

（三）蛋白质能量比　这是指每千克饲料中含有的粗蛋白质克数与代谢能兆焦数之比，用 g/MJ 表示。能量必须和蛋白质平衡，按日粮的能量浓度调节鸡的采食量，即日粮能量在一定范围内与鸡采食量保持相对恒定，而日粮蛋白质浓度对鸡采食量没有影响。因此，粗蛋白质的百分比浓度随能量而变化。

（四）能量与必需氨基酸　蛋白质由多种氨基酸组成，因而鸡对蛋白质的需要，实际上就是对各种必需氨基酸的需要。所以必需氨基酸浓度也随能量变化。在饲养标准中，氨基酸的需要量用占饲粮的百分比来表示；必需氨基酸与能量的比例关系用采食每兆焦代谢能所必需的必需氨基酸克数表示。

（五）矿物质与维生素　钙、磷的需要量用占饲粮的百分比表示；维生素 A、维生素 D、维生素 E 以每千克饲粮内的国际单位数表示；其他矿物质、维生素以每千克饲粮内的毫克或微克数表示。

三、我国采用的饲养标准

我国肉鸡饲养标准有我国发布的饲养标准、美国的 NRC 饲养标准及育种公司为各品种制定的饲养标准。

（一）我国肉鸡的饲养标准　我国肉鸡饲养标准是我国正式颁布的第一个关于鸡的饲养标准，自 1986 年 10 月 1 日起施行。但由于养鸡技术的提高与饲料工业的迅猛发展，以及营养科学研究的不断深入，经过十几年的使用，有些指标已不适应新的要求。肉鸡的饲养标准中有肉用仔鸡的代谢能、粗蛋白质、氨基酸、钙、磷、有效磷及食盐；各种维生素、微量元素及亚油酸的需要量；肉用仔鸡的体重及耗料量；地方品种肉用黄鸡的代谢能、粗蛋白质需要量；地方品种肉用黄鸡的体重及耗料量，具体见表 8-3 至表 8-8。

表 8-3　我国肉用仔鸡饲养标准

（代谢能、粗蛋白质、氨基酸、钙、磷及食盐的需要量）

项　目	0～4 周龄		5 周龄以上	
代谢能（MJ/kg）	12.13		12.55	
粗蛋白质（%）	21.0		19.0	
蛋白能量比（g/MJ）	17		15	
钙（%）	1.00		0.90	
总磷（%）	0.65		0.65	
有效磷（%）	0.45		0.40	
食盐（%）	0.37		0.35	
氨基酸	%	g/MJ	%	g/MJ
蛋氨酸	0.45	0.37	0.38	0.28
蛋氨酸＋胱氨酸	0.84	0.70	0.68	0.54
赖氨酸	1.09	0.90	0.94	0.75
色氨酸	0.21	0.17	0.17	0.13
精氨酸	1.31	1.08	1.13	0.90
亮氨酸	1.22	1.01	1.11	0.88
异亮氨酸	0.73	0.60	0.66	0.52
苯丙氨酸	0.65	0.51	0.59	0.47
苯丙氨酸	1.21	1.00	1.10	0.87
苏氨酸	0.73	0.60	0.69	0.55
缬氨酸	0.74	0.61	0.68	0.54
组氨酸	0.32	0.62	0.28	0.22
甘氨酸＋丝氨酸	1.36	1.12	0.94	0.75

表 8-4　我国肉用仔鸡饲养标准

（维生素、亚油酸及微量元素的需要量）

营养成分（每千克饲粮中含量）	0～4 周龄	5 周龄以上
维生素 A（IU）	2 700	2 700
维生素 D_3（IU）	400	400
维生素 E（IU）	10	10
维生素 K（mg）	0.5	0.5
硫胺素（mg）	1.8	1.8

续表 8-4

营养成分(每千克饲粮中含量)	0～4 周龄	5 周龄以上
核黄素(mg)	7.2	3.6
泛酸(mg)	10	10
烟酸(mg)	27	27
吡哆醇(mg)	3	3
生物素(mg)	0.15	0.15
胆碱(mg)	1 300	850
叶酸(mg)	0.55	0.55
维生素 B_{12}(mg)	0.009	0.009
铜(mg)	8	8
碘(mg)	0.35	0.35
铁(mg)	80	80
锰(mg)	60	60
锌(mg)	40	40
硒(mg)	0.15	0.15
亚油酸(g)	10	10

表 8-5　我国肉用仔鸡的体重及耗料量标准

周龄	周末体重(g/只)	每周耗料量(g/只)	累计耗料量(g/只)
一般的商品代肉用仔鸡			
1	80	80	80
2	170	160	240
3	330	320	560
4	540	480	980
5	760	560	1 540
6	990	690	2 230
7	1 240	800	3 030
8	1 500	910	3 940

续表 8-5

周龄	周末体重(g/只)	每周耗料量(g/只)	累计耗料量(g/只)
较好的商品代肉用仔鸡			
1	80	80	80
2	230	240	320
3	430	370	690
4	650	450	1 140
5	920	590	1 730
6	1 200	740	2 470
7	1 500	930	3 400
8	1 800	1 030	4 430

注:①适用于专门培育的品系。②指公母混合雏。

表 8-6 美国肉用仔鸡的典型体重、饲料消耗和能量消耗

周	体重(g)		每周耗料(g/只)		每周代谢能摄入量(kJ/只)	
龄	公鸡	母鸡	公鸡	母鸡	公鸡	母鸡
1	152	144	135	131	1 806	1 751
2	376	344	290	273	3 879	3 653
3	686	617	487	444	6 512	5 944
4	1 085	965	704	642	9 430	8 594
5	1 576	1 344	960	738	12 854	10 529
6	2 088	1 741	1 141	1 001	15 261	12 728
7	2 590	2 134	1 281	1 081	17 146	14 459
8	3 077	2 506	1 432	1 165	19 165	15 583
9	3 551	2 842	1 577	1 246	21 105	16 661

注:饲喂平衡日粮的典型值,代谢能水平为 13.38 MJ/kg。

表 8-7 地方品种肉用黄鸡的代谢能、粗蛋白质需要量

周 龄	0～5	6～11	12 以上
代谢能(MJ/kg)	11.72	12.30	12.55
(MJ/kg)	2.80	2.90	3.00
粗蛋白质(%)	20.0	18.0	16.0
蛋白质能量比(g/MJ)	17	15	13

注:其他营养指标参照生长期蛋用鸡和肉用仔鸡饲养标准折算。

表 8-8　地方品种肉用黄鸡的体重及耗料量

周　龄	周末体重(g/只)	每周耗料量(g/只)	累计耗料量(g/只)
1	63	42	42
2	102	84	126
3	153	133	259
4	215	182	441
5	293	252	693
6	375	301	994
7	463	336	1 330
8	556	371	1 701
9	654	399	2 100
10	756	420	2 520
11	860	434	2 954
12	968	455	3 409
13	1 063	497	3 906
14	1 159	511	4 417
15	1 257	525	4 942

注：①肉鸡饲养标准是以日粮的代谢能水平为基础，确定各种营养素浓度的代谢能；高于或低于此标准规定的代谢能水平时，可适当进行调整。②肉用仔鸡饲养标准规定的各项营养水平都较低，如能添加脂肪提高代谢能水平，并相应提高其他营养素水平，单位增重的耗料量可以减少。③标准规定的是维生素和微量元素的最低需要量，可以把饲料内的含量作为安全用量，本规定量作为添加量，当贮存时间较长或鸡群饲养管理异常时，可酌情增加维生素水平。微量元素的添加量，应考虑饲料本身的特点。④在使用含盐高的鱼粉和其他饲料时，应把它们的含盐量计算到 0.37％的规定量内。⑤不同肉鸡品种的生产性能不同，所以对同一营养水平的饲料反应也不同。

(二)美国 NRC 肉鸡的饲养标准　美国 NRC(1994)鸡的饲养标准中，肉鸡的饲养标准有商品肉用仔鸡见表 8-2，产蛋肉用种鸡见表 8-1 和肉用种公鸡的营养标准见表 8-9。肉用仔鸡的营养需要分 0～3 周龄、3～6 周龄、6～8 周龄三段式饲养。肉用仔鸡生长速度快，饲料消耗量大，对能量和蛋白质的需求提高。NRC(1994)中，肉用仔鸡代谢能浓度(MJ/kg)比较高，比我国标准要高 10％。为满足快速生长的需要，肉鸡的氨基酸需要量也较高。对常规的玉米-大豆粕日粮来说，蛋氨酸是第一限制性氨基酸。其主要原因在于添加人工合成氨基酸日粮与实际日粮有差异；另一原因是，蛋氨酸、胱氨酸和胆碱的复杂关系。赖氨酸在肉鸡营养中也有很重要的作用，NRC(1994)已将0～3周龄肉用仔鸡的赖氨酸的需要量从1.2%降至1.1%，其他2个阶段基本没变化。

表 8-9 美国 NRC 肉用种公鸡饲养标准

营养素	单位	周龄		
		0～4	5～20	21～60
代谢能	kJ/(d·只)	—	—	1 463～1 672
粗蛋白质	%	15.00	12.00	—
	g/(d·只)	—	—	12
蛋氨酸	%	0.36	0.31	
	mg/(d·只)	—	—	340
蛋氨酸＋胱氨酸	%	0.61	0.49	—
	mg/(d·只)	—	—	490
赖氨酸	%	0.79	0.64	—
	mg/(d·只)	—	—	475
精氨酸	mg/(d·只)	—	—	680
钙	%	0.9	0.9	
	mg/(d·只)	—	—	200
非植酸磷	%	0.45	0.45	—
	mg/(d·只)	—	—	110

注：①能量需要受环境温度和房舍系统的影响。必须考虑这些因素，以便使种公鸡体重维持在适宜的范围内。②本表推荐的粗蛋白质值，是根据玉米-豆粕型日粮确定的，添加合成氨基酸时可适当降低粗蛋白质水平。

肉用种公鸡的营养需要见表8-9。NRC(1994)中，肉用种公鸡的营养需要分0～4周龄、5～20周龄和21～60周龄3个阶段，主要规定了蛋白质、代谢能、赖氨酸、蛋氨酸、蛋氨酸十胱氨酸、精氨酸、钙、非植酸磷的需要量。

（三）国外优良肉鸡的品种推荐标准　国外著名的优良肉鸡品

种主要有爱拔益加(AA 肉鸡)和艾维茵肉鸡。现主要介绍 AA 肉鸡品种的饲养标准:AA 肉鸡营养标准见表 8-10,AA 肉用仔鸡公母分群饲养营养标准见表 8-11。AA 肉用仔鸡氨基酸需要(比数)(公母混养)见表 8-12。

表 8-10　AA 肉用仔鸡营养标准(公母混养)

营　养	育雏期	中　期	后　期
	0～21 d	22～37 d	38 d 至上市
粗蛋白(%)	23.00	20.50	18.50
能量(MJ/kg)	13.00	13.40	13.40
能量蛋白质比	135	156	173
粗脂肪(%)	5～7	5～7	5～7
亚油酸(%)	1.00	1.00	1.00
叶黄素①(mg/kg)	18	26～23	26～37
抗氧化剂②(mg/kg)	120	120	120
抑球虫剂③	加入	加入	
可利用磷(%)	0.47～0.50	0.41～0.50	0.38～0.45
钙(%)	0.95～1.10	0.85～1.00	0.80～0.95
盐(%)	0.30～0.50	0.30～0.50	0.30～0.50
钠(%)	0.18～0.25	0.18～0.25	0.18～0.25
钾(%)	0.70～0.90	0.70～0.90	0.70～0.90
镁(%)	0.03	0.06	0.06
氯(%)	0.15～0.25	0.15～0.25	0.15～0.25
精氨酸(%)	1.25	1.22	0.96
赖氨酸(%)	1.18	1.02	0.77
蛋氨酸(%)	0.47	0.45	0.38
蛋氨酸+胱氨酸(%)	0.90	0.83	0.68
色氨酸(%)	0.23	0.20	0.18
苏氨酸(%)	0.78	0.75	0.65
维生素 A(IU/kg④)	8 800	8 800	6 600
维生素 D(IU/kg④)	3 000	3 000	2 200
维生素 E(IU/kg④)	30.00	30.00	30.00

续表 8-10

营　养	育雏期	中　期	后　期
	0～21 d	22～37 d	38 d 至上市
维生素 K(mg/kg)	1.65	1.65	1.65
硫胺素(mg/kg)	1.10	1.10	1.10
核黄素(mg/kg)	6.60	6.60	5.50
泛酸(mg/kg)	11.00	11.00	11.00
烟酸(mg/kg)	66.00	66.00	66.00
吡哆醇(mg/kg)	4.40	4.40	3.00
叶酸(mg/kg)	1.00	1.00	1.00
胆碱(mg/kg)	550	550	440
维生素 B_{12}(mg/kg)	0.022	0.022	0.011
生物素(mg/kg)	0.20	0.20	0.11
锰(mg/kg)	100	100	100
锌(mg/kg)	75	75	75
铁(mg/kg)	100	100	100
铜(mg/kg)	8	8	8
碘(mg/kg)	0.45	0.45	0.45
硒(mg/kg)	0.30	0.30	0.30

注:①如期望鸡皮肤带黄色素,则叶黄素极为重要,商品常用类胡萝卜素如加丽红、加丽黄等。②乙氧喹或同等功效的抗氧化剂。③肉用仔鸡销售前 5～7 d,饲料中停用抑球虫剂,否则因药残留会被拒绝收购。

表 8-11　AA 肉用仔鸡公母分群饲养营养标准

性别	营　养	育雏期	中　期	后　期
		0～14 d	15～37 d	38 d 至上市
公鸡	粗蛋白(%)	24.00	21.00	19.00
	代谢能(MJ/kg)	13.00	13.40	13.40
	能量蛋白质比(kJ 与%含量比)	540	636	703
	钙(%)	0.95～1.00	0.90～0.95	0.90～0.85
	可利用磷(%)	0.50～0.52	0.48～0.50	0.42～0.46
	赖氨酸(%)	1.25	1.05	0.80
	总含硫氨基酸(%)	0.96	0.85	0.71

续表 8-11

性别	营　养	育雏期	中　期	后　期
		0～14 d	15～37 d	38 d 至上市
母鸡	粗蛋白(%)	24.00	19.50	18.00
	代谢能(MJ/kg)	13.00	13.40	13.40
	能量蛋白质比(kJ 与%含量比)	129	164	178
	钙(%)	0.95～1.00	0.85～0.90	0.85～0.95
	可利用磷(%)	0.50～0.52	0.40～0.45	0.35～0.40
	赖氨酸(%)	1.25	0.90	0.70
	总含硫氨基酸(%)	0.96	0.75	0.65

表 8-12　AA 肉用仔鸡氨基酸需要(比数)(公母混养)　　%

氨基酸	育雏期	中　期	后　期
	0～21 d	22～37 d	38 d 至上市
精氨酸	0.40	0.38	0.30
赖氨酸	0.38	0.32	0.24
蛋氨酸	0.15	0.14	0.12
蛋氨酸＋胱氨酸	0.28	0.26	0.21
色氨酸	0.07	0.06	0.05
组氨酸	0.15	0.13	0.11
亮氨酸	0.38	0.36	0.34
异亮氨酸	0.24	0.24	0.20
苯丙氨酸	0.25	0.22	0.18
苯丙氨酸＋酪氨酸	0.46	0.40	0.32
苏氨酸	0.23	0.22	0.18
缬氨酸	0.30	0.27	0.22
甘氨酸＋丝氨酸	0.44	0.35	0.31

第三节 饲料的种类与类型

一、饲料的种类

(一)能量饲料 能量饲料指富含碳水化合物和脂肪的饲料，包括谷实类、糠麸类、块根、块茎和瓜类。能量饲料是肉鸡饲料的主要成分，用量占日粮60%左右。能量饲料干物质中粗纤维含量在18%以下，粗蛋白质含量在20%以下。这类饲料缺乏赖氨酸和蛋氨酸，含钙少、磷多。因此，仅靠这种饲料不能满足肉鸡的需要。

1. 谷实类 这类饲料具有高能量、消化率高，喂量可占日粮的35%～65%。其缺点是蛋白质和必需氨基酸含量不足，粗蛋白质含量一般占8.9%～13.5%，特别是赖氨酸、蛋氨酸含量不足；钙含量一般低于0.1%，而磷含量可达0.31%～0.45%，这样的钙、磷比例对鸡不适宜；缺乏维生素A和维生素D。

(1)玉米。玉米含能量高，纤维少，适口性好，价格便宜，称饲料能量之王，是养鸡业中最主要饲料之一。其代谢能达13.0～14.6 MJ/kg，而且黄玉米中含有较多的玉米黄素，是肉鸡的优质饲料。玉米与其他谷类比较，钙磷及B族维生素含量低，一般在配合饲料中占50%～70%。但玉米含水量高时容易感染黄曲霉菌。

(2)高粱。高粱的碳水化合物和蛋白质含量与玉米相近，总营养价值约为玉米的90%。其代谢能12.3 MJ/kg，粗蛋白质9.0%；但单宁含量较多，使味道发涩，适口性差，降低日粮氨基酸和能量的消化率，喂量不超过10%～15%。若能除去高粱中单宁，则可大量使用。使用单宁含量高的高粱时，应注意添加维生素A、蛋氨酸、赖氨酸和胆碱等，还应注意色素及必需脂肪酸的补充。

(3)小麦。小麦含能量约为玉米的90%，12.89 MJ/kg左右，粗蛋白质含量高，且含氨基酸比其他谷实类完全，B族维生素丰富，适口性好，易消化，是肉鸡良好的能量饲料，一般在配合饲料中用量可占 10%～30%。小麦中不含类胡萝卜素，若对鸡的皮肤颜色有特别要求，应适当补充胡萝卜素。小麦的 β-葡聚糖和戊聚糖比玉米高，鸡体内缺少分解这两种糖的酶。因此，饲料要添加相应的酶制剂来改善鸡的增重和饲料转化率。

(4)大麦、燕麦。大麦、燕麦含能量比小麦低，但 B 族维生素含量丰富。大麦中 β-葡聚糖和戊聚糖含量较高，饲料中应添加相应酶制剂。

(5)碎大米、小米、草籽等。碎大米淀粉含量较高，粗蛋白含量约 10%，维生素含量低，易消化，是水稻产区的主要能量饲料。米黄色小米含胡萝卜素稍多，易消化。草籽粗纤维含量高，一般不作肉用仔鸡饲料。

2. 糠麸类　糠麸类饲料含无氮浸出物较少；粗纤维含量较多；含磷量虽高，但主要是植酸磷(约 70%)，鸡对其利用的能力很低，一般只能利用其含量的 1/3，所以在补充磷时要进行矫正；B 族维生素含量丰富。

(1)麦麸。麦麸含能量低，但蛋白质含量较高，各种成分比较均匀，且适口性好，是肉鸡常用辅助饲料。由于麦麸粗纤维含量高，容积大，有轻度致泻作用，故用量也不宜过多。一般在配合饲料中的用量，肉用仔鸡和肉用种鸡育雏阶段可占 5%～15%，肉用种鸡育成和产蛋阶段可占 10%～30%。

(2)米糠。米糠含脂肪、纤维较多，富含 B 族维生素，用量太多，易引起消化不良，一般占种鸡日粮的 5%～10%。

(3)其他糠类。包括高粱糠、玉米糠，其纤维含量高，质量差，用量不超过 5%。高粱糠易发酵，含单宁。

3. 油脂类　这类饲料含能量最高。在饲料中添加动、植物油脂可提高生产性能和饲料利用率，也可改善日粮品质，提高适口性和脂溶性维生素的利用，减少饲料的粉尘飞扬。肉用仔鸡的日粮中一般可添加油脂类饲料5%～10%。但脂肪易氧化酸败，降低适口性，且易引起机体消化代谢的紊乱，酸败油脂不可饲用。

（二）蛋白质饲料　蛋白质饲料包括植物性蛋白质饲料和动物性蛋白质饲料。其特点是在干物质中粗纤维含量低于18%，而粗蛋白质含量高于20%。

1. 植物性蛋白质饲料　植物性蛋白质饲料包括饼粕类饲料、豆科子实及一些粮食加工副产品等。

（1）豆饼（豆粕）。大豆饼和豆粕是我国最常用的一种主要植物性蛋白质饲料。其蛋白质含量42%～48%，粕高于饼，能量却相反。大豆饼（粕）中含赖氨酸2.5%～3.0%，适口性好，营养价值高，一般用量占日粮10%～30%。大豆饼（粕）氨基酸组成接近动物性蛋白饲料，但蛋氨酸、胱氨酸含量相对不足，故以玉米-豆饼（粕）为基础的日粮，通常需要添加蛋氨酸。大豆饼（粕）中存在抗胰蛋白酶、尿素酶、血细胞凝集素等有害物质，其中最主要的是抗胰蛋白酶。抗胰蛋白酶在适当水分下经加热可灭活，有害作用即可消失，但加热过度，会降低赖氨酸和精氨酸的活性，同时亦会使胱氨酸遭到破坏。

（2）花生饼（粕）。花生饼（粕）的饲用价值仅次于豆饼，蛋白质含量为40%～49%，能量含量10.88～11.63 MJ/kg，含精氨酸、组氨酸较多，赖氨酸含量低，适口性好于豆饼。其与豆饼配合使用效果较好。一般在配合饲料中其用量可占15%～20%，花生饼（粕）本身虽无毒素，但易感染黄曲霉，产生黄曲霉毒素，导致禽类中毒。因此，花生饼（粕）贮藏时切忌发霉。

（3）菜子饼（粕）。菜子饼（粕）含粗蛋白质35%～40%，可代替部分豆饼饲喂；菜子饼（粕）含有一定芥子甙毒素，喂前宜采用脱毒措施；未经脱毒的菜子饼喂量不能超过配合饲料的3%～5%。

（4）棉子饼（粕）。棉子饼（粕）的蛋白质含量丰富，可达32%～42%，微量元素含量丰富全面，含代谢能较低。棉子饼（粕）中含有毒物质棉酚，喂前应采取脱毒措施；未经脱毒的棉子饼(粕)喂量不能超过配合饲料的3%～5%。

(5)其他饼类。芝麻饼、向日葵仁饼和亚麻仁饼(粕)等，粗蛋白含量30%以上，蛋氨酸含量较高，但粗纤维含量也较高，喂量都不宜过大。亚麻仁饼若喂量过多，可使鸡体不饱和脂肪酸含量上升，体脂变软。用温水浸泡亚麻仁饼可产生氢氰酸而使鸡中毒，应注意。

(6)玉米蛋白粉和其他蛋白质饲料。玉米蛋白粉含蛋白质40%～50%，甚至达60%。但氨基酸不平衡，蛋白质品质较差，饲喂时应考虑氨基酸平衡，与其他蛋白质饲料配合使用。

另外，有些酿造厂家将酒糟、啤酒糟等副产品加工、分离，制成蛋白质饲料，其饲用价值得到提高，但要注意避免酒糟中酒精使鸡中毒。

2. 动物性蛋白质饲料　动物性蛋白质饲料包括水产副产品和畜禽副产品等。蛋白质的氨基酸组成大都比较全面，是营养价值比较高的饲料。其特点是蛋白质、赖氨酸含量高，灰分含量高，B族维生素含量高，蛋氨酸含量略显不足，一般碳水化合物特别少。

(1)鱼粉。鱼粉是养鸡最理想的动物性蛋白质饲料，含蛋白质45%～60%，而在氨基酸组成上，赖氨酸和胱氨酸含量高。鱼粉中B族维生素含量高，尤其是维生素B_{12}。另外，鱼粉中含钙、磷、铁等。用它补充植物性饲料中限制性氨基酸不足，效果很好。一般在配合饲料中用量可占5%～15%。

(2)肉骨粉。骨粉由不适宜食用的家畜躯体、骨头、胚胎、内脏等制成。其营养价值取决于所用的原料。骨粉的饲用价值比鱼粉略差，粗蛋白质含量54.3%～56.2%，粗脂肪4.8%～7.2%，赖氨酸含量大，是维生素B_{12}的良好来源。骨粉最好与植物性蛋白质饲料混合使用，雏鸡用量不超过5%，成年鸡可占5%～10%。骨粉容易变质腐败，喂前要检查。

(3)羽毛粉、血粉。水解羽毛粉含粗蛋白质近80%，含硫氨基酸较多，但赖氨酸、色氨酸和组氨酸含量低。这是羽毛粉蛋白质生物学价值低的主要原因。羽毛粉仅做蛋白质补充饲料，使用量一般限制在2.5%左右。血粉是动物鲜血经蒸煮、压榨、干燥或浓缩喷雾干燥或用发酵法制成，呈黑褐色，其粗蛋白质含量达80%，但蛋白质可消化性比其他动物性蛋白质饲料差，适口性不好。

(4)其他动物性饲料。河虾、蚌肉等经加工煮熟处理后饲用。牛奶蛋白质是育雏的最好饲料。饲料酵母蛋白质含量为50%左右，消化率不高，肉鸡中可添加2%～5%。

(三)矿物质饲料　矿物质饲料是为了补充植物性和动物性饲料中某种矿物质元素的不足而利用的一类饲料。大部分饲料中都含有一定量矿物质，在散养和低产情况下，看不出明显的矿物质缺乏症，但在舍饲、笼养、高产的情况下矿物质需要量增多，必须在饲料中补加。

1. 食盐　食盐的主要成分为氯化钠(NaCl)，肉用仔鸡饲料中含盐的需求量为0.15%～0.4%，若超过0.7%会出现生长抑制，甚至造成肉用仔鸡死亡。

2. 骨粉　以家畜骨骼为原料，经高压灭菌后再粉碎而成的产品为骨粉。骨粉含有大量钙和磷，而且比例合适，所含磷利用率高。其产品一般为黄褐色至灰白色粉末，将肉骨蒸煮制成的骨粉含氟量低，杀菌消毒彻底。骨粉在配合饲料中用量可占1%～2%。

3. 贝壳粉、石粉、蛋壳粉　三者属于钙质饲料。一般占肉用仔鸡配合饲料1%～2%。贝壳粉是各种贝壳类经加工粉碎而成的粉状或颗粒状产品，是最好的钙质矿物质饲料，含钙量不低于33%，且易吸收。品质好的贝壳粉含杂质少，钙含量高，呈白色粉状或片状。劣质产品可能掺大沙石、泥土等，要注意鉴别。石粉的主要成分是碳酸钙，是价格便宜、补充钙最经济的矿物质原料；使用时要注意石粉的粒度，细粉状(100%通过0.42 mm筛)为好；镁含量应在2%以下，砷含量应在允许范围之内方可使用。蛋壳粉吸收率较好，但要严防传播疾病。

4. 磷酸氢钙　磷酸氢钙为白色或灰白色粉末或粒状，含磷16%以上，含钙21%以上，钙磷利用率均佳；含氟不能超过0.18%，铅、砷等重金属含量不得超标。高氟磷酸氢钙影响钙、磷代谢，造成肉用仔鸡软骨症，弱脚症。

5. 沸石　沸石是一种含水的硅酸盐矿物，具有吸附有害气体，重金属离子和离子交换功能，常作为饲料添加剂的载体使用；在配合饲料中用量可占1%～3%。

（四）维生素饲料　维生素饲料可分为2类。一类是商品维生素添加剂；另一类是各种青绿饲料以及加工的产品如青贮料、青干草粉、槐叶粉、松针粉等。青绿多汁饲料适口性好，能促进鸡的食欲，胡萝卜素和某些B族维生素含量丰富，并含有一些微量元素。随机械化养鸡业的发展，为平衡、全面地供应鸡的营养，维生素的供应已渐被医药化工原料生产的添加剂所代替。

（五）饲料添加剂　为了满足鸡的营养需要，完善日粮的全价性，需要在饲料中添加原来含量不足或不含有的营养物质和非营养物质，以提高饲料利用率，促进肉鸡生长发育，防治某些疾病，减少饲料贮存期营养物质的损失或改进产品的品质，这类物质称为饲料添加剂。

1. 矿物质微量元素添加剂　肉鸡生产中必需的矿物质微量元素铁、铜、锰、锌、钴、碘、硒需要量虽然低，却不可缺乏，只有靠含微量元素的饲料添加剂来补充。这种添加剂主要有3类。一类是无机盐类，如硫酸亚铁、硫酸锰、硫酸铜等；另一类是有机酸盐类产品，如柠檬酸铁；第三类是微量元素氨基酸螯合物，如氨基酸铁。

2. 维生素　维生素是必需的微量营养成分。每一种维生素都有其他物质所不能代替的作用。所有用于鸡营养的维生素都是用化学和微生物学方法进行大规模工业化生产的。它们的性质和作用同自然界存在的维生素相同。它们贮存的稳定性可利用一些保护措施加以提高。

3. 氨基酸添加剂 目前人工合成氨基酸添加剂中赖氨酸和蛋氨酸添加剂得以大批量生产，以大豆饼为主要蛋白质来源的日粮，添加蛋氨酸可以节省动物性饲料。

4. 抗菌药物添加剂 一般在肉用仔鸡处于逆境时，加入一定量的抗生素添加剂有良好效果。常用的抗生素有以下几类：一是多肽类抗生素。它们包括杆菌肽锌、硫酸粘杆菌素、恩拉霉素等。二是大环内酯类抗生素。它们包括泰乐菌素、北里霉素。三是四环素类抗生素。它们包括土霉素、金霉素等。四是合成药物。它们包括喹喏酮类、呋喃类、磺胺类和有机砷等制剂。

5. 驱虫保健剂 驱虫保健剂主要指一些抗球虫药物。目前，用于防治球虫的添加剂很多，如痢特灵、球痢灵、氯苯胍、地克珠利、马杜拉霉素、盐霉素和一些磺胺类药物等。大部分药物均产生不同程度的抗药性。因此，交替使用几种抗球虫药物能收到较好效果。

6. 酶类饲料添加剂 酶是动植物机体合成的具有特殊功能的蛋白质。鸡饲料中添加的酶主要是消化性酶类，可提高营养物质的消化率，其中最主要的是帮助消化植物细胞壁结构的分解酶类。如蛋白酶类主要是分解蛋白质。淀粉酶主要是 α 和 β 淀粉酶，支链淀粉酶。糖类分解酶有乳糖分解酶、非淀粉多糖酶和 β-葡萄糖酶。另外还有分解植酸的植酸酶等。目前，多用发酵法生产酶。

7. 抗氧化剂与防霉剂 我国批准在饲料中可使用的抗氧化剂有二丁基羟甲苯、丁羟基茴香醚与乙氧基喹啉。被霉菌毒素污染的饲料，不仅营养价值降低，而且对鸡危害十分严重，可加防霉剂防止。饲料防霉剂必须既无毒害又有抑制真菌的作用。防霉剂有丙酸、山梨酸、苯甲酸、乙酸、脱氧乙酸、丙酸钙、山梨酸钠、苯甲酸钠、富马酸二甲酯和一些复合防霉剂。复合防霉剂是有 1 种或多种有机酸与某种载体结合而成，既保持和增进了有机酸原有的抑霉菌功能，又免除或降低了有机酸的腐蚀性与刺激性。

8. 颗粒黏结剂　在颗粒中添加少量黏结剂有助于颗粒硬度、性能的提高，增加生产能力，延长压模寿命。常用的颗粒黏结剂有黏土、膨润土、聚丙烯酸钠。

9. 着色剂　为迎合消费者对鸡商品价值和美观性的需求，在肉鸡饲料中加入黄、红色着色剂后，可使鸡的皮肤颜色加深。欧共体批准使用的饲料着色剂包括共同体允许的所有食用色素、类胡萝卜素与叶黄素类。美国在肉鸡和蛋鸡饲料中添加红、橘黄、黄三种颜色的食用着色剂，以增加蛋黄及肉鸡皮肤的颜色。天然植物中含有的胡萝卜素和叶黄素等都是饲料着色剂，如苜蓿粉、玉米面筋粉、干红辣椒等都含叶黄素。

二、饲料的类型

（一）配合饲料

1. 按营养成分分类

（1）全价配合饲料。它又称全价料，是采用科学配方和通过合理加工而得到的营养全面的复合饲料，能够满足鸡的各种营养需要，经济效益高，是理想的配合饲料。全价配合饲料可由各种饲料原料加上预混饲料配制而成，也可由浓缩饲料加能量饲料配制而成。全价配合饲料在鸡的饲养中用得最多。

（2）浓缩饲料。它是由蛋白质饲料、矿物质饲料与添加剂预混料按规定要求混合而成，不能直接用于喂鸡。浓缩饲料一般含蛋白质30%以上，与能量饲料的配合应按生产厂家的说明进行配比，通常占全价配合饲料的30%～40%。

（3）添加剂预混料。它由各种营养性和非营养性添加剂加载体混合而成，可供生产浓缩饲料和全价饲料使用，一般添加量为0.5%～5%。

（4）混合饲料。它又叫初级配合饲料，为基础日粮。混合饲料由能量饲料、蛋白质饲料、矿物质饲料按一定比例组合而成，基本上能满足鸡的营养需要，但营养不够全面，只适合农村散养户搭配一定青绿饲料饲喂。

2. 按动物种类、生理阶段分类　鸡的配合饲料分为肉鸡饲产、蛋鸡饲料及种鸡饲料3种。肉用仔鸡按周龄分为2个或3个生理阶段。其饲用饲料相应分为2种或3种。

3. 按饲料物理形状分类　按物理性状可将饲料分为粉料、粒料、颗粒料。通常肉用仔鸡2周龄内喂粉料，3周龄以后喂颗粒料，肉用种鸡喂粉料。

(1)粉料。这种饲料的生产设备及工艺均较简单，品质稳定，饲喂方便安全可靠。鸡可以吃到营养较完善的饲料；由于鸡采食慢，所有的鸡都能均匀采食。这种饲料适用于各种类型和年龄的鸡。但粉料的缺点是易引起挑食，使鸡的营养不平衡，尤其是用链条输送饲料时；喂粉料采食量少，且易飞扬散失，使舍内粉尘较多，既造成饲料浪费，又增加呼吸道病发生率，在运输中也易产生分级现象。

(2)颗粒料。颗粒料是粉料再通过颗粒压制机压制而成的饲料，形状多为圆柱状。颗粒机由双层蒸煮器与环模压粒机组成，混合好的粉料加入蒸煮器的上层，由搅拌桨慢慢推进，并加入少量水蒸气，20～30 min后顺序进入环模压粒机，再经干燥机干燥后过筛，筛上为颗粒饲料，筛下的破碎细末再送回重加工。颗粒料优点是适口性好，避免挑食，减少浪费，可保证食入料的全价性，饲料报酬高；在制作过程中经加压加温处理，破坏了部分有毒成分，起到了杀虫、灭菌作用。其缺点是成本较高，在加热加压时使部分维生素和酶丧失活性，宜酌情添加；制粒增加了水分，不利于保存；还由于鸡采食量大，生长过快，而易发生猝死症、腹水症等。

(3)粒料。粒料主要是碎玉米、草籽、土粮、发芽麦类等，鸡喜欢采食，但营养不完善，多与粉料配合使用或限制饲养时于停料日喂饲。

（二）配合饲料生产工艺流程　配合饲料的生产是把各种饲料原料经过清除各种杂质后，经必要粉碎，按配方混合，并根据要求制成一定形态的饲料。

第四节　日粮配合

一、日粮配合的依据

组成配合饲料的各种原料按一定比例组合，即为饲料配方。制定饲料配方的主要依据是饲养标准。它是根据动物不同品种、性别、年龄、体重、生产目的和生产水平，经过严密的科学试验和长期的生产实践验证而合理确定的。按照饲养标准为肉鸡配制日粮，可以避免盲目性和随意性，充分发挥饲料的效能，获得最佳的经济效益。

二、设计日粮配方的原则

日粮配合的基本原则是要保证配合日粮科学、营养、安全、多样、实用、适口、经济。

（一）科学原则　在进行日粮配合时首先要灵活应用饲养标准。饲养标准是对一定时期动物营养的研究成果和畜牧业发展水平的总结。而饲养标准中的各项指标是指一定品种（或生产阶段）的健康畜禽，在适宜的环境条件下，要达到饲养标准中所规定的生产性能（一般指最优生产性能）时，所需要的特定日粮类型的最低量。在生产实践中应尽可能根据自己的具体情况，适当调整饲养标准中的数值。但能量和蛋白质等其他营养素比例应符合饲养标准的需要。在设计饲料配方时，可根据原料来源和生产要求，确定一个经济的能量水平，按饲养标准中的比例关系来调节蛋白质、氨基酸和其他营养物质的含量。在确定适宜的能量水平时，要以饲养标准为依据，不可与标准相差太大。

（二）营养原则　饲料配合时，必须以鸡的饲养标准列出正常条件下鸡对各种营养素的需要量，为配制配合饲料提供理论依据。动物的营养需要是通过多种饲料的合理搭配来满足，所以饲料成分及营养价值表同样是配合饲料不可缺少的依据。同时应注意，不同土壤及气候环境生长的饲料，养分含量有一定的差异，特别是微量元素，所以最好对选用产地的饲料在配料前进行实测。

为了尽量使饲料营养全价，要注意饲料的多样化。多用几种饲料进行配合，可发挥各种营养成分的互补作用，提高营养物质的消化率和营养物质的利用率。配合饲料中，能量饲料占比例大，可选2～3种，但这些饲料蛋白质含量少，氨基酸不平衡，缺蛋氨酸和赖氨酸，且钙、磷等矿物质不足。蛋白质饲料种类多，来源广，如果条件允许，可选用2～3种蛋白质饲料，包括动物性和植物性蛋白质饲料。通过日粮搭配以及氨基酸、矿物质、维生素和食盐等添加剂的补充，最终能够满足肉鸡全部营养、需要。配合饲料要保证鸡对各单一养分的需要量，而且要通过平衡各营养素之间的比例，调整各饲料间的配比关系，保证最终产品的营养全价性。只有这样，才能充分发挥饲料养分的潜力，取得较好的饲养实效。

（三）安全原则　进行饲料配合时所选用的饲料原料包括饲料添加剂在内，必须安全有效。对其品质、等级必须经过检测。对因发霉、酸败、污染、毒素含量高等而失去饲喂价值的原料，以及其他不合乎规定的原料，不得使用。对某些含有毒有害物质的饲料，如棉籽饼和菜籽饼等，应进行处理后使用，或对喂量进行控制；有毒有害的物质不能超过国家饲料卫生标准。

（四）生理原则　配合日粮时必须根据鸡的不同生理特点，选择适宜的饲料进行搭配。日粮配合要有良好的适口性，要保证日粮无毒、无害、不苦、不涩、不霉、不污染。对于雏鸡不能喂纤维多的饲料，一般粗纤维不能超过5%。发霉饲料要禁用，适口性差的饲料要限用。同时，日粮配合必须保证较高的经济效益，以获得较高市场竞争力。为此，应因地制宜，就地取材，充分开发和利用当地饲料资源，选用营养价值较高而价格较低的饲料，尽量降低配合饲料的成本。

三、日粮配方的设计

（一）日粮配方设计所需资料

一是肉鸡的饲养标准。前面已经陈述，可供参考。二是饲料成分及营养价值表。三是各种饲料原料的价格。

（二）日粮配方设计方法　为了较好地满足饲喂动物对各种营养物质的需要，人们往往追求构成日粮的原料种类复杂，使日粮中营养物质均衡、全面。

1. 试差法　这种方法仍是目前国内较普遍采用的方法之一，又称为凑数法。首先根据经验初步拟出各种饲料原料的大致比例，然后用各自的比例去计算原料所含的各种养分的百分含量，再将各种原料的同种养分之积相加，即得该配方的每种养分的总量。将所得结果与饲养标准进行对照，若有任一养分超过或不足，可通过增加或减少相应原料比例进行调整和重新计算，直至所有的营养指标都基本满足要求为止。这种方法的优点是可以考虑多种原料和多个营养指标，而且简单易学；缺点是计算量大，十分烦琐，盲目性较大，不易筛选出最佳配方。下面以 0～4 周龄的肉用仔鸡设计日粮配方为例，说明试差法的计算过程。

首先，根据配料对象及现有的饲料种类列出饲养标准及饲料成分表 8-13。

其次，试制日粮配方，算出其营养成分。初步确定各种饲料的比例，如鱼粉 6％，豆饼 22％，麦麸 5％，食盐 0.2％，骨粉 1.8％，玉米 65％。饲料比例初步确定后可列出试制的日粮配方及营养成分，见表 8-14。

表 8-13　试差法选用饲料营养成分和营养标准

项　目	代谢能(MJ/kg)	粗蛋白(%)	钙(%)	磷(%)	赖氨酸(%)	蛋氨酸(%)	蛋氨酸＋胱氨酸(%)
饲料成分							
玉米	14.06	8.60	0.04	0.21	0.27	0.13	0.31
豆饼	11.05	43.00	0.32	0.50	2.45	0.48	1.08
麸子	6.57	14.40	0.18	0.78	0.47	0.15	0.48
鱼粉	12.13	62.00	3.91	2.90	4.35	1.65	2.21
骨粉	—	—	36.40	16.40	—	—	—
0～4周龄标准	12.13	21	0.90	0.65	1.09	0.45	0.84

注:鱼粉为进口鱼粉。

再次,补足日粮中粗蛋白质含量。从以上试制的日粮配方豆饼来看,代谢能比饲养标准多 0.493 MJ/kg;而粗蛋白质比饲养标准少 1.51%。这样可以利用麸皮、鱼粉代替部分玉米进行调整,直到满意为止。第一次调整后的日粮配方及营养成分见表 8-15。

其四,要平衡钙、磷、补充添加剂。从表 8-15 可以看出,日粮配方中的钙尚缺 0.129%,蛋氨酸与胱氨酸总量缺 0.186%。这样,可加石粉,减去骨粉;另外添加 0.2%的蛋氨酸、维生素、微量元素等添加剂(按药品说明添加)。这样经过调整的日粮配方中所有营养就基本满足要求。调整后确定的日粮配方见表 8-16。

2. 交叉法　交叉法又称方形法、对角线法等,基本方法是由 2 种饲料配制某一养分并使其符合要求的混合饲料。用该法通过连续多次运算,也可由多种饲料配合 2 种养分符合要求的混合饲料。这种方法简便、快捷,但仅适合于较少饲料种类和营养指标的运算;当考虑营养指标较多时,运算烦琐。如用粗蛋白质含量分别为 10%的谷实类饲料和 40%的豆饼配制粗蛋白质为 16%的混合饲料时,将 2 种饲料的粗蛋白质含量分别置于正方形的左方上角、下角,所求粗蛋白质含量置于正方形中间,再在对角线上分别相

表 8-14 试差法选用饲料试配表

饲料品种	组合比例(%)	代谢能(MJ/kg)	粗蛋白(%)	钙(%)	磷(%)	赖氨酸(%)	蛋氨酸(%)	蛋氨酸+胱氨酸(%)
玉米	65	14.06×0.65	8.6×0.65	0.04×0.65	0.21×0.65	0.27×0.65	0.13×0.65	0.31×0.65
		=9.139	=5.590	=0.026	=0.137	=0.176	=0.085	=0.201
豆饼	22	11.05×0.22	43.0×0.22	0.32×0.22	0.50×0.22	2.45×0.22	0.48×0.22	1.08×0.22
		=2.431	=9.460	=0.070	=0.110	=0.539	=0.106	=0.238
进口	6	12.13×0.06	62.0×0.06	3.91×0.06	2.90×0.06	4.35×0.06	1.65×0.06	2.21×0.06
鱼粉		=0.728	=3.720	=0.235	=0.174	=0. 261	=0.099	=0.133
麸子	5	6.57×0.05	14.4×0.05	0.18×0.05	0.78×0.05	0.47×0.05	0.15×0.05	0.48×0.05
		=0.329	=0.72	=0.009	=0.039	=0.024	=0.008	=0.024
骨粉	1.8	—	—	36.40×0.018	16.40×0.018	—	—	—
				=0.295	=0.295			
盐	0.2	—	—	—	—	—	—	—
合计	100	12.627	19.490	0.755	0.755	1.000	0.298	0.596
标准	100	12.134	21.00	0.90	0.65	1.09	0.45	0.84
相差		+0.493	−1.51	+0.095	+0.105	−0.09	−0.152	−0.246

表 8-15　试差法第一次调整后日粮配比及营养水平表

饲料品种	组合比例（%）	代谢能（MJ/kg）	粗蛋白（%）	钙（%）	磷（%）	赖氨酸（%）	蛋氨酸（%）	蛋氨酸＋胱氨酸（%）
玉米	59	14.06×0.59 ＝8.295	8.6×0.59 ＝5.074	0.04×0.59 ＝0.024	0.21×0.59 ＝0.124	0.27×0.59 ＝0.160	0.13×0.59 ＝0.077	0.31×0.59 ＝0.183
豆饼	22	11.05×0.22 ＝2.431	43.0×0.22 ＝9.460	0.32×0.22 ＝0.070	0.50×0.22 ＝0.110	2.45×0.22 ＝0.539	0.48×0.22 ＝0.106	1.08×0.22 ＝0.238
进口鱼粉	8.5	12.13×0.085 ＝1.031	62.0×0.085 ＝5.270	3.91×0.085 ＝0.332	2.90×0.085 ＝0.247	4.35×0.085 ＝0.370	1.65×0.085 ＝0.14	2.21×0.085 ＝0.188
麸子	9.4	6.57×0.094 ＝0.618	14.4×0.094 ＝1.354	0.18×0.094 ＝0.017	0.78×0.094 ＝0.073	0.47×0.094 ＝0.044	0.15×0.094 ＝0.014	0.48×0.094 ＝0.045
骨粉	0.9	—	—	36.4×0.009 ＝0.328	16.4×0.009 ＝0.148	—	—	—
盐	0.2	—	—	—	—	—	—	—
合计	100	12.375	21.158	0.771	0.702	1.113	0.337	0.654
标准	100	12.13	21.00	0.90	0.65	1.09	0.45	0.84
相差		＋0.245	＋0.158	－0.129	＋0.052	＋0.023	－0.113	－0.186

表 8-16　最后确定使用的日粮配方及其营养成分表

饲料品种	组合比例(%)	代谢能(MJ/kg)	粗蛋白(%)	钙(%)	磷(%)	赖氨酸(%)	蛋氨酸(%)	蛋氨酸＋胱氨酸(%)
玉米	58.5	14.06×0.585 =8.225	8.6×0.585 =5.031	0.04×0.585 =0.023	0.21×0.585 =0.123	0.27×0.585 =0.158	0.13×0.585 =0.076	0.31×0.585 =0.181
豆饼	22	11.05×0.22 =2.431	43.0×0.22 =9.460	0.32×0.22 =0.070	0.50×0.22 =0.110	2.45×0.22 =0.539	0.48×0.22 =0.106	1.08×0.22 =0.238
进口鱼粉	8.5	12.13×0.085 =1.031	62.0×0.085 =5.270	3.91×0.085 =0.332	2.90×0.085 =0.247	4.35×0.085 =0.370	1.65×0.085 =0.140	2.21×0.085 =0.188
麸子	9.4	6.57×0.094 =0.618	14.4×0.094 =1.354	0.18×0.094 =0.017	0.78×0.094 =0.073	0.47×0.094 =0.044	0.15×0.094 =0.014	0.48×0.094 =0.045
骨粉	0.6	—	—	36.4×0.006 =0.219	16.4×0.006 =0.098 8	—	—	—
石粉	0.8	—	—	37.0×0.008 =0.296	—	—	—	添加 0.2 的蛋氨酸
盐	0.2	—	—	—	—	—	—	—
合计	100	12.305	21.115	0.957	0.651	1.111	0.336	0.852
标准	100	12.13	21.00	0.90	0.65	1.09	0.45	0.84
相差		+0.175	+0.115	+0.057	+0.001	+0.021	−0.114	−0.012

减(大值减小值),则所得结果分别为 2 种饲料应在混合料中占有的份数,即按谷实料 24 份、豆饼 6 份混合,就得粗蛋白质为 16%的混合料(如下图),折合成百分数为谷实料 80%=[24÷(24+6)]×100%,豆饼 20%=[6÷(24+6)]×100%。

谷实料　10　　24 份
　　　　　16
豆　饼　40　　6 份

3. 公式法　本法是利用数学上联立方程求解法来计算饲料配方,优点是条理清晰,方法简单;缺点是饲料种类多时,计算较复杂。如用含粗蛋白质 8%的能量饲料和粗蛋白质 35%的蛋白质补充料,配制成含粗蛋白质 15%的配合饲料。

第一步,设配合饲料中能量饲料占 x,蛋白质补充料占 y,得 $x+y=100$。

第二步,能量混合料的粗蛋白质含量为 8%,蛋白质补充料含粗蛋白质 35%,要求配合饲料含粗蛋白质为 15%,得出 $0.08x+0.35y=15$。

第三步,列出方程组,求解得出 $x=74.07$,$y=25.93$,即能量饲料为 74.07%,蛋白质补充料为 25.93%。

4. 电子计算机配方法　目前较为先进的方法是使用电子计算机筛选最佳配方。这种方法速度快,可以考虑多种原料和多个营养指标,能够利用最低价格饲料设计出最佳配方。现计算机软件,多是应用线性规划,就是在所给饲料种类和满足所求配方的各项营养指标的条件下,能使设计的配方成本最低。但计算机也只能作为辅助设计,需要有经验的营养专家进行修订、原料限制以及最终配方的检查确定。有时配方计算无解,需要调整。

第九章　肉用仔鸡的饲养管理

第一节　肉用仔鸡的生产性能

肉用仔鸡的生产性能主要有 2 个指标，一是体重；二是饲料转化率。近年来肉用仔鸡生产性能经过长期而持续的发展，经过人们对品种的选育，有了很大的变化，增重速度加快，出售日龄下降，饲料效率提高。

表 9-1　美国 1934—1998 年肉用仔鸡生产性能变化表

年度	活重(g)	耗料/增重	上市日龄	日增重(g)	以 1954 年日增重为 100
1934	1 300	4.3	95	13.7	
1944	1 350	3.9	84	16.1	
1954	1 400	3.0	74	18.9	100
1964	1 580	2.3	63	25.1	133
1974	1 700	2.0	59	28.8	152
1984	1 900	1.96	47	40.2	212
1988	1 970	1.93	44	44.7	236
1998	2 150	1.82	40	54	286

表 9-2　艾维茵商品代肉用仔鸡生产性能表

周龄	公鸡			母鸡			混养		
	体重(g)	耗料(g)	料肉比	体重(g)	耗料(g)	料肉比	体重(g)	耗料(g)	料肉比
1	160	179	1.12	151	172	1.14	158	179	1.13
2	432	728	1.21	382	493	1.29	398	509	1.28
3	723	1 012	1.40	633	912	1.44	679	964	1.42
4	1 086	1 694	1.56	945	1 512	1.60	1 015	1 604	1.58

续表 9-2

周龄	公鸡			母鸡			混养		
	体重(g)	耗料(g)	料肉比	体重(g)	耗料(g)	料肉比	体重(g)	耗料(g)	料肉比
5	1 544	2 609	1.69	1 301	2 277	1.75	1 425	2 252	1.72
6	2 035	3 704	1.82	1 683	3 164	1.88	1 859	3 439	1.85
7	2 513	4 850	1.93	2 060	4 141	2.01	2 287	4 505	1.97
8	3 005	6 250	2.08	2 438	5 266	2.16	2 722	5 771	2.12
9	3 504	7 884	2.25	2 790	6 557	2.35	3 147	7 238	2.30

表 9-3 AA 商品代肉用仔鸡生产性能表

周龄	活重(g)		饲料消耗量(g)		饲料转化率	
	周末	每周增重	每周	累计	每周	累计
1	155	114	135	135	1.18	0.87
2	385	230	284	419	1.23	1.09
3	700	315	462	881	1.47	1.26
4	1 081	381	653	1 534	1.71	1.42
5	1 515	434	860	2 394	1.98	1.58
6	1 982	467	1 056	3 450	2.26	1.74
7	2 452	470	1 237	4 687	2.63	1.91
8	2 913	461	1 405	6 092	3.05	2.09
9	3 354	441	1 599	7 651	3.54	2.28

从表 9-2 和表 9-3AA 肉鸡和艾维茵商品代肉用仔鸡生产性能表可以看出，由于遗传育种的发展、营养科学的完善和环境控制能力的改善，肉鸡生长速度快，饲料转化率高，表现出的生产性能是非常高的。由于目前我国的饲养条件不是很好，但只要掌握科学的饲养管理，使优良鸡种的遗传性能充分发挥出来，达到有关材料介绍的生产性能水平是可以做到的。

第二节　肉用仔鸡的饲养标准和日粮配合

一、肉用仔鸡的饲养标准

为了保证肉用仔鸡的正常生长发育，充分发挥其生产性能，获得较高的经济效益，必须根据肉用仔鸡的不同品种、不同生产阶段的营养需要，制定日粮中营养物质的供应标准。这个标准就叫营养标准（或叫饲养标准）。它是配合日粮的重要依据。1986 年，我国在大量科学实验的基础上，结合生产实际经验，根据肉用仔鸡在不同体重、不同生理状态和不同生产水平条件下需要各种营养物质的数量，制定了肉用仔鸡的饲养标准。该饲养标准的制定以肉用仔鸡的营养需要为基础，反应了动物生产对营养物质的客观要求。它是动物生产计划中安排饲料供给，设计饲料配方和对动物实行标准化饲养的技术指南和科学依据。

肉用仔鸡的饲养标准详见第八章第二节。

二、肉用仔鸡的日粮配合

（一）肉用仔鸡的日粮配合的依据、原则、方法　详见第八章第四节。

（二）肉用仔鸡配合日粮的搅拌方法　肉用仔鸡所需要的各种饲料在喂饲前，必须要搅拌均匀，使鸡吃的每一部分饲料所含的养分都是均衡的。否则，即使你的日粮配方非常科学合理，若饲料混合不均匀，也不能获得满意的饲养效果。

搅拌方法有机械搅拌和人工搅拌 2 种。

1. 机械搅拌　机械搅拌采用搅拌机进行。常用的搅拌机有立式和卧式 2 种。立式搅拌机适用于拌和含水量低于 14%的粉状饲料，含水量过多则不易拌和均匀。这种搅拌机所需动力小，价格低，维修方便,但搅拌时间较长,适用于中小型养鸡场。卧式搅拌机搅拌能力强,即使在气候比较潮湿的地区或饲料中添加了黏滞性强的成分(如油脂)的情况下,也能将饲料搅拌均匀,而且搅拌时间短。这种搅拌机主要在一些饲料加工厂使用。无论使用哪种搅拌机,都要注意适宜的装料量,装料过多或过少都无法保证均匀度;一般以装料容量的60%～80%为宜。搅拌时间的长短也会影响混合的均匀度,可按搅拌机使用说明进行。

2. 人工搅拌　这是一般养鸡户常用的拌料方法。搅拌时要细心,尽量搅拌均匀,否则影响饲料效果。下面以玉米-大豆饼型饲料为例介绍搅拌的具体方法。

按饲料配方先把玉米粉碎过秤(留下 4～5 kg 做预混用),并均匀地摊在地板上。把豆饼粉碎过筛均匀摊到玉米料上。把鱼粉、麦麸过秤,均匀摊到豆饼上。用簸箕(或容量稍大一些的器具)装好留出的玉米料,按使用说明加入微量元素、多种维生素等添加剂和食盐、骨粉等,进行预混搅拌,拌匀后摊到饲料堆上。对照日粮配方逐一检查所用原料,看看是否有遗漏。手执大板锨先按纵的方向一锨一锨地翻,大板锨翻过处呈条状,整体看饲料仍然平整。用同样的方法再按横的方向一锨一锨地翻。从纵和横的方向反复翻动几次,然后成堆,将后一锨饲料压在前一锨饲料上,让饲料沿中心点向四周散开成为圆锥形,这样就基本均匀了。最后,把拌匀的配合饲料装袋。

(三)肉鸡实用日粮配方　由于肉用仔鸡的特点是生长迅速,需要营养水平高。因此,只有采用科学的饲料配方,才能获得较好的饲养效益。目前,饲养AA肉用仔鸡和艾维茵肉用仔鸡等优良快大型品种肉鸡,饲养全程一般分为三段即三段式,饲料也相应地分为3种:前期料(1～21 日龄)、中期料(22～42 日龄)和后期料(43日龄至出栏)。也有把前期料又分成前期育雏料(1～4 日龄,见表

9-4)，和育雏料(5～21 日龄，见表 9-5)，饲养效果更好。饲养一般的肉用仔鸡，可采用二段式，即前期(0～4 周龄)和后期(4 周龄以后)，饲料也相应地分为前期料和后期料 2 种(表 9-8 至表 9-12)。由表 9-7 可以看出，分段越细越有利于保证肉鸡合理的营养，饲养效果三段式优于二段式，现已在国内广泛采用。总体上看，前期料含粗蛋白质较高，并含有较多的抗生素，有利于肉用仔鸡加速生长和预防疾病。后期料能量高和蛋白质低，以达到育肥的目的。为了使小型肉用仔鸡饲养场和专业户直接采用或参考使用实践中行之有效的好的饲料配方，现将一些典型配方介绍如下。

表 9-4 肉仔鸡 1～4 日龄日粮配方(玉米-豆饼型)

饲 料	日龄			
	1	2	3	4
小米(%)	60	30	10	
玉米(%)	31	55	68	70
豆饼(%)	5	10	16	21
麸子(%)	4	5	5	4
进口鱼粉(%)				4
骨粉(%)			1	1
其他	抗菌药物、多种维生素、微量元素(按说明添加)、奶粉 3 g/只(或牛奶 5 g/只)、熟鸡蛋 0.03 个/只	抗菌药物、多种维生素、微量元素(按说明添加)、奶粉 3 g/只(或牛奶 5 g/只)、熟鸡蛋 0.03 个/只，另加盐 0.2%	抗菌药物、多种维生素、微量元素(按说明添加)、奶粉 3 g/只(或牛奶 5 g/只)、熟鸡蛋 0.03 个/只	抗菌药物、多种维生素、微量元素(按说明添加)、奶粉 3 g/只(或牛奶 5 g/只)、熟鸡蛋 0.03 个/只

表 9-5 AA 肉仔鸡 5 日龄至出栏日粮配方(玉米-豆饼型)

饲料	5～21 日龄		22～42 日龄		43 日龄至出栏	
	配方 1	配方 2	配方 3	配方 4	配方 5	配方 6
玉米(%)	62	61	66.5	64	66	66
豆饼(%)	24	24.5	19	20.5	18.5	18.8
麸子(%)	1	1	1.5	1.5	4	3
进口鱼粉(%)	11		10.5		7	
国产鱼粉(%)		11.5		11		8
植物油(%)	0.5	1	1.2	2	3	3
盐(%)	0.2		0.2		0.3	
蛋氨酸(%)	0.2	0.2	0.2	0.2	0.2	0.15
骨粉(%)	1	1	1	1	1	1
多种维生素	按说明	按说明	按说明	按说明	按说明	按说明
微量元素	按说明	按说明	按说明	按说明	按说明	按说明
维生素 A、维生素 D、维生素 B_1、维生素 B_2、维生素 B_{12}、维生素 E、维生素 K	按说明添加	按说明添加	按说明添加	按说明添加		
营养水平						
代谢能(MJ/kg)	12.928	12.887	13.263	13.389	13.514	13.472
粗蛋白(%)	22.54	22.26	20.54	20.60	18.47	18.60
钙(%)	1.07	1.00	1.03	0.96	0.84	0.82
有效磷(%)	0.57	0.48	0.53	0.47	0.44	0.41
赖氨酸(%)	1.23	1.19	1.10	1.08	0.94	0.94
蛋氨酸(%)	0.51	0.56	0.50	0.54	0.46	0.45

表 9-6 肉用仔鸡日粮配方(三段式)

饲料	5～21 日龄		22～49 日龄		50 日龄至出栏	
	配方 1	配方 2	配方 3	配方 4	配方 5	配方 6
玉米(%)	61	61.5	64	65	66	64
豆饼(%)	24	24	21	22	19	20
麸子(%)	6	5	6	5	5	6
进口鱼粉(%)	7			7		7
国产鱼粉(%)		8	8		8	

续表 9-6

饲 料	5～21 日龄		22～49 日龄		50 日龄至出栏	
	配方 1	配方 2	配方 3	配方 4	配方 5	配方 6
骨粉(%)	1.7	1.5	1.2	1	1	1
植物油(%)					1	2
盐(%)	0.3			0.3		0.3
蛋氨酸(%)	0.15	0.15	0.1	0.1	0.1	0.1
多种维生素	按说明	按说明	按说明	按说明	按说明	按说明
微量元素	按说明	按说明	按说明	按说明	按说明	按说明
维生素 A、维生素 D、维生素 B_1、维生素 B_2、维生素 B_{12}、维生素 E、维生素 K	按说明添加	按说明添加	按说明添加	按说明添加		
营养水平						
代谢能(MJ/kg)	12.426	12.468	12.552	12.761	12.887	13.179
粗蛋白(%)	20.74	20.67	19.81	20.01	18.97	19.20
钙(%)	1.02	1.00	0.90	0.74	0.83	0.738
有效磷(%)	0.50	0.56	0.45	0.45	0.42	0.45
赖氨酸(%)	1.07	1.09	1.01	1.04	0.96	1.00
蛋氨酸(%)	0.47	0.47	0.41	0.41	0.39	0.40

表 9-7 不同分段饲养方法肉用仔鸡饲养标准的比较

营养指标	中国		美国 NRC		
	0～4 周龄	5 周以上	0～3 周龄	3～6 周龄	6～9 周龄
代谢能(MJ/kg)	12.13	12.55	13.38	13.38	13.38
粗蛋白质(%)	21	19	23	20	18
能量蛋白比(g/MJ)	17.3	15.1	17.2	15	13.5
钙(%)	1.0	0.9	1.0	0.9	0.8
总磷(%)	0.65	0.65	0.7	0.7	0.7
有效磷(%)	0.45	0.40	0.45	0.35	0.30
赖氨酸(%)	1.09	0.94	1.10	1.00	0.85
蛋氨酸(%)	0.45	0.36	0.50	0.38	0.32

表 9-8　肉用仔鸡日粮配方(二段式)Ⅰ

饲　料	0～4 周		4 周以上	
	配方 1	配方 2	配方 3	配方 4
玉米(%)	46.7	44.7	47.7	50.7
碎米(%)	7	10.3	10	6
小麦(%)	10	8	9.5	10
麸子(%)				7.3
稻谷(%)			4	
豆饼(%)	11.7	13	7	
花生饼(%)	8	12	8	14
国产鱼粉(%)	14		11	
进口鱼粉(%)		9		9
草粉(%)	2	2	2	2
贝壳粉(%)	0.3	0.7	0.5	0.7
食盐(%)	0.1	0.3	0.2	0.3
营养水平				
代谢能(MJ/kg)	12.22	12.26	12.22	12.18
粗蛋白质(%)	21.00	21.20	18.10	18.10
钙(%)	0.94	0.89	0.94	0.94
磷(%)	0.74	0.60	0.66	0.67
蛋氨酸(%)	0.37	0.34	0.32	0.32
蛋氨酸＋胱氨酸(%)	0.68	0.67	0.58	0.64
赖氨酸(%)	1.04	0.95	0.84	0.70
色氨酸(%)	0.27	0.27	0.23	0.23

表 9-9　肉用仔鸡日粮配方(二段式)Ⅱ

饲　料	0～5 周	6 周以上
玉米(%)	40	49.75
大麦(%)	25	18
鱼粉(%)	10	5
油脂(%)	1	2

续表 9-9

饲　料	0～5周	6周以上
豆粕(%)	21.3	13
贝壳粉(%)	1	0.50
磷酸氢钙(%)	0.50	1
食盐(%)	0.25	0.25
维生素及微量元素添加剂(%)	0.75	0.50
	营养水平	
代谢能(MJ/kg)	12.26	12.09
粗蛋白质(%)	22.07	20.27
赖氨酸(%)	1.34	1.12
蛋氨酸＋胱氨酸(%)	0.78	0.68
色氨酸(%)	0.28	0.25

表 9-10　肉用仔鸡日粮配方(二段式)Ⅲ

饲　料	0～4周			5周至出栏		
	配方 1	配方 2	配方 3	配方 4	配方 5	配方 6
玉米(%)	54.5	56.5	58.0	55.0	59.0	68.0
麦糠(%)	8.2	7.2	6.7	5.5		3.5
米糠(%)				4.7		
碎小麦(%)	5.0	5.0	3.0		8.0	
油脂(%)				3.0	3.0	
大豆饼(%)	25.0	16.0	15.0	18.5	20.7	18.2
棉子饼(%)		5.0		3.5		
菜子饼(%)			5.0			
优秀鱼粉(%)	5.0	8.0	10.0	7.5	7.0	8.0
骨粉(%)	1.5	1.5	1.5	1.5	1.5	1.5
添加剂(%)	0.5	0.5	0.5	0.5	0.5	0.5
盐(%)	0.3	0.3	0.3	0.3	0.3	0.3

续表 9-10

饲　料	0～4 周			5 周～出栏		
	配方 1	配方 2	配方 3	配方 4	配方 5	配方 6
营养水平						
代谢能(MJ/kg)	12.134	12.134	12.175	12.636	13.389	12.636
粗蛋白(%)	20.2	19.9	20.6	19.6	19.2	19.0
粗纤维(%)	3.4	4.0	3.9	4.0	2.53	2.72
钙(%)	0.88	0.97	1.06	0.96	0.93	0.97
磷(%)	0.32	0.34	0.36	0.34	0.34	0.34
赖氨酸(%)	1.09	1.03	1.14	1.07	1.04	1.03
蛋氨酸(%)	0.79	0.86	0.79	0.65	0.61	0.65

注：添加剂由复合维生素、矿物质微量元素和蛋氨酸组成。

表 9-11　肉用仔鸡 0～4 周龄饲料配方　　%

饲　料	配方 1	配方 2	配方 3	配方 4	配方 5
玉米	61.0	61.0	57.1	20.0	32.0
碎米				14.0	
大麦				36.0	
小麦					35
小麦麸		9.0	2.0		
豆饼	14.0	18.0	36.0	19.0	18.0
棉籽粉	15.0				
鱼粉	9.0	11.0		9.0	12.0
槐叶粉			2.0		
骨粉	0.5				1.5
石粉		0.8			
贝粉		1.0			
磷酸氢钙			1.35	0.7	
脱氟磷酸钙	0.5				
碳酸钙				1.0	
生长素					1.3
食盐		0.2	0.35	0.3	0.2
DL-蛋氨酸			0.2		

续表 9-11

饲　料	配方 1	配方 2	配方 3	配方 4	配方 5
营养水平					
代谢能(MJ/kg)	12.426	12.301	11.841	11.966	12.259
粗蛋白质(%)	24.0	20.1	19.5	20.59	21.1
钙(%)	0.89	0.96	0.82	1.20	1.61
总磷(%)	0.63	0.70	0.61	0.79	0.88
有效磷(%)		0.45			
赖氨酸(%)	1.29	1.18	1.04	1.26	1.22
蛋氨酸(%)	0.47	0.38	0.46	0.40	0.40
蛋氨酸+胱氨酸(%)		0.71	0.86	0.71	0.75

表 9-12　肉用仔鸡 5～8 周龄饲料配方(二段式)　　%

饲　料	配方 1	配方 2	配方 3	配方 4	配方 5
玉米	67.7	68.4	60.1	58.0	45.0
碎米					14.0
大麦					15.0
小麦				13.0	
小麦麸		5.0			
豆饼	12.0	16.0	32.0	14.0	15.0
棉籽饼	12.0				
鱼粉	7.0	9.0		12.0	9.0
猪油			3.0		
槐叶粉			2.0		
骨粉	0.4	0.4		1.8	
石粉		1.0	1.0		
磷酸氢钙			1.35		
脱氟磷酸钙	0.9				0.7
碳酸钙					1.0
生长素				1.0	
食盐		0.2	0.35	0.2	0.3
DL-蛋氨酸			0.2		

续表 9-12

饲　料	配方 1	配方 2	配方 3	配方 4	配方 5
营养水平					
代谢能(MJ/kg)	12.845	12.552	12.761	12.594	12.594
粗蛋白质(%)	21.0	18.0	17.9	19.0	19.0
钙(%)	0.88	0.93	0.73	1.59	1.15
总磷(%)	0.62	0.67	0.58	0.90	0.76
有效磷(%)		0.44			
赖氨酸(%)	1.10	1.02	0.93	1.11	1.12
蛋氨酸(%)	0.41	0.33	0.44	0.37	0.38
蛋氨酸+胱氨酸(%)		0.62	0.79	0.67	0.69

注：表 9-10 中有些矿物质饲料缺少所含营养数据，故营养水平栏有些数据空缺。表 9-10 和表 9-11 中的饲料配方中还应添加多种维生素和微量元素，个别配方还应加盐和蛋氨酸。

对于刚出壳的雏鸡由于消化系统还不完善，消化道蠕动和消化液的分泌较差，卵黄吸收还能供给一部分营养，因此，雏鸡开食用的配合饲料营养可适当低一些，以免引起消化不良。另外，因为国产鱼粉盐分大，杂菌多，雏鸡在 2 周内最好不喂国产鱼粉。在一般饲料中，维生素 A、维生素 D、维生素 B_1、维生素 B_2 以及维生素 E、维生素 K 最易发生不足，所以在 6 周龄之前必须在饲料中添加。分段饲养更换饲料时，应有 1～2 d 的过渡期，即喂介于 2 种营养水平之间的饲料(2 种饲料各取一部分混合即成)。

第三节　肉用仔鸡的饲养管理

一、肉用仔鸡的饲养方式

(一)肉用仔鸡品种的选择　选择好的肉用仔鸡品种及饲养方式是饲养好肉用仔鸡的关键。养殖场、养殖户应根据自己所在地区的实际情况、气候及市场来确定饲养品种，切不可盲目追求生产力，忽视其他因素的制约。首先，选择生长速度快、饲料转化率高、成活率高等生产性能较高的品种，并根据种鸡场提供的生产性能指标和自己的实际情况综合考虑。其次，还要看鸡群是否健康、鸡场防疫设施是否健全、运输是否方便等。再次，注意所选鸡种与市场需求是否对路，这一点很重要。理想的肉鸡品种应具有生长速度快、生长力强、饲料转化率高等特点，适于国内外要求的分割和深加工型，这才是最佳的选择。

我国优质肉鸡资源特别丰富，约占现有鸡种的 70%，具有适应性强、耐粗饲、抗病力强、肉质鲜美等特点，深受国内外消费者的欢迎。我国的肉用鸡品种主要有：京星肉鸡、北京石岐黄鸡、北京宫廷黄鸡、新浦东肉鸡等。我国近几年引进的国外优良肉鸡品种主要有：AA 肉鸡、艾维茵肉鸡、罗曼肉鸡等。

（二）肉用仔鸡的饲养方式　肉用仔鸡的性情温顺，生长快，体重大，但抗逆差，对环境条件的变化敏感，容易发生骨骼外伤和胸、腿病等。所以，应根据其生长特点选择适当的饲养方式。

1. 厚垫料地面平养　厚垫料地面平养是当前国内外最普遍采用的一种饲养方式。它是在鸡舍内地面上铺垫 10 cm 左右厚的垫料；垫料要求松软、吸水性强、新鲜、干燥、不发霉；将肉用仔鸡饲养在垫料上，任其自由活动。大群饲养需隔离成小格，每格可养 500 只左右。

垫料的方式有 2 种。一种是经常松动垫料，去除鸡粪晒干后再使用，必要时才更换新鲜垫料。另一种是平时不清除鸡粪，而是根据垫料的污染程度连续性的加厚，待饲养这一批肉鸡结束后才一次性清除干净。常用的垫料有切断的玉米秸、破碎的玉米棒、小刨花、锯末、稻草、稻壳、麦秸等，以小刨花或多种混合使用为好。厚垫料饲养的优点是简便易行，投资少，设备简单，节省劳动力，肉用仔鸡胸囊肿的发生率低，残次品少；缺点是鸡只直接接触鸡粪，易发生肠道疾病、球虫病等，药品和垫料费用大，鸡舍单位面积内饲养量小等。

2. 网养或栅养　这是将肉用仔鸡饲养在离地面 40～60 cm 网床平面上的一种方式，也叫离地饲养。鸡群在平网上采食、饮水和活动，鸡粪通过网眼落到地面。一般在肉仔鸡 4 周龄前，网眼规格为 2 cm×2 cm，4 周后为 2.5 cm×5 cm，并使网面保持平整。一些肉用仔鸡饲养场和专业户，在金属网上再铺一层柔软而有弹性的塑料网，肉用仔鸡不与金属网直接接触，可以减少鸡腿病和胸部囊肿的发病率。如果采用栅养可选用宽 3～5 cm、厚 2 cm 的竹、木条钉成栅片，板条间距为 2.5 cm，然后将栅片距地面 60 cm 左右高处用支架撑牢。网养或栅养的优点是不需垫料，劳动强度小，管理方便，鸡粪不与鸡体接触而减少了球虫病感染机会，饲养密度比地面垫料平养可增加 20%；缺点是投资比垫料平养高，清粪操作不便，若鸡体直接与金属网接触摩擦，易发生腿病和胸部囊肿。

3. 笼养　常利用多层笼饲养，能有效地利用鸡舍面积，便于操作和鸡群管理，但在生产应用中并不普遍，除鸡笼投资较多外，主要原因是不利于肉用仔鸡生长，易发生胸部囊肿、脚趾弯曲等，影响了肉鸡的合格率。随着鸡笼材料和结构的改进，目前已进行了笼具和饲养制度的试验，如推广镀塑笼和全塑肉鸡笼，对降低设备投资、缓解笼养带来不良效果有一定作用。还有的将笼养与平养结合，前 3 周采用笼养，然后下笼转为平养，收到了良好的饲养效果。

4. 笼养和散养相结合　不少地区的肉鸡饲养户，在育雏阶段，即 3～4 周龄以前采用笼养，然后转群改为地面厚垫料散养。这种饲养方式由于前期在笼养阶段体重小，胸囊肿发生率低。而且笼养也便于集中供暖，好控制环境温度。

肉仔鸡的饲养方式有很多种，应根据当地的实际情况，选择最适当的饲养方式。

二、肉用仔鸡的管理

肉用仔鸡的管理分前、中、后 3 个时期。要想做好肉用仔鸡的管理，就要了解并掌握雏鸡的生理特点，提供适宜的环境卫生条件。在这些管理条件中育雏的温热条件是至关重要的。

(一)育雏条件

1. 做好进雏前准备工作　进雏前应做好人员的安排、饲料及常用药品的准备、房舍及用具的准备与消毒、鸡舍预温。

2. 雏鸡的选择与运输　要挑选外貌符合品种特点、活泼、健壮、体重正常、脐环闭合良好、腹部大小适中并柔软、羽毛光泽好的雏鸡。若不注意选择，就会出现第一周鸡死亡较多的现象。

运输雏鸡的容器，可用竹筐、木箱或硬纸箱。为了避免由于反复使用的周转箱传播鸡病，现在多采用一次性纸箱；箱的四周要有通气孔，并且分成四个格；箱底垫上切碎的谷物秸秆或刨花；装雏前容器要消毒。每个容器内装鸡数量不宜过多。一个长 1 m，宽 0.6 m的箱子可装雏鸡 100 只左右；天凉时可多装几只；天热时应少装几只。在寒冷季节运雏时，箱外用棉被遮盖保暖。用汽车运输时，车速不宜太快，行车要平稳，上下坡要检查，以防挤压。要注意防雨，夏天避免阳光直射。途中要经常检查雏鸡状态，一般每隔 1 h 左右要用手翻动雏鸡 1 次。如雏鸡张嘴吸气，绒毛潮湿，说明温度过高；如雏鸡拥挤在一起发出"叽叽"叫声，则说明温度偏低。无论哪一种情况，都要及时采取相应的措施对温度进行调节。

3. 提供适宜的环境卫生条件　雏鸡成活率的高低，生长发育的快慢，体质是否强壮，关键在于管理。因此，在育雏阶段，要根据雏鸡的生理特点，饲养管理上必须人为地满足雏鸡所需要的温度、湿度、空气、光照、营养及卫生等环境条件。

(1)温度。适宜的温度是育雏成功的首要条件，它对于提高成活率和生长速度及饲料利用效率关系极大。根据气候条件、体质强弱等相应改变温度。冬季或体弱的可升高1℃左右，温度要求均匀、恒定，切忌忽高忽低。为了保持舍温恒定，首先要求2～3 d预温，冬季要求提前1 d预温，以便达到雏鸡要求的温度。

肉鸡对温度的要求，1～2日龄为34～35℃，3～7日龄为31～33℃，第二周28～29℃，第三周24～26℃，第四周21～23℃，以后20～21℃为宜。也可看鸡施温，如果靠近热源、挤堆，这就说明温度较低。如果远离热源，都靠墙边这就说明温度太高。如小鸡在鸡舍内就像撒了一把沙均匀的分布这说明温度最适宜。鸡舍内如果温度高时，则影响肉鸡采食量，食欲不高、饮水增加，增重受限制；温度低时，肉鸡的采食量增加，舍温低1℃时，可多吃料约1%，影响生长和饲料转化率，这样用饲料去代替热能维持体温会造成浪费。

(2)湿度。湿度对雏鸡的健康和生长影响也较大。如果高湿低温，雏鸡很容易受凉感冒；有利于病原微生物的生长繁殖，易诱发球虫病等。若湿度过低，则雏鸡体内水分随着呼吸而大量散发，影响雏鸡体内卵黄的吸收，反过来会导致饮水增加，易发生拉稀，脚趾干瘪而无光泽。前期相对湿度保持在70%～65%，后期在65%～55%为宜，最低不能低于45%。若湿度太低，可在火炉上放一个水壶或水盆让其蒸发散湿，也可以结合鸡消毒向地面墙壁进行喷水增湿。

(3)通风。由于肉鸡饲养密度大，生长速度快，代谢旺盛，因此加强舍内通风，保持舍内空气新鲜和适当流通，是养鸡的重要条件。通风的目的是减少舍内有害气体含量，使NH_3在0.02‰以下，H_2S在0.006 6‰以下，CO_2在0.15%以下，CO在0.024‰以下；增加舍内氧气，减少腹水症的发生；同时降低舍内湿度，保持舍内垫料干燥，降低舍内尘埃和病原微生物含量。雏鸡对氨较为敏感。氨刺激鸡的上呼吸道黏膜，使鸡抵抗力下降，易发生呼吸道疾病。

值得注意的是，不少鸡场或专业户，始终没有解决好通风与保温的关系，为了保持室内育雏温度而忽视通风；严重的个别鸡场，将炉盖打开,企图提高室温,结果造成一氧化碳煤气中毒。若鸡舍内不良气体增多,就会导致呼吸道疾病、腹水症发生率高,死亡增加,鸡的生长速度和成活率受到影响。为了既保持室温,又使室内空气新鲜,可以先提高温度,然后再适当打开门窗进行通风换气。一般要求,1～2 周龄以保温为主,适当注意通风,3 周龄开始增加通风,4 周龄以后以通风为主。特别是在炎热的夏季,加强通风管理,不仅要达到通风换气的目的,还要降低舍内温度,提高鸡的采食量,促进生长。若采用机械通风,在设计鸡舍时,前期风速大于 0.5 m/s;后期每千克体重换气量,春秋季以 3～5 m^3/h 为宜,夏季以 6～7 m^3/h 为宜。通风效果取决于鸡舍内外温度之差。

(4)光照。光照时间的长短及光照强度对肉用仔鸡的生长发育影响较大。强光照会刺激鸡的兴奋性,影响鸡群休息和睡眠,引起相互啄羽、啄趾或啄肛等恶癖,而弱光照可降低鸡的兴奋性,使鸡保持安静状态,这对肉鸡的增重有益,所以采用弱光照制度是肉用仔鸡饲养管理的一大特点。常规的光照程序,1～3 日龄连续 24 h 照光,4 日龄以后改为每天 23 h 光照,夜间 1 h 黑暗;密闭式鸡舍,可采用 1～2 h 光照、2～4 h 黑暗的间隙光照法,即喂料时开灯,采食后熄灯。另一种方法,1 日龄 24 h 光照;3～42 日龄 16 h 光照,8 h黑暗;43 日龄至上市 23 h 光照,1 h 黑暗。黑暗能使鸡有足够时间休息,否则会影响采食量并导致生长不整齐。要让鸡适应和习惯黑暗环境,以防在光照出现故障如停电等情况时发生惊群。

光照强度在育雏的最初 3 d 给予较强的光照,以后应逐渐降低,一般 1～4 日龄 3 W/m^2,15～30 日龄为 1.5 W/m^2,30 日龄以后为 0.75 W/m^2 的只要能看见采食、饮水的弱光照。这个光照方案是爱拔益加商品肉鸡资料介绍的,研究表明,此法可降低腿病、猝死症和腹水症,从而有效地提高了肉鸡商品合格率。

(5)控制适当的饲养密度。肉用仔鸡适合于高密度饲养,但究竟密度多大为好,也要根据具体条件而定。譬如,在垫料上饲养,密度适当低些好;在竹竿网上饲养,密度可以高一些。通风条件好,密度可高一些;通风条件差,密度应低一些。若密度过大,鸡的活动受到限制,空气污浊,湿度增加,垫料问题增多,导致鸡生长缓慢,群体整齐度差,易感染疾病,死亡率升高,且易发生雏鸡相互残杀。若密度过小,则浪费空间,饲养定额少,成本增加。因此,要根据鸡舍结构、通风条件等确定合理的饲养密度。一般 1～7 日龄 30 只/m^2,8～14 日龄 25 只/m^2,15～28 日龄 20 只/m^2,29～42 日龄 15 只/m^2,43～56 日龄为 8～10 只/m^2。也可根据体重来调整饲养密度参见表 9-13。

表 9-13　不同活重 AA 肉仔鸡的饲养密度

体重(kg)	性别(只/m^2)			管理方式(只/m^2)	
	公母混养	公鸡	母鸡	厚垫料	网养
1.4	18	18	18	14	17
1.8	14	12	14	11	14
2.3	11	10	12	9	11
2.7	9	8	10	7.5	9
3.2	8	7	8	6.5	8

(6)饮水。肉用仔鸡的饮水质量要求与人饮用水标准相同。良好的饮水是鸡群健康的必要保证。1 日龄雏鸡第一次饮水称为初饮,一般在出壳后 12～24 h,最长不超过 36 h。初饮对肉仔鸡很重要,这是因为出雏后,雏鸡大量消耗体内的水分。初饮时在水中加 5%～8%的葡萄糖效果较好,同时在水中添加抗生素、多种维生素或电解质营养液效果更好。肉用仔鸡初饮后,无论何时都不应该再断水。水分在雏鸡体中占 60%～70%,它对饲料的消化吸收、物质代谢、体温调节等方面都起着重要作用。但长途运输来的小鸡,在初饮时最好饮足清水后再饮加有一些药物的饮水,以免由于长途运输脱水再饮含有药物的饮水而加重肾脏的负担引起痛风病。饲

养中要防止长时间断水后引起雏鸡暴饮。

鸡在饮水时要有足够的饮水器，一般1 000只需4 kg容量的饮水器15个，水槽饮水每只鸡占位2 cm，乳头饮水器每10～15只鸡1个。鸡的饮水量一般是采食量的2倍，但与环境温度、鸡龄和采食量有关，见表9-14。

表9-14 室温与饮水量、采食量的关系

室温(℃)	10	16	21	27	38
饮水与采食比	1.7	1.8	2.0	2.8	4.5

(7)开食。雏鸡的第一次吃食称为开食。一般雏鸡在出壳后24～36 h进行，这时已有60%～70%的雏鸡有啄食表现。开食的方法有很多，可以用开食盘或浅边食槽。最简单易行的方法是：将准备好的硬纸片或塑料布平铺在鸡架或鸡笼内，在上面撒上饲料，当有一只鸡开始啄食时，其他鸡也随之模仿食之。雏鸡开食得当，能及时获得饲料，对促进雏鸡的生长发育，提高成活率有良好的作用。否则，在2 d内雏鸡不能全部学会吃食，将会严重影响雏鸡发育，直接影响饲养周期。所以，开食的正确与否是养好肉用仔鸡的重要环节。由于雏鸡消化机能不够完善，胃肠容积比较小，故对饲料营养要求高，且易消化。因此，开食应有专用的开食饲料。一般以小米或碎玉米诱导开食。有条件的可在饲料中加煮熟的鸡蛋黄，每15只雏鸡加1个，拌匀。当鸡群有1/3雏鸡有行走觅食表现时即可开食。开食时可把预先洗净消毒过的深色塑料布铺好，将饲料均匀撒在塑料布上。在撒料时可用声音呼唤雏鸡前来觅食。雏鸡随人的声音和撒料寻找饲料，并很快地建立条件反射，学会吃食。开食后1～2 d，可喂全价配合饲料。

(8)饲喂。雏鸡开食后就进入正式饲喂阶段。大多数鸡场采用让鸡自由采食。有的鸡场采用前期限制饲喂，以控制腹脂。不管采用哪种饲喂形式，都可根据具体情况而定。喂料时应少添勤添，一般每 2 h 添 1 次料。以后每天添料不得少于 6 次。勤添料可以刺激鸡的食欲，减少饲料浪费。另外，料槽或料桶内的饲料不应多于容量的 1/3。同时还应注意，更换各阶段饲料时要逐渐过渡。过渡方法一是用 2/3 的前料加 1/3 的后料混合饲喂 1～2 d，再用 1/2 的前料加 1/2 的后料混合饲喂 1～2 d，再用 1/3 的前料加 2/3 的后料混合饲喂 1～2 d，然后全部换喂后料；二是用 2/3 的前料加 1/3 的后料混合饲喂 2～3 d，再用 1/3 的前料加 2/3 的后料混合饲喂 2～3 d，最后全部换喂后料；三是用 1/2 的前料加 1/2 的后料混合饲喂 3～7 d，然后全部换喂后料。采用过渡饲料的方式饲喂，目的是减少由于突然换料所带来的应激反应，如引起拉稀等。

(9)断喙。其一，断喙的目的。鸡有啄的习性，特别是饲养在开放式鸡舍的鸡更为严重。啄癖包括啄羽、啄肛、啄翅、啄趾等，轻者伤残，重者可造成死亡。因此，一般饲养在开放式鸡舍的雏鸡都要进行断喙。断喙还有节省饲料的效果。其二，雏鸡啄癖的原因。啄癖的原因较多而复杂，如日粮不平衡，密度大，通风不良，温度高，断水，光线强。防止雏鸡啄癖的主要措施是进行断喙。其三，断喙时间。肉用仔鸡的断喙时间一般是在 7 日龄之前进行。这样可以节省人力，降低成本，减少应激及早期啄羽的发生。其四，断喙方法。断喙是借助于灼热的刀片，切除鸡上、下喙各一部分。断喙方法是左手抓鸡腿部，右手拿鸡，将右手拇指放在鸡的头顶上，食指放在咽下，稍施压，使鸡缩舌，选择适当的孔径，在离鼻孔 2 cm 处切断。灼烧时刀片在喙切面四周滚动以压平嘴角，这样可以阻止喙外缘重新生长；如不将喙周围压平，将有 5%～10%的成鸡会重新生长喙。

(10)卫生管理。应坚持搞好环境卫生，做到鸡体、饲料、饮水、食具及垫料干净。

(二)公母鸡分养　实行公母鸡分群饲养，是近年来随着肉鸡育种水平和初生雏鸡性别鉴定技术的提高而发展起来的一种饲养制度，在国内外的肉用仔鸡生产中普遍受到重视。

1. 公母鸡分群饲养依据　公母鸡性别不同，生理基础不同，对生活环境、营养条件的要求和反应也不相同。

(1)生长速度不同。公鸡生长快，母鸡生长慢。公鸡4周龄比母鸡大13%左右，6周龄时大20%，8周龄时大27%。

(2)营养需要不同。母鸡沉淀脂肪的能力强，对日粮的能量水平要求高一些，公鸡则对日粮蛋白质含量要求高一些，对钙、磷、维生素A、维生素E、维生素B_2及氨基酸的需要量也多于母鸡(表9-15)。

表9-15　AA肉仔鸡公母分开饲养饲粮营养指标

营养指标	育雏期料(0～14 d)	中期料(15～37 d)		后期料(38 d至上市)	
	公、母鸡	公鸡	母鸡	公鸡	母鸡
粗蛋白(%)	24	21.0	19.5	19.0	18.0
代谢能(MJ/kg)	12.97	13.39	13.39	13.39	13.39
能量/蛋白	54	64	69	70	74
钙(%)	0.90～0.95	0.90～0.95	0.85～0.90	0.85～0.90	0.80～0.85
可利用磷(%)	0.45～0.47	0.45～0.47	0.42～0.45	0.42～0.45	0.40～0.42
赖氨酸(%)	1.25	1.05	0.90	0.90	0.80
TSAA(%)	0.96	0.85	0.75	0.76	0.65

注：钙和磷的值由最低至最高；TSAA为总含磷氨基酸。

(3)羽毛生长速度不同。公鸡长羽慢，母鸡长羽快；同时还表现出胸囊肿的严重程度不同。

2. 公母鸡分群饲养的优点

(1)按性别不同分别配制饲料，避免了母雏因过量摄入营养造成的浪费。

(2)可使个体间体重差异减小，均匀度提高，有利于上市和机械屠宰加工，可以提高产品的规范化水平。同时，可利用公母鸡在生长速度、饲料转化率方面的差异，确定不同的上市日龄。

(3)能改善产品质量,也便于饲养管理。

3. 公母鸡分群饲养的缺点　公母鸡分群饲养要求进行雌雄鉴别。人工性别鉴定会延长从出壳到开食饮水的间隔时间,使雏鸡出现一定程度的脱水衰弱。自别雌雄的品种虽然可以提高鉴别速度,但由于羽毛生长较慢,容易诱发鸡群啄癖,增重速度较慢。

4. 公母鸡分群饲养主要措施　按性别调整日粮营养水平;按性别提供适宜的环境,例如由于公鸡生长速度较快,为防止胸部疾病的发生,应给公鸡提供优质松软的垫料;按经济效益分别出栏,一般母鸡在 7 周龄以后增重速度相对下降,饲料消耗增加,这时若已达到上市体重即可提前出栏,而公鸡在 9 周龄以后生长速度才下降,因而可养到 9 周龄时出栏。

(三)夏季管理要点　我国大部分地区夏季炎热期持续时间较长,特别是南方地区气温更高。鸡无汗腺,抗热性极差,此时鸡群容易造成热应激,使鸡采食量明显减少,生长慢,死亡率高。为消除热应激对肉用仔鸡的不良影响,必须采取相应措施,使管理上符合夏季特点。

1. 做好防暑降温工作　夏季白天气温较高。受气温影响,鸡体内散发热较困难,必须采取有效措施降温。

(1)鸡舍建筑合理。鸡舍方位应坐北朝南,屋顶隔热性能良好,鸡舍前无高大建筑物。

(2)搞好环境绿化。鸡舍周围尽量种树;地面种草坪或较矮植物,不让地面裸露。

(3)鸡舍房顶和南侧墙涂白。对房顶和南侧墙涂白可以降低阳光对鸡舍的辐射,从而达到降温的目的。但在夏季气温不太高或高温持续时间较短的地区,一般不宜采用此法,因为在寒冷季节会降低鸡舍内的温度。

(4)冷却空气。采取在房顶洒水,在进风口处设置湿帘,进行空气冷却,或使用流动水降温,增加通风换气量等多种措施。

2. 加强通风　夏季肉用仔鸡饮水较多，排出粪便较湿，另外进入雨季空气湿度较大，鸡舍内的潮气不易排出，发病率会大幅度增加，必须加强通风换气。

3. 调整日粮结构及喂料方法

(1)调整日粮结构。在制定饲料配方时，应尽量提高日粮中能量、蛋白质、钙、磷等各种营养物质的浓度，以保证肉用仔鸡每天进食的各种营养物质能满足生长发育的需要。

(2)调整饲喂方法。为保证肉用仔鸡采食量和增重速度，早晚凉爽时增加喂料次数和给料量，炎热时停喂，让鸡休息，减少鸡体代谢产生的鸡体增热，降低热应激，提高成活率。另外，炎热季节必须提供充足的凉水，让鸡饮用。

(3)提高饲料的适口性。鸡喜食颗粒状饲料或湿拌料，饲料进行颗粒化加工，夏季高温期将饲料拌湿饲喂，也能提高饲料适口性，增加鸡的采食量。

4. 尽量减少肉用仔鸡的各种应激　夏季高温会造成肉用仔鸡热应激。若饲料存贮时间较长，维生素受到破坏，也会影响鸡的生长发育及抗病能力，这也是一种应激。因此，夏季要特别注意避免各种应激因素。

(1)在饲料或饮水中补加应激药物。热应激时，机体对维生素C的需要量增加。维生素C有降低体温作用，当舍温高于27℃，可在饲料中添加维生素C，150～300 mg/kg，或在饮水中加维生素C，100 mg/kg，白天饮用。也可在饮水中加入小苏打、氯化铵等。

(2)降低饲养密度。夏季饲养密度大，不利于降温，也不利于肉鸡的增重，提倡夏季采取低密度饲养。

(3)做好防疫工作。夏季蚊、蝇、昆虫较多，如果灭蚊、灭蝇、灭虫工作做得不好，极可能引起疫病传播。饮水器要经常刷洗，水槽要经常消毒，保证水的质量，加强对垫料的管理，定期消毒，确保鸡群健康。

(4)饲料要尽量减少贮存时间,尽量少买勤买。如必须贮存时,要放在通风、干燥、凉爽的地方贮存,不要放在阴暗的地方,更不要放在阳光直射下贮存,以免引起饲料发霉变质,以及脂类和多种维生素互相变质损失。

(四)冬季管理要点

1. 要做到防寒保温　冬季管理要防寒保温,正确通风,降低舍内湿度和有害气体含量等,来提高成活率,提高养鸡经济效益。冬季气候寒冷,鸡舍内外温差大,饲养温度应比其他季节提高1～2℃。

(1)减少鸡舍的热量散发。对房顶隔热差的要加盖一层稻草或麦秸等,窗户要用塑料膜封严,调好通风换气口。

(2)供给适宜的温度。供温主要靠暖气、保温伞、火炉等。舍内温度不能忽高忽低,要保持恒温。

(3)减少鸡体的热量散失。要防止贼风,加强饮水管理,防止鸡羽毛被水淋湿,最好改地面平养为网上平养,或对地面平养增加垫料厚度,保持垫料干燥。

(4)调整日粮结构。提高日粮的能量水平。在冬天,鸡因要抵御寒冷和生长发育而需要大量的能量,所以在饲料中要提高日粮的能量水平。

(5)厚垫料平养育雏,注意节省燃料。采用厚垫料平养育雏时,注意把空间用塑料膜围护起来,以节省燃料。

2. 要正确通风,降低舍内有害气体含量　冬季鸡舍通风与保温相互矛盾。所以,要利用好舍顶气窗,及时排出氨气和硫化氢气体,并在中午打开阳面窗的上角,自上至下,可根据舍内温度的高低确定开窗面积的大小,进行通风;清粪工作应安排在13时左右为宜,以便及时通风排出有害气体。加强夜间值班工作,经常检修烟道,防止漏烟。烟筒安装要避开主风向,不能倒烟,以防一氧化碳中毒。

3. 防止疾病，加强消毒　冬季，由于保温和通风相矛盾，舍内的空气很难达到清洁，容易诱发呼吸道病和大肠杆菌病。养鸡场应带鸡消毒，投服敏感药物或注射大肠杆菌苗，并搞好舍内外卫生。消毒舍外可用火碱水，舍内用百毒杀、过氧乙酸等消毒液。每天及时清扫粪便，并及时向地面喷洒消毒药物。

4. 预防火灾　冬季风大寒冷，气候干燥，容易发生火灾。要仔细检查烟道、炉子是否跑火，用电线路是否安全等，排除一切火灾隐患。总之，肉仔鸡饲养管理是一项烦琐的工作，必须坚持耐心细致地观察，才能饲养好肉用仔鸡。

（五）提高产品合格率　肉用仔鸡屠体品质的好坏，直接关系到经济收益的高低。所以，饲养肉用仔鸡不仅要追求其生产性，同时要把肉的品质、屠体合格率、屠体等级和经济效益作为战略重点来考虑。防止和减少肉用仔鸡胸囊肿、腹水症，控制脂肪沉积，减少意外挫伤、骨折和腿病的发生，是提高屠体合格率、减少残次品的重要途径。

1. 搞好防疫工作　要搞好新城疫、大肠杆菌病、马立克氏病、慢性呼吸道病、淋巴白血病、传染性支气管炎等病的预防工作。

2. 防止外伤　由于肉用鸡体重比较大，比较笨拙，在鸡舍密度过大，互相挤压，受伤的增多。抓鸡时动作粗暴，可增加外伤。光照太强，也会增加外伤。一般母鸡比公鸡容易受伤，体重大的比体重轻的容易受伤。防止外伤的措施是鸡舍中不能有造成挫伤与骨折的异物，笼底不要带刺。鸡舍垫草要有一定厚度，并保持干燥。定期调整料槽和水槽高度，以免采食和饮水时受伤。饲养密度合乎要求。若网上平养时，网应平直坚挺，不应有凹陷，网眼或板条间隙不宜过大，防止腿脚卡坏。不要惊扰鸡群，鸡舍内外不要有怪声、汽车喇叭声等，要保证鸡群周围有安静的环境。转群时尽量在暗光下进行抓鸡，抓鸡时轻拿轻放。出栏时每笼不得装鸡过多，以防挤压损伤。

第四节　肉用仔鸡的肥育

为了提高肉鸡饲养经济效益，增强肌肉品质，通常在肉鸡饲养后期对其进行肥育。一般肉用仔鸡肥育期在42～56日龄。

肉用仔鸡肥育期虽然在育雏期，雏鸡的体增重及饲料效率似乎与日粮的蛋白质含量成直接比例，但实验表明，高粗蛋白质含量的日粮可改善饲料效率，对生长则无影响，且持续饲喂高蛋白质含量的花费，可能超过效率改进所能获得的利益。若日粮CP（蛋白质）含量低于19%，将造成饲料效率恶化。

雏鸡对蛋白质与氨基酸的需要量，一般随日龄增加而降低。由于现在有合成氨基酸可利用，故我们可配制满足氨基酸需要量的最低蛋白质日粮配方。在配制低CP含量日粮时，维持足够的非必需氨基酸量也不应忽视。因为日粮的非必需氨基酸量会影响屠体的组成。研究表明，采食高CP含量日粮的肉鸡，脂肪在体内蓄积较少，而采食低CP含量日粮的肉鸡，则脂肪在体内蓄积较多。所以，肉鸡肥育期在保证维持足够的非必需氨基酸量的情况下，日粮配方应以低蛋白质高能量为主。

在美国，肉鸡的肥育期通常分为前期（3～6周龄）与后期（6～8周龄），各有其适用的饲料。

肥育前期用料的配合，ME（代谢能）与幼鸡用饲料相同，但CP水平多为20%。所使用的原料与幼鸡用饲料大体相同，但大豆粕的配合率在20%以下，油脂的配合率多为3%～4%。

肥育后期用料的配合，CP水平比前期用饲料降低为18%，所使用的原料大体与前期用饲料相同，但大豆粕在15%以下，油脂的配合率多在3%以下。为了加强肉鸡的皮肤着色而配合玉米麸皮粉、2.5%苜蓿粉。肥育用饲料不论是前期或后期多为颗粒料。

第五节　肉用仔鸡的生产方案和出售

一、肉用仔鸡的生产管理原则

对肉用仔鸡进行精心管理，提供最适宜的生长环境，供给优质的饲料的目的，是让其充分发挥遗传潜力，提高生产性能。肉用仔鸡的生产性能主要表现在体重和饲料转化率，即以最小的饲料投入换取尽可能大的增重。因此，除了提供营养全面的肉用仔鸡饲料外，其他方面还必须注意：

其一，采用“全进全出”的饲养制度。这是保证鸡群健康、切断传染病来源的根本措施，也是肉用仔鸡生产计划管理的重要组成部分。这是现代肉鸡生产工艺中的成功经验。

其二，确定出栏日龄。根据肉用仔鸡的生产性能，适时出栏。

其三，搞好环境控制。肉用仔鸡生产水平的高低，首先取决于本身的遗传潜力，而这种潜力能否全部表现与肉用仔鸡所处环境密切相关，因而肉用仔鸡管理的基本要求就是创造一个有利于健康、快速生长的生活环境。

总之，全价颗粒料，全进全出制度，适宜出栏期和生长时的温度，饲养密度及通风换气的控制，是养好肉鸡的重要保证。

二、肉用仔鸡 49 天出栏生产方案

雏鸡入舍以前，要充分做好接雏准备。鸡舍在进雏 5 日前垫料铺好，一切用具摆放好，这时用福尔马林或其他消毒药进行熏蒸消毒 24 h 后打开门窗通风换气 2 d，无刺鼻性气味为好。寒冷季节门窗要钉塑料布，用具清洗消毒，饲料、药物、疫苗、饮水要准备好。进雏前 2 d，育雏室要设置消毒池或消毒盆；冬春季节用煤炉预温，这时要检查煤炉、烟囱是否合适，要防止火灾。进雏前 1 d，要做好鸡

舍升温和接雏的准备工作,舍温要升到 35～36℃,湿度在 70%,鸡入舍以后就要按规程进行饲养管理,才能收到预期的经济效益。

1 日龄:进雏之前 2 h 在饮水器中装满 20℃左右的温开水;运输比较远的首先要饮足清水,以后可加入 5%葡萄糖或 8%白糖多维。将雏鸡按饲养密度要求放入育雏室,人员退出,让鸡休息 20～30 min,之后放大饮水器,让鸡开饮。可轻轻敲击饮水器诱导雏鸡饮水。对反应迟钝的雏鸡要人工辅助开饮,即轻轻抓起雏鸡将喙按入水中。一定要让所有雏鸡都喝上第一口水。在饮水后 3 h 开食,开食料可用肉用仔鸡全价颗粒料,也可用小米或破碎的玉米颗粒。要细心观察采食情况,让鸡吃到八成饱即可。对弱雏可分栏饲喂,或用奶粉、蛋黄各等份配成粥状,用注射器滴喂,这可提高弱雏成活率。采用 24 h 光照,每平方米 3 W,离地高度 2 m。每 2 h 给料 1 次,少喂勤添。雏鸡活动处的温度 34℃,雏鸡均匀分布,说明温度适宜。湿度 65%～70%,用干湿温度计测定湿度。若饲养员嗓子发干,是湿度偏低,可喷洒热水提高湿度。带鸡消毒 1 次,喷雾均匀,药物浓度要依照说明书配制。夜间要有值班人员,管好火,防止夜间温度降低。注意预防煤气中毒,烧烟煤时要注意倒烟。

2 日龄:每间隔 2 h 给料 1 次,准确控制给料量,要随时清理料槽内的污物。洗刷饮水器 2 次,1 周内让雏鸡饮用 20℃左右的温开水。观察雏鸡动态、采食、饮水情况及粪便色泽。雏鸡活泼好动,分布均匀且不扎堆为好。注意温度、湿度、通风,24 h 光照。饲喂肉用仔鸡 1 号料。

3 日龄:日喂料 10 次。随时拣出料盘中的粪便污物。准确称取投喂量。清洗饮水器。换门口的消毒液。观察鸡群,做好各项记录。温度控制在 32℃左右,湿度 65%～70%。带鸡消毒 1 次。消毒药物要用 2 种以上交替使用,以免产生抗药性。光照为 23 h,夜间关灯 1 h,在关灯前把饮水器取出,以防雏鸡首次在黑暗中惊恐乱撞,弄湿绒毛。用手电光检查有无叠压现象。

4 日龄:每隔 3 h 喂料 1 次。清洗饮水器。换消毒液。预防煤气中毒。清理粪便。观察鸡群,挑出弱雏作分栏饲养,病死雏要及时作处理。舍内温度控制在 32℃,湿度 65%。光照 23 h。注意通风。

5 日龄:要带鸡消毒,舍温调至 30～32℃,其余的管理措施基本与 4 日龄相同。

6 日龄:日喂料 8 次。撤走 1/3 料盘,换成中鸡料桶底盘,每 50 只鸡用 1 个料桶。光照 23 h,强度为 1.5 W/m^2。清理粪便。注意通风。观察鸡群。

7 日龄:饮多种维生素电解水,适当增加饮水器,增加料桶数量。用新城疫Ⅳ系疫苗或新城疫克隆疫苗滴鼻点眼;在操作前要先用水 1 mL 试验,记录所有滴管的滴数,并用标签贴在滴管上;稀释疫苗应按说明并参考滴管数进行,务求每只鸡滴入 2 滴药液即眼 1 滴、鼻子 1 滴,可达到免疫剂量要求。同时抽取 2%的雏鸡称重,多点取样,要有代表性。免疫、称重最好在晚上进行。记录称重,计算均匀度,调整饲养密度为 35 只/m^2。记录疫苗生产厂家、批号等。

8 日龄:饮水同 7 日龄。为了增强免疫效果,从今天起改用井水或自来水。全部使用料桶,每 35 只鸡 1 个料桶。鸡舍温度逐步降至 27～29℃。观察鸡群、粪便、通风、光照、记录采食、饮水情况等。

9 日龄:料桶吊于舍顶,料桶底部与鸡背基本平齐,让鸡随意采食;撤走雏鸡饮水器,换为成鸡饮水器,每 40 只鸡 1 个饮水器。带鸡消毒。日常管理同以前。

10 日龄:鸡群采食,饮水量增大,排泄物增多,舍内气味每况愈下,因此,从 10 日龄起要特别注意清粪,保持环境卫生及通风换气。晚上闭灯后听鸡呼吸情况,对弱小个体加强饲喂管理。

11 日龄:加强通风换气,处理好通风与保温的关系。保持舍内空气新鲜非常重要。

12 日龄：调整料桶高度，以后随鸡龄增加，要不断调整，让料桶底盘边缘与鸡背同高即可。

13 日龄：饮水中增加多种维生素，为鸡传染性法氏囊病免疫做准备，准备 IBD 疫苗。

14 日龄：饮速补-14 或速补-18 至 11 时，撤出饮水器，用清水洗净待用。停水 2～3 h(夏秋)或 3～4 h(冬春)，再按每只鸡20 mL水并加 IBD 弱毒疫苗让鸡饮用，使鸡在 2 h 内饮完，注意让所有的鸡都喝到加有疫苗的水。然后，撤出饮水器，洗净，加多种维生素水，恢复自由饮水。调整饲养密度，每平方米 30 只左右。晚上抽样称重，计算均匀度。

15 日龄：饮多种维生素水，调整鸡群，为弱小群体创造好的条件，促进其快速生长。9～15 日龄舍内温度应逐步降至 24～26℃。

16 日龄：常规管理，带鸡消毒，加强通风，搞好卫生。

17～18 日龄：常规管理，准备 2 号料。

19 日龄：饲料应用 30%2 号料、70%1 号料的混合料，搅拌要均匀，观察采食情况。其他管理同以前。

20 日龄：饲料应用 70%2 号料、30%1 号料的混合料，搅拌要均匀。观察采食情况。准备新城疫Ⅳ系苗，或新城疫克隆疫苗。其他管理同以前。

21 日龄：饮多种维生素水至 11 时，撤出饮水器进行清洗，停水安排同 14 日龄。尔后给鸡饮水，饮水中加入 2 倍量新城疫Ⅳ系疫苗或新城疫克隆苗，按每只鸡 40 mL 饮水供给，水中另加 0.39%脱脂奶粉，让鸡在 2 h 内饮完，务必使所有鸡都能饮到加疫苗的饮水。饮完疫苗水后洗净饮水器继续饮用多种维生素水。按操作规程进行日常管理。

22 日龄：饮多种维生素水，加强免疫效果。因为 20～42 日龄易发生传染性法氏囊炎，要仔细观察粪便，发现乳白色稀粪，立即请兽医诊治处理。晚上抽样称重。调整饲养密度，按每平方米 10～

12只安排。调整结束后带鸡消毒1次。全部使用2号料。从22日龄开始，舍内温度逐步降至21～23℃，湿度控制在55%～60%。

23～24日龄：常规管理，观察鸡群，加强通风，保持环境卫生。

25日龄：注意通风换气，观察粪便，晚上听鸡呼吸等。

26日龄：加强通风，夏季温度过高，可用风扇或采用其他措施降温；冬季在保温的同时，注意通风换气。晚上抽样称重，并与推荐体重标准对照，找出不足之处，采取补救措施。称重后带鸡消毒1次。

27日龄：饮多种维生素水，准备IBD疫苗（如果当地养鸡密度低，鸡传染性法氏囊病不曾流行，可以不进行第二次免疫，则28日龄只做常规管理）。

28日龄：饮速补-14或速补-18至11时，停水安排同14日龄。撤出饮水器，用清水洗净待用。再按每只鸡50 mL水并加IBD弱毒疫苗让鸡饮用，使鸡在2 h内饮完，注意让所有的鸡都喝到加有疫苗的水。尔后，撤出饮水器，洗净，加多种维生素水，恢复自由饮水。

29日龄：饮多种维生素水，加强免疫效果。常规管理，注意通风。

30～31日龄：饮多种维生素水，日常管理，注意通风，观察鸡群，注意腹水症病鸡。

32日龄：继续饮多种维生素水。注意饲养密度和舍内空气，灯泡要勤擦。

33日龄：饮多种维生素水，常规管理，注意通风。

34～35日龄：34日龄日常管理。准备3号饲料。35日龄开始换料，3号料1/3，2号料2/3，混合均匀。晚上抽样称重，称重后带鸡消毒1次。

36日龄：3号料2/3，2号料1/3，混合均匀。注意通风。

37日龄：全部饲喂3号料。适当轰赶鸡群减少伏卧时间，以减少囊肿病的发生，增加匀料次数，刺激肉仔鸡采食。

38～41 日龄：加强通风，舍温控制在 20～22℃，以刺激食欲。每天最好有 0.5 h 空槽时间，以使肉用仔鸡采食增加。

42 日龄：日常管理，晚上称重（如果已达到出栏体重，可以组织出栏）。尔后带鸡消毒 1 次。

43～44 日龄：除去料中药物，以后严禁使用任何药物。

45 日龄：最后带鸡消毒 1 次。

46～48 日龄：加强管理，注意温度、湿度、饲养密度、通风、光照，及时清理粪便，确保舍内环境稳定。每天轻轻轰赶鸡群几次，刺激采食。根据体重及饲料剩余情况确定出栏时间，与有关部门联系，做好出栏出售准备工作。

49 日龄：出栏前 12 h 撤出料桶；出栏前 3 h 拿走饮水器。出栏时，抓鸡姿势要正确，要轻拿轻放，以免造成骨折、碰伤等导致损失，记录鸡数。随车携带养鸡合同、准宰通知和检疫证明及饲养用药记录到屠宰场。

尔后进行总结，计算投入产出。对鸡舍用具彻底清扫、消毒，空舍 7～15 d，开始下一周期生产。

三、肉用仔鸡的出售

肉用仔鸡的出售要审时度势，高价出售。由于肉鸡出栏时的市场价格对饲养肉鸡的经济效益影响很大，因此饲养者要时常了解市场信息，根据当地的鸡苗饲养量，毛鸡需求量决定进鸡时间和数量。一哄而上时，少养或不养；大家停养时自己要多养，这样才能获得较高的效益。但要注意，不能一味盲目等待价格上扬而延长鸡群周龄，这样也不合算，因为 8 周龄以后肉鸡饲料报酬下降，死亡率高，并且体重过大也不一定好销。所以，要根据市场行情和自己的实际情况，做到适时出售。

第十章　肉用种鸡的饲养管理

肉用种鸡是用来繁殖肉用仔鸡的种鸡。适用于生产厂家饲养的种鸡有祖代和父母代。肉用种鸡的饲养管理与肉用仔鸡不同。肉用仔鸡的特点是生长速度快，饲养周期短，饲料转化率高，其饲养目的主要是提供肉鸡产品。肉用种鸡则饲养周期长，环节多，管理复杂，对场址的选择、鸡舍的建筑、饲养设备及环境条件等要求较高。所以肉用种鸡的饲养管理更要科学化、系统化、专门化。肉用种鸡的饲养目的，是尽可能生产最多的可供孵化的种蛋，得到更多健壮而性能优良的肉用仔鸡。肉用种鸡一个生产周期为64～66周，分为育雏期（0～5周龄）、育成期（6～22周龄）和产蛋期（23～65周龄）3个阶段。肉用种鸡的繁殖期通常为40～43周；要求产蛋期存活率在90%以上；父母代母鸡高峰产蛋率和全程孵化率在85%左右；每只父母代种母鸡繁殖的后代不少于140只。要达到这些指标，除肉用种鸡的优良遗传因素外，还要做到严格的综合性卫生防疫制度，鸡群应无白痢和霉形体病等蛋传性疾病；要有适宜的环境和营养全面、平衡的饲粮及精细的饲养管理等。这些条件具备得越充分，肉用种鸡的生产水平和经济效益越高。

第一节　父母代肉用种鸡的选择

对父母代肉用种鸡在出壳以后，要进行挑选，以便以后好饲养管理。该工作通常分3次进行。

第一次选择要在1日龄进行。对于母雏个小的、瘦的和畸形的要淘汰，剩余的全部留下。公雏选留那些活泼健壮的，数量为选留母雏数的17%～20%。

第二次选择要在40～50日龄时进行。这一次是种鸡选择的关键。因此时种鸡的体重与其后代肉用仔鸡的体重呈正相关。如果超过这个时间，再按体重选择的意义就不大了。选择重点要放在公鸡方面。选留的公鸡少，母鸡多，多淘汰母鸡不如多淘汰公鸡合算。因此，应给公鸡群明显加大选择力度。选留的标准按体重的大小排队。也要重视胸部的饱满、肌肉发育、腿粗壮结实等条件。将外貌合格、体重较大的公鸡，按母鸡选留数的12％～13％选留下来，其余淘汰。40～50日龄时的公、母雏，外貌不合格都已很明显，将那些交叉嘴、鹦鹉嘴、歪颈、瘸腿、弓背、瞎眼和体重小的淘汰掉。

第三次选择应在转入种鸡舍时进行。这次淘汰数量很少，只淘汰那些明显不合格，如发育差、畸形和因断喙过多而喙过短的鸡。公鸡按母鸡选留数的11％～12％留下。有些种鸡场在母鸡群开产后，对发育欠佳和近期内尚无繁殖能力的公鸡也予以淘汰。

另外，在饲养期间要进行鸡沙门氏菌病、霉形体病等蛋传性疾病进行检测。对这些病要彻底进行净化，发现阳性者立即淘汰，否则鸡雏不好饲养。

第二节　饲养方式、饲养密度和设备要求

一、管理方式

肉用种鸡的管理方式分为一段制和多段制2种。

（一）一段制　一段制又称原舍饲养法，即从1日龄雏鸡开始在同一栋舍内饲养，中间不需转舍，饲养至鸡群淘汰为止。这种方式节省人工，减少了转群应激，但鸡舍利用率较低，多适于中小型肉种鸡场采用。

（二）多段制　多段制是指按饲养阶段分舍饲养，鸡舍与设备专一配套，如目前大型种鸡场设有若干分场。肉用种鸡实行分阶段

饲养，既提高了生产设施的利用率和生产效率，又便于执行全进全出制。

二、肉用种鸡的饲养方式与饲养密度

肉用种鸡的饲养方式，过去一般多采用全垫料地面饲养。这种方式，单位面积内饲养量少，舍内易潮湿和窝外蛋较多，产的蛋易被污染，现在很少采用。目前，比较普遍的肉用种鸡饲养方式多采用以下几种方式。

（一）全垫料平养　全垫料平养是一种简易的肉用种鸡管理方式，适于各段种鸡饲养。地面柔软舒适，有利于鸡在垫料上活动、栖息和自然交配，种蛋的受精率高，但垫料地面往往使母鸡产地面蛋增多，应注意垫料管理和加强疾病预防。

（二）网上饲养　一般用竹竿或木棒扎成架子，上面放上木条或小竹竿，间距约 20 cm，再铺上硬塑网或金属网作为漏粪地板，高度离地面约 60 cm。金属网须用大量金属支撑材料，但地板仍不平整，因而配种受精率不理想，如有金属刺会刺伤鸡的脚掌。最好采用硬塑网做地板，因硬塑网地板平整，对鸡的脚掌很少伤害，也便于冲洗消毒，但成本较高。为了经济，节省开支，也可采用木条或竹条做板条地板，但应注意要刨光表面和棱角，以防扎伤鸡爪而造成较高的趾瘤发生率。木（竹）条宽 2～3 cm，间隔为 2.5 cm。这类地板在平养中饲养密度高，每平方米可养种鸡 4.8 只。这样可节省垫料，鸡不和粪便接触，卫生，种蛋不被污染。

（三）网上和地面混合饲养　网上和地面混合饲养又称垫料与板条混合饲养。这种方式以鸡舍宽度划分，垫料地面占鸡舍中央的面积，用板条搭成的棚架沿鸡舍纵长的两侧铺设，又称高-低-高鸡舍；棚架与垫料地面的面积比例为 3∶2 或 2∶1，产蛋箱以板条边沿为基础，悬挂于中央垫料区的两侧；棚架高度为 40～60 cm，靠近垫料一侧下部要装上铁丝网封严，防止鸡进入板条下的积粪区；棚架纵向每隔 8～10 m 设 1 个坡道，使之与垫料地面连接，方便鸡只上下活动；饲养人员在中央垫料上行走或操作，也可通过台阶式踏脚板上到棚架饲养区管理鸡群；棚架上面放置喂料和饮水设备，鸡群在上面采食、饮水和栖息，可下到松软的垫料区运动和自然交配。这种网上和地面混合饲养，种鸡的受精率要高于纯网上饲养，但饲养密度稍低些，每平方米养种鸡 4.2 只。这种方式将两种平养的优点结合起来，是一种典型的肉种鸡管理方式，在肉种鸡生产中广泛采用。

（四）笼养　随着肉鸡业的发展，肉用种鸡的饲养量增加，一些单位改革传统的管理方式，推广肉用种鸡笼养技术，近几年已取得了良好效果。生产实践证明，只要使用专用笼具，满足肉用种鸡的营养需要（表 10-1），按笼养鸡的饲养管理要求，并掌握人工授精技术，能起到提高鸡群饲养密度和种蛋受精率的作用，目前已在生产中推广。

表 10-1　肉用种鸡主要饲养管理参数

项　目		育雏期	育成期	产蛋期
密度	厚垫料饲养（只/m^2）	10～12	4.8～6.5	3.6～5.5
	高低高饲养（只/m^2）	10～12	4.8～7.0	4.8～6.0
	漏缝地板（只/m^2）	10～12	4.8～7.0	4.8～6.0
	笼养（只/笼）	10～12	半阶梯4.0～5.0	全阶梯公1、母2
料位	链条（cm/只）	5	10	15
	料桶（盘式或桶式）	4	8	12
水位	槽式（cm/只）	1.5	2.5	2.5
	普阿松式（只/个）	小型 100	大型 100	大型 75
	乳头饮水器（只/个）	10～15	10～12	8～10
产蛋箱	白炽灯(lx)	5	5	32 以上*
	日光灯(lx)	5	5	32 以上*
	平养（蛋窝/1 000 只鸡）			250

* 肉用种鸡产蛋期照度最小不低于 32 lx，32～64 lx 为最适宜。若此阶段处于秋冬季节，白天鸡舍中央增加一排白炽灯或日光灯有助于提高产蛋率、减少地面蛋。阴雨或多云天气可通过测光装置控制灯的开关，以保持鸡舍最低光照强度。

第三节　父母代肉用种鸡的生产标准

在美国商品肉鸡生产手册中，1990 年曾发布一个有关肉用型父母代种鸡的体重标准和产蛋标准，见表 10-2 和表 10-3，供参考。

表 10-2　肉用型种鸡父母代的体重标准　　kg

周龄	母鸡	公鸡	公鸡重相当于母鸡重的百分数	周龄	母鸡	公鸡	公鸡重相当于母鸡重的百分数
1	0.14	0.15		16	1.59	2.04	
2	0.22	0.25		17	1.68	2.31	
3	0.41	0.46	112	18	1.77	2.27	128
4	0.50	0.58		19	1.86	2.40	
5	0.59	0.68		20	1.96	2.54	131
6	0.64	0.82		21	2.05	2.68	
7	0.77	0.91		22	2.18	2.90	
8	0.86	1.04	120	23	2.32	3.09	133
9	0.96	1.13		24	2.50	3.36	
10	1.05	1.29		25	2.63	3.58	
11	1.14	1.41		30	2.73	3.86	141
12	1.23	1.50		40	2.96	4.14	
13	1.32	1.63	123	50	3.09	4.32	140
14	1.41	1.77		60	3.18	4.41	139
15	1.50	1.91		70	3.27	4.46	136

表 10-3　肉用型种鸡（父母代）的产量标准

产蛋周龄	饲养日产蛋率（%）	累计入舍鸡产蛋数（枚）	产蛋率（%）	累计每只入舍鸡种蛋数（枚）	孵化率（%）	累计每只入舍母鸡产雏鸡数（只）
1	5	0.4	—	—	—	—
2	20	1.8	—	—	—	—
3	38	4.3	35	1	70	1
4	56	8	68	4	75	3

续表 10-3

产蛋周龄	饲养日产蛋率（%）	累计入舍鸡产蛋数（枚）	产蛋率（%）	累计每只入舍鸡种蛋数（枚）	孵化率（%）	累计每只入舍母鸡产雏鸡数（只）
5	73	13	82	8	80	6
6	84	19	87	13	84	10
7	86	25	90	18	86	15
8	85	31	92	24	88	20
9	84	37	93	29	89	24
10	84	42	94	34	90	34
11	83	48	95	40	91	34
12	82	54	95	45	91	39
13	81	59	95	50	91	44
14	81	65	96	56	91	49
15	80	70	96	61	91	54
16	79	76	96	66	91	58
17	78	81	96	71	90	63
18	77	86	96	76	90	67
19	77	92	96	81	90	72
20	76	97	96	86	90	76
21	75	102	96	91	90	81
22	74	106	96	96	89	85
23	74	112	96	101	89	89
24	73	116	59	105	89	93
25	72	121	95	110	89	97
26	71	126	95	114	89	101
27	70	131	95	119	88	105
28	70	135	95	123	88	109
29	69	140	95	127	88	113
30	68	144	94	131	88	116
31	67	149	94	136	87	120
32	66	153	94	140	87	124

续表 10-3

产蛋周龄	饲养日产蛋率（%）	累计入舍鸡产蛋数（枚）	产蛋率（%）	累计每只入舍鸡种蛋数（枚）	孵化率（%）	累计每只入舍母鸡产雏鸡数（只）
33	66	157	94	144	87	127
34	65	161	94	148	86	130
35	64	166	93	152	86	134
36	63	170	93	155	85	137
37	62	174	93	159	85	140
38	61	178	93	163	84	143
39	60	181	93	166	84	146
40	60	185	92	170	83	149
41	59	189	92	173	82	152
42	58	192	92	176	81	155
43	57	196	92	183	78	159
44	56	199	92	183	78	159
合计	209 枚	199 枚		183 枚		159 只
平均(%)	68.0		92		86.8	

第四节　育雏鸡的饲养管理

现代肉用种鸡 0～5 周龄为育雏期。由于育雏时间缩短，需要更精细的饲养管理。

（一）育雏的准备　重点抓好入舍前的鸡舍冲洗和药物消毒工作，每个环节间隔 2～3 d。舍内铺上新垫料，分出若干育雏小区；移入饲具和物品后，再用福尔马林最后熏蒸消毒 1 次，通风换气 2 d。进雏前 1～2 d 打开保温伞进行预温，同时利用火炉等加温设备进行鸡舍升温，在鸡苗入舍前几小时加满饮水。

（二）雏鸡安置与饲养　雏鸡运至鸡舍后应清点记录入舍数量；按性别和饲养小区均匀分群安置；运雏箱搬到舍外集中处理或

烧毁。

1. 初饲 雏鸡经过长途运输入舍后即供给饮水，可在饮水中加入葡萄糖、维生素等营养增强雏鸡体质；连续饮水 2～3 h 后，有 1/3 的个体有啄食表现时，开始喂料；把开食料撒在厚纸、塑料布或浅盘内，让其自由采食，并人工诱导所有雏鸡都能尽快吃料饮水。雏鸡 0～2 周龄为自由采食，母雏从 3 周龄开始限量饲喂。

2. 喂料器的更换 0～2 周龄喂料要做到少喂勤添，既能刺激鸡的食欲，保持饲料清洁，还能防止雏鸡用脚扒料，减少饲料浪费。之后逐渐移出料盘改用料桶饲喂，或适应链条喂料方式。

3. 温湿度调节 雏鸡最初 1～2 d，调节电热伞或育雏小间温度为 33～35℃，以后每周降低 3℃左右，降至 18～21℃保持稳定。采用火炉、热风炉供温的鸡舍，育雏初期 1～2 周，舍内空气干燥，在温度高达 30℃以上时，要求相对湿度达 70%为宜，以防止雏鸡脱水。以后可逐周降低相对湿度，防止球虫病和霉菌滋生，危害雏鸡健康。

4. 饲养密度 入舍初期，雏鸡的饲养密度最大，但还要依饲养和环境条件灵活掌握。实行公母分饲管理，0～4 周龄母雏为 10～12 只/m^2，公雏为 10 只/m^2；电热育雏伞 500 只/个，大型红外线伞为 750～1 000 只/个。

5. 光照 1～3 日龄每天 24 h 光照，促进雏鸡自由采食；以后每天减少光照时间 1～2 h，至 15 日龄时每天 8 h 光照。

6. 其他 鸡舍环境控制、断喙和防疫措施与蛋鸡管理基本相同。

第五节 育成鸡的饲养管理

一、育成鸡的培育目标

利用前期的生长优势，7 周龄之前尽可能达到标准体重，使骨骼、肌肉获得充分发育之后，通过限料、限光等措施，使7～12周龄减缓生长速度，至15周龄后降至体重慢慢增加，防止体重过快增长和体脂蓄积，使育成鸡体重符合标准体重，体型结构匀称，群体整齐一致。

二、限制饲养方法

限制饲养简称限饲，目的是通过正确的限饲手段，控制体重的增长，并与限光结合达到适时开产。限制饲养主要有限质法和限量法2种方法。目前，多采用限量法，即通过供给标准日粮，而限制喂料量的方法，达到控制体重的目标。限量法有以下7种喂料方式。

（一）每日喂料　每日喂料是将每天规定的饲料量在上午1次投给。这种喂法对鸡应激性小，但饲喂量较少，采食时间短，要求饲料分配均匀、投料迅速、采食槽位足够。喂料时鸡要都能同时吃上饲料。否则，易造成强者吃料多，弱者吃料少，引起鸡群采食不匀，个体之间的增重不平衡，体重均匀度差。

（二）隔日喂料　隔日喂料是将2 d的规定料量合在1 d投喂，喂料1 d后停料1 d。喂料的1 d称为“喂料日”，停料的一天称为“停料日”。这种喂料方式每日实际给料量加倍，鸡群采食时间延长，鸡体强弱都能吃到一定料量，避免了抢料和鸡群生长不匀的问题，当鸡群体重整齐度差时采用较为有利。但这种方式停喂时间长，因饥饱交替引起的限饲性应激强，甚至出现少数个体因长时间饥饿后突然暴食而造成休克或导致死亡。所以，这种限料方式在育成期不单独使用，一般只在增重速度比较难控制的7～11周龄使用。

（三）5/2限饲法　此法指1周内5 d喂料，2 d停料，每日实际喂料量为一周料量的1/5，相当于每日标准喂料量的1.4倍，停料日定为周三和周日2 d。此法对鸡群的应激程度比隔日饲喂减小，使用较为广泛，主要在9～22周龄时采用。

（四）2/1 限饲法　此法将 3 d 的标准喂料量合并后分 2 d 喂给，停料 1 d。这种喂法应激性小，可作为隔日饲喂或 5/2 法的一种换料过渡方式。

（五）4/3 限饲法　此法是 1 周内 4 d 喂料，3 d 停料。此法应激程度较隔日饲喂略小，且能按周进行，周日为停料日，便于每周 1 次抽样称重。因此，用 4/3 法代替隔日饲喂效果很好，适于在 7～19 周龄采用。

（六）6/1 限饲法　此法将 1 周标准料量分到 6 d 喂给，只有 1 d停料，应激程度很小，目前使用也较多，适于在 7～23 周龄使用，但要求饲养面积和采食位置足够。

（七）综合限饲方案　此方案是指肉用种鸡整个育成期根据各周生长特点的不同，分阶段将上述方式综合制定出 1 个限料程序，以便达到更好的体重控制效果。例如，种母鸡可采用 1～2 周龄自由采食，3～4 周龄每日限饲，5～9 周龄隔日限饲，10～17 周龄 5/2 限饲，18～23 周龄 6/1 限饲，24 周龄以后改为每日限饲。目前，综合限饲有多种方案，主要根据各鸡群的实际生长曲线和生产单位的饲养条件灵活运用，切不可教条地照搬。可列出几种综合限饲方案，同时对各方案的应激程度进行比较。

三、体重控制与调整的原则

（一）要求　一是从育雏期到产蛋高峰期体重要稳定增长，即每周必须有一定幅度的增重，不能有不增重现象；任何阶段不能出现体重减轻现象。二是从育雏开始到产蛋高峰期间，任何 1 周不得减少喂料量。三是在上述各限料方式中不能出现连续 2 d 停料，应把停料日间隔安排，最好每周最后一天为停料日，有利空腹称重。四是无论采用哪种限料方式，喂料日的喂料量不能突破肉用种鸡高峰期的给料量。

（二）体重标准曲线的修订　体重标准曲线的修订也叫体重曲

线管理，先按各周龄标准体重数据画出曲线图，目的是为育成期的控制体重作对照，当体重控制不当时进行合理调节。若某鸡群在15周龄前出现体重控制不当，应再画一个新的修正体重曲线，按修正体重曲线标准，通过调节各周增重速度，缓慢达到标准体重。如6周龄体重比标准低50 g，首先依标准体重曲线，重新画出6周至性成熟的修正体重曲线，改变生长趋势向标准体重靠近。如果15周龄体重低于标准体重较多，切不要力求在短时间使体重赶上去，而应重做修正曲线，以此线计划至24周龄时达到标准体重。但若在15周龄以后控制不当造成超过标准体重时，为了不影响鸡体正常发育和性成熟，仍保留超重部分，体重的实际生长曲线应与标准体重曲线保持平衡，直到性成熟，即保留超重部分仍维持体重继续增长，不可强行将超重部分通过减料降低体重，否则容易推迟鸡群开产。

四、鸡群限饲期的管理

（一）挑出弱小个体　限饲前应将体重过小和体格软弱的个体移出或淘汰。限饲鸡群易发生啄癖，特别是开放式鸡舍应在7～10日龄断喙。

（二）限饲应尽早开始　在现行限饲方案中，一般母鸡从第3周龄，公鸡从第6周龄开始，若按采食量计算，当母鸡每日自由采食量达到28 g、公鸡达48～58 g时即转入限饲期。公鸡开始限饲的时间晚，有利于早期体躯和骨架发育。

（三）公母分群饲喂　雏鸡从1日龄开始，公母鸡分栏或分舍饲养，分别实施限饲计划和各自的培育目标，有利于提高公母鸡群的均匀度与培育质量。

（四）称重与喂料量的确定　为了掌握鸡群的生长发育情况，确定下1周喂料量，从第3周龄开始每周进行1次抽样称重。采用对角线法抽样，用铁丝网把抽样的鸡围起来，逐只称重。笼养鸡一般整笼称重，不要采用每个笼内抽几只的办法。抽样数量一般要求占全群的5%～10%。关于鸡群称重的要求，每日限饲应在早上空腹称重，隔日限饲、5/2或6/1限饲应在停料日称重。若停料日不在周末可提前或拖后1 d称重，将称重结果或体重标准按每日增重比例减1 d或加1 d的重量即可，以便与标准相对照。如果需要在喂料日称重应在下午进行。称重要准确无误。每周称重结果记入鸡群饲养档案。

根据本周称重结果确定下周的喂料量，即将计算出的鸡群平均体重与标准体重进行对比，若平均体重比标准体重高，则下1周少增加料量或者维持上1周的给料量，但不可因为体重超过了标准，就减少给料量。如果比标准低，下1周的喂料量应适当增加，但不宜大幅度加料。15周龄后体重的生长曲线要与标准体重曲线平衡，直到性成熟。一般情况下，料量的增加，4～15周龄每周增重100 g左右，每日料量增加3～5 g/只；15～20周龄每周增重约135 g，每日料量增加6～7 g/只；21～25周龄，顺季或遮黑式鸡舍中鸡群仍保持每只每周增重135 g，逆季为155～160 g，每只料量增加7～8 g。20周龄前每次增料幅度一般不能超过8 g。另外，一定要准确清点鸡数，将1 d的料量上午1次性投给，不得分几次喂给，以防强夺弱食造成体重两极分化。

（五）限水　限水主要用缩短饮水时间控制。一般喂料日每天供水4～6 h。上午喂料前饮水1 h，吃料后继续供水1～2 h，以后12时，14时，16时，18时左右各饮水1次，每次供水20～30 min。停料日8时饮水40～50 min，其余供水时间与喂料日相同。限水时间是否适当，可用鸡粪含水量及饮水后嗉囊的软硬程度来判断；饮水不足嗉囊较硬，影响正常的蠕动，严重时可导致组织坏死。为提高限水效果，饮水器要充足，摆放间距不超出3 m。当气温在30℃以上或鸡群异常及受应激时停止限水。使用乳头式饮水器通常不进行限水。育成期正常饮水量见表10-4。

表 10-4　肉用种鸡育成期正常饮水量　　mL/(d·只)

周　龄	21℃	32℃	周龄	21℃	32℃
1	36	62	11	153	265
2	64	110	12	159	274
3	83	144	13	165	284
4	98	170	14	170	294
5	112	194	15	176	304
6	123	212	16	182	313
7	128	222	17	187	324
8	133	230	18	193	333
9	139	240	19	199	342
10	146	252	20	205	355

（六）料位与饲养密度　限饲期每次投料后鸡群采食的时间很短，抢食现象造成鸡群拥挤。为减少抢食造成的应激，要按鸡数配足料位，并加快投料速度。利用链板式喂料机供料，应在 5 min 左右将饲料输送到整个鸡舍，较长的鸡舍应加辅助料箱，开启后直到将饲料输完才停止转动。使用料桶喂料时，将料桶提起投放等量饲料，饲喂时快速放下料桶让鸡同时吃料。饲养密度较大会加重应激及对生长发育的影响，一般垫料平养控制在 3.6～4.0 只/m^2，2/3 棚架地面为 4.8～5.0 只/m^2。

（七）注意鸡群健康　鸡群在应激状态下，如患病或接种疫苗时应临时恢复自由采食。要预防啄癖发生，并做好卫生防疫工作。

五、其他管理措施

（一）限制光照　肉用种鸡育成期还要严格控制光照，协调鸡群性成熟和体成熟时间。如开放式鸡舍，从第 2 周龄至第 17 周龄为自然光照，效果往往不理想。为控制光照而实施合理的光照程序,可采用将鸡舍遮黑的办法,用黑色塑料膜或油毯纸把所有窗子封严,达到不透光、不漏光,处于完全黑暗状态,同时把舍内自然通风改为纵向负压通风,房门和风机口加装置遮黑;也可采用封闭性好的卷帘遮黑,需要光照时卷帘升起利用自然光照,可节约电费开支。遮黑式鸡舍实行的光照程序,即 1～2 日龄 24 h 光照,从 3 日龄开始每天减少光照 1～2 h,至 14 日龄为 9 h;3～19 周龄保持每日 8 h 光照时间,强度为 1～2 W/m^2;19 周末拆除遮黑装置。生产实践证明,开放式鸡舍采用遮黑措施是行之有效的,育成期大部分时间处于黑暗中,一旦给予增光刺激,其敏感性强,促进鸡群开产整齐。

(二)体型调控　肉用种鸡生长发育中还要加强体型培育。爱拔益加公司技术专家约翰·布雷克等总结出一种用龙骨长、胫长测量换羽速度、评定育成期公母鸡发育状况的指标,用各周体重与对应的体尺作参考指标检查,使鸡群体型培育达到理想要求。

(三)鸡群均匀度与调群　均匀度是育成期鸡群管理的重点之一,也是检查育成鸡限制饲养效果的重要指标。均匀度是指抽样称重中,在规定体重范围内的个体占抽样鸡总数的百分比。通常体重范围用平均体重±10%来确定,在这范围内的个体所占比例大小表示鸡群均匀度大小。另外,也有用变异系数(C·V)表示的。利用变异系数计算公式。即标准偏差/平均体重×100%计算出变异系数值。鸡群均匀度越高变异系数越小。AA 肉用种鸡生长期的推荐体重、均匀度和变异系数如表 10-5 所示。鸡群均匀度偏低时应进行调群,一般集中于第 6,12,18 周对鸡群全部称重,按体重大、中、小分群饲喂;平时群间根据目测进行大中小对调,最好使调出与调入数相等,保证每群鸡数不变,便于定量供料。18 周龄后不再集中调群,因为此时再调群除产生应激影响外,还会打破给料量的连续性,不利于个体发育。

表 10-5 AA 肉用种鸡育成期推荐体重及均匀度

周龄	推荐标准			周龄	推荐标准		
	体重 (g)	C.V值 (%)	均匀度 (%)		体重 (g)	C.V值 (%)	均匀度 (%)
4	390	8.9	78	15	1 450	9.3	72
5	480	8.1	78	16	1 550	9.4	72
6	570	8.2	78	17	1 650	9.6	70
7	660	8.4	78	18	1 750	9.7	70
8	750	8.5	78	19	1 850	9.8	71
9	850	8.6	78	20	1 950	9.9	70
10	950	8.7	77	21	2 090	10.0	70
11	1 050	8.8	77	22	2 250	10.0	70
12	1 150	9.0	72	23	2 430	10.1	70
13	1 250	9.1	71	24	2 630	10.1	70
14	1 350	9.2	70	25	2 810	10.2	70

(四)其他　如通风、垫料管理等项措施同蛋鸡,不再赘述。

六、预产期的饲养管理

所谓预产期指肉用种鸡 18～23 周龄阶段。此期虽短,却是肉用种鸡性成熟生理转折的重要过渡期。此时饲养管理措施对母鸡能否适时开产和达到较高的产蛋率起着重要作用。

(一)体成熟和性成熟的估测　正确估测开产时间,是实施光照刺激和增料计划的主要依据。体成熟程度由体重、胸肌发育和主翼羽脱换三方面综合判定。体重是性成熟与体成熟的重要标志,应符合预产期要求。如果前期超重预计开产体重也应比标准体重高一些。另外生长所处的季节,顺季鸡群开产体重轻一些,而逆季则重一些。胸肌发育状况的测定,可于 19 周龄用手触摸鸡的胸部判定。胸部肌肉由育成期的 V 字形发育成 U 字形。有关换羽研究表明,20 周龄左右鸡的主翼羽停止脱换,此时虽有 1.5～2.5 根尚未更换，因受性激素分泌量的增加而终止。如果主翼羽脱换根数少，说明鸡只的体成熟和性成熟的时间将会延迟。母鸡产下第一枚蛋表明鸡进入性成熟期。鸡在开产之前伴有冠和肉垂开始红润、耻骨开张的性征表现，此时只要体征和性征明显集中，表明鸡群已处于临产前状态。

（二）预产期饲养管理要点　重点是制定一个合理的增重、增料、增光计划，使之与产蛋期的饲养管理相衔接。应根据上述内容估测，酌情确定实施的具体时间。

1. 增重　在 20～24 周龄，鸡体增重量最大。有关试验表明，肉用种鸡的育成期改为新的低体重培育模式，即育成前、中期严格控制下限体重，让鸡体后期迅速增重，保证在 16～23 周每周增重 130～160 g，此期得到充分发育的鸡对光刺激反应敏感，在体成熟过程中也达到了相应的性成熟。所以，预产期要保证较大的增重，发育不足个体对光刺激不敏感，因分泌性激素不足也会使性成熟推迟。预产期鸡体增重幅度可根据实际情况加以调节，发育正常或超重鸡群每周增重控制在 160 g 之内，发育不良的则应调至 160 g 以上。

2. 增料　首先换成预产鸡料。这种饲料营养水平高于产蛋期，这样能改进青年母鸡营养状况，增加必需的营养储备。每日喂料量也随之增加，增幅从 18～20 周龄每周递增 6 g，至 23 周龄达到最大增料幅度 10 g。此时应改用 5/2 或 6/1 或每日限饲方式，保持体内代谢的稳定性，减轻限料造成的应激。

3. 增光　肉用种鸡增加光照刺激一般提早到产蛋前 1 个月进行，于 19 周龄或 20 周龄转入增光刺激阶段。增光刺激与成熟体重的一致性，是实施增光措施的基本要求。鸡群没有达到适宜体重而过早增加光照，鸡体对光照刺激不敏感。如果鸡群出现体成熟推迟或性成熟提前时，应推迟 1～2 周进行增光刺激，而在性成熟和体成熟同步提前的鸡群，则应实施增加光照措施。另外，肉用种鸡在开放式鸡舍饲养，一般逆季生长鸡群提早增光刺激，防止开产过迟，而顺季生长鸡群则推迟1～2周控制开产过早。如逆季在19周每天给予14 h光照，顺季则在21周龄给予14 h光照，然后每次增加1 h光照，直到每天16 h光照为止。光照强度从2.7 W/m² 增加到8～10 W/m²。

第六节 产蛋期的饲养管理

饲养至24～26周龄的肉用种鸡陆续开始产蛋，鸡群正常情况下25周龄产蛋率达到5%，进入产蛋阶段。

一、产蛋鸡的饲养

（一）产蛋上升期的喂料量及其调整 产蛋上升期指肉用种母鸡从产蛋率5%至产蛋高峰前这一段时间。随着产蛋率逐渐上升，鸡群对营养的摄入量不断增加。根据产蛋率变化调整鸡群的饲料供给量，是这一阶段饲养工作的主要措施。鸡群从5%产蛋率上升到70%的产蛋率，要求平均日产蛋率增加2.5%。这就意味着鸡群从开产至70%产蛋率的时间不得超过4周，否则产蛋高峰到来较晚，甚至难于达到80%以上。产蛋率从70%上升到80%，日产蛋率平均增加1%以上，从80%产蛋率再升至最高峰时日产蛋率上升0.25%以上。随产蛋率上升速度，相应增加供料量，过快或过慢增料都不利产蛋性能提高。一种方法是当25周龄产蛋率达到5%时，喂料量增加5 g。以后按每提高5%～8%的产蛋率，每只鸡增加3～5 g料的比例，直至最大喂料量，一般每周增料2次。对整齐度高、产蛋率上升速度快的鸡群，如开放式鸡舍鸡群日产蛋率达到2%～3%，遮黑式鸡舍日产蛋率达到4%～5%，相应加快增料量，即当产蛋率达到35%～50%时喂给产蛋期最大料量，每天每只鸡喂料160～170 g。

由于鸡群产蛋率升幅不同,一般采用不同的增料方案。当日产蛋率增加3%以上,高峰期最大喂料量在产蛋率达到35%时给予,即产蛋率每增加1%,每只增加料量0.93 g,产蛋率达35%时的喂料量为168 g;当日产蛋率增加2%~3%时,可在产蛋率达50%时给予最大喂料量,产蛋率每增1%,每只鸡日喂量增加0.62 g;当日产蛋率增加1%~2%,则最大喂料量应在产蛋率60%时给予,产蛋率每增1%,每只鸡日喂量增加0.51 g;当日产蛋率增幅在1%以下时,最大料量在产蛋率升至70%时给予,每增加1%的产蛋率,每只鸡日增喂料量为0.43 g。

另外,还可利用每天投料后,观察鸡群吃完料槽内饲料所需要的时间,判定供料量是否适宜。产蛋率达5%时,鸡采食时间一般在1.5 h左右;在产蛋高峰时,鸡群采食时间不超过5 h。

为确保种鸡每日各种营养物质的摄入量,维持高产性能,还要严格把好饲料质量关,对原料进行质量检测。产蛋前期,鸡若出现体重停滞或下降都说明营养不足。当气温升至27℃以上时,鸡的采食量明显降低时,应对日粮配方进行调整。

(二)引导饲养法 此法是在供给基本料量的基础上,采用额外增加部分料量,促使产蛋率提高的方法叫引导饲养法。这种做法适于在产蛋率上升至50%时使用。一般每周仅有2天增加料量,每日喂料增多8~12 g,直到鸡群产蛋率80%时终止。此法具有发挥高产潜力的作用。另外,由于额外增料天数很短,不会使鸡形成对增加料量的依赖性,但应注意抽测检查体重,若体重明显的高于标准,应减少增料量或缩短增料时间。

(三)产蛋下降期减料 产蛋后期,肉用种鸡体重增加已很缓慢,维持代谢也基本稳定,随着产蛋率下降,营养需要量减少,为防止体脂肪过量沉积和后期超重,要求利用减料措施。实施减料要考虑到对鸡体造成的应激,避免引起产蛋率过快下降,所以不同鸡群减料量和开始时间不一样。一般在环境因素不变的前提下,当鸡群产蛋率停止上升后 1 周左右时间开始减料。有两种减料方法。一种是采取试探法减料，即 100 只鸡每日减少喂料量 227 g，连续3～4 d 观察产蛋率变化。如果产蛋率略有回升或按正常规律下降，则维持减料量；如减料后产蛋率有不正常下降，则马上恢复原来喂料量。之后采用常规的分次减料法，产蛋率下降 5%时每只鸡日喂量减料 2 g；之后产蛋率每下降 2%减料 1 g，每次减料不超过 2 g，直至减料量约为最大喂料量的 10%～12%。实施减料后出现体重下降说明减料过多。同样，若鸡体重增加过多应增加减料量。另据资料介绍，产蛋高峰过后鸡群按正常规律减料；至 38 周龄左右，为预防发生生理性换羽，可以一次性增料 5 g 补加营养，一直到 41 周龄左右再重新进行减料；此时减料幅度适当增大；至 47～50 周龄再采取加料刺激，可能会获得鸡群产蛋率略有回升的效果；55 周龄以后稳定给料量至鸡群淘汰；全程减料为高峰料量的 15%。

二、产蛋期的管理

(一)槽位　根据鸡数配备充足的料槽长度或喂料器，将 1 d 的喂料量 1 次于早晨喂给。采用链式食槽每只鸡采食位置 15 cm；采用圆形料桶时每 12 只母鸡 1 个，并在鸡舍内分布均匀。

(二)产蛋箱配备与捡蛋　18 周龄时把产蛋箱放入鸡栏内，让鸡熟悉环境，在开产前 1 周将产蛋箱门打开，每 4～5 只母鸡 1 个产蛋箱。为减少蛋的破损及污染，每 2 h 捡蛋 1 次。对刚开产的鸡群，每天上下午要巡视、收集所有地面和棚架上的种蛋。蛋托应定期清洗消毒。饲养员在收集种蛋前洗净或消毒双手。收集种蛋后，对种蛋进行熏蒸消毒，每立方米空间用高锰酸钾 21 g、福尔马林 42 mL；采用喷雾消毒时，用过氧乙酸 1%、醋酸 0.05%、季铵盐 30 mL对清水至 19 L，消毒后及时送交蛋库保存。

(三)饲养密度　在温和季节，垫料平养时为 4.5 只/m^2，棚架与地面结合饲养为 5.4 只/m^2。天气炎热条件下饲养密度降低，垫料平养为 3.6 只/m^2,棚架与地面结合饲养为 4.8 只/m^2。

(四)光照　产蛋期要求每天给予 16～17 h 的连续光照,光照强度保持不低于 32 lx,并且照度均匀。开关灯时间要固定不变,最好用定时钟控制。

(五)通风　根据不同季节调整通风量,保持舍内空气新鲜。

(六)观察鸡群　观察鸡群的精神、采食及饮水情况;观察水槽或乳头饮水系统有无漏水,笼养时设备是否正常,有无跑鸡、卡伤现象。

(七)卫生消毒　保持舍内清洁卫生,经常带鸡消毒,杀灭病原微生物。

(八)准确记录　记录产蛋数、喂料量、温度、湿度、死亡淘汰数、有无异常情况等。

第七节　种公鸡的饲养管理

一、培育目标

要求种公鸡的体型发育标准,应具备腿长、平胸,行动时龙骨与地面成 45°角,体重比母鸡重 30%～35%,行动灵活敏捷,羽毛光亮,目光明亮有神,鸡冠大而红润等。

二、管理要点

(一)育雏期　公鸡与母鸡要分开育雏。公鸡要剪冠断趾。周龄前采用自由采食,充分生长使体重为同龄母雏的 140%,腿胫长度达到标准。育雏结束进行第一次选种,每 100 只母雏留 15 只公雏;选种时应注重体型结构,选留那些腿较长的个体。如 AA 祖代公鸡在选种时,凡胫骨长度不足 10～12 cm 的,不管其体重如何一律不能做种用。

（二）育成期　种公鸡育成期采用隔日或5/2限饲方式，体重控制在母鸡体重的130％，适当减少胸肌比重。采用全垫料平养和吊高料桶喂料，让公鸡在采食和活动中达到锻炼腿部和抬高龙骨前端的效果，避免出现部分公鸡龙骨没有抬起、体型似肉鸡状的缺点，还有利于公鸡混群后更习惯使用专用料桶喂料。种公鸡20周龄时进行配种前的选种，淘汰性别鉴定错误、腿病、趾爪不直、体弱小等不合格公鸡，选留比例为母鸡的11％～12％。

（三）配种期

1. 公鸡的性成熟　公鸡的生殖系统一般在30周龄才充分发育成熟。配种初期要保证鸡体生长，在21～36周龄定期抽样称重，切不可使体重减轻。转入产蛋鸡舍时，公鸡应比母鸡提前4～5 d移入，早熟悉环境和采食槽位。如果采用一段制鸡舍饲养，混群时应在天黑后将公鸡均匀分布到母鸡群中，以减少啄斗发生。

2. 公母同栏分饲　同栏分饲是指在混养条件下，能够公母分槽饲喂的做法。分饲设备是在母鸡用料盘或链条食槽上口装上采食栅，栅间隙为42～43 mm，此宽度仅适于母鸡采食，而公鸡头部伸不进去无法吃到料。公鸡采食饲料的设备是专用料桶，悬吊至距地面41～46 cm，此高度只有公鸡吃到桶内饲料，母鸡采食不到；另外还有给公鸡穿鼻签，用一根63 mm长的塑料细棒，当公鸡20～21周龄时将鼻签穿过并嵌在鼻孔上，可有效防止部分公鸡仍有偷吃母鸡料行为。公鸡食槽分布均匀，采食方便，防止部分公鸡因采食量不足造成体质衰弱，或腿部疾病较多。

三、提高种公鸡配种力的主要措施

对种公鸡饲养管理不当，生产中容易出现种蛋受精率低的问题，而且多发生在母鸡的开产初期和产蛋后期。

（一）促进性成熟　要使公鸡适时性成熟，应做好以下几点：公鸡体重从育雏开始要一直保持不断增重，23周龄时应达到3.2～

3.4 kg；公鸡喂给最大料量；开产前公母合群，不宜过迟；与母鸡同时给以足够的光照刺激，使公母达到同步性成熟。

（二）产蛋后期种蛋受精率低的原因

一是公鸡死亡淘汰率过高，特别是40～45周龄以后，公鸡所占比例不足。

二是公鸡数量过多，强壮公鸡相互啄斗，部分个体伤残，降低配种公鸡数量。

三是公鸡有强弱差别或瘦弱个体较多，弱者畏缩在鸡舍一角，很少参与配种。

四是公鸡腿病发生率高，脚趾局部发炎、肿痛或变形。

五是公鸡体重过大，体型笨重造成的交配困难。

六是天气太冷太热，公鸡活动量和配种次数减少。

七是老龄公鸡性机能衰退，配种力降低。

八是长期大剂量使用某些药物，引起精液品质降低。

九是种鸡群患病。

（三）提高种公鸡配种力的主要措施

其一，种公鸡性成熟后，保持其体重缓慢增加。

其二，控制适宜的料量和体重，防止过肥或过瘦。

其三，淘汰配种力低或丧失配种功能的残弱公鸡，及时补充健壮个体，保持适宜的公母比例。

其四，利用辅助加热设备或降温措施，维持舍温相对稳定。

其五，用28周龄左右的后备公鸡代替45周龄以上配种力较弱的老龄公鸡。

其六，诱导种公鸡活动，保持体质健壮。

第八节　笼养肉用种鸡的饲养管理

近年来，肉用种鸡笼养方式有逐渐增加的趋势。较早的笼养是每笼 2 只公鸡 16 只母鸡。由于肉用种鸡体重大，行动欠灵活，受精率偏低，产蛋后期更严重。现在笼养种鸡是每笼养 2 只种母鸡的单笼，采用人工授精，既提高了饲养密度，又获得了较高而稳定的受精率，因而采用者日趋增多。特别是在垫料紧缺、价格昂贵的地区，肉用种鸡笼养是值得推广的一种饲养方式。

一、肉用种鸡笼养的特点

（一）提高了育成率和鸡群整齐度，减少了死亡淘汰率　由于每笼鸡数相对较少，便于观察鸡群，便于精确掌握喂料量，达到更好地限制饲养的目的；便于断喙、免疫接种、淘汰弱残鸡、剔除鉴别错误的鸡等；易做到精细操作和细微管理。试验表明，笼养肉用种鸡可提高育成率 2%～4%，整齐度可提高 8%～10%，死亡淘汰率降低。

（二）节省饲料，能提高种鸡的生产性能，种蛋受精率和孵化率均高　笼养肉用种鸡密度大，活动量小，能量消耗少，可以节省饲料；笼养种鸡采用人工授精，种公鸡的饲养量可减少 60%，大大降低饲料成本。另外，便于掌握鸡群喂料量，针对不同群体投喂不同料量，可使其采食均匀，产蛋稳定，产蛋率高。实践证明，笼养鸡破蛋率高于平养鸡，脏蛋率显著低于平养鸡。平养自然交配，种蛋受精率低，主要是肉用种鸡体重较大，交配时笨拙；公母鸡体重相差悬殊，配种能力差；种公鸡在半地面半棚架上饲养，腿病发病率很高；公鸡夏季不爱活动等。笼养鸡可采用人工授精技术，克服了以上缺点，使受精率提高。由于平养时粪便对种蛋的污染，孵化率低，而笼养鸡蛋干净，孵化率也高。

（三）节省垫料，有利于管理和防疫　笼养肉用种鸡不用垫料，每套种鸡比平养节省垫料 8～9 kg，不但降低了成本，而且也减少了环境污染。鸡粪比较纯净，杂质少，便于加工、利用，这对提高鸡粪利用价值，具有十分重要的意义。笼养肉用种鸡喂水、喂食、收蛋、清粪都很方便，由于离地饲养；鸡不接触粪便，可以有效地防止通过粪便等途径传染疾病；饮水、饲料也不易被污染，空气较清洁。因此，大大减少了养鸡生产中最易发生的球虫、白痢等病。同时，环境卫生条件好，便于打扫、消毒；种蛋清洁、干净，孵出的雏鸡质量好，提高了商品鸡的成活率。

（四）降低鸡舍投资成本，充分利用其有效使用面积 笼养可提高肉用种鸡饲养密度 50%～60%，降低了鸡舍和设备的投资，便于精细管理，提高均匀度，节约投资成本、建设投资和土地使用面积。

二、笼养肉用种鸡的饲养管理

（一）笼具的选择 根据近几年的生产实践，尽管笼具等一次性设备投资高，但笼养肉用种鸡的成活率、育成期均匀度、产蛋期存活率和产蛋量等均不低于平养，而且饲料消耗少，总的经济效益高。笼养试验所用笼具规格为：

1. 育雏笼具 4 层重叠式。单架笼的外形尺寸为 100 cm×70 cm×172 cm，单层笼的外形尺寸为 100 cm×70 cm×33.5 cm，底网网眼为 1 cm×1 cm，层间距 5.8 cm；笼外给水给料。每层养 25 只，每架笼养 100 只，有效饲养密度为 142 只/m^2。

2. 育成笼具 3 层全阶梯式。单笼的外形尺寸为 186 cm×44.5 cm×32.5 cm，底网镀塑，单笼中间由一侧网将其分成 2 个单元，每单元养 7 只鸡，每组笼养 84 只，有效饲养密度为 16.9 只/m^2，笼外供水供料。

3. 产蛋笼具 这是比较关键的一个环节，笼具的好坏对蛋的破损率起着决定性的影响，即使最好的饲料配方或管理也不能弥补。由于肉用种鸡体重较大，采用笼养后饲养密度增加 40%～60%，利用一般鸡舍及其环境控制设备，易造成通风不良、湿度过大，夏天温度过高，易造成热应激，故可将笼具设计为 2 层全阶梯式。单笼的外形尺寸为185 cm×37 cm×31.5 cm。由侧网将单笼分成5个单元，每单元养2只鸡，全组笼养40只，有效饲养密度为6.94只/m²。笼外给水给料。

4. 种公鸡笼具　2层半架全阶梯式。单笼外形尺寸为186 cm×43.5 cm×50 cm，由侧网将其分成6个单元，每单元养1只公鸡。

（二）笼养肉用种鸡的营养标准　试验证明，笼养肉用种母鸡日粮主要营养指标适宜水平应为：代谢能11.72～11.97 MJ/kg，蛋白质16.5%～17.0%，钙3.3%～3.5%，有效磷0.40%～0.45%。维生素添加量是平养的1.5～2倍；微量元素增加1倍。另外，维生素A、维生素E及锰元素等成分应适当增加。公鸡日粮中蛋白质水平不应低于16%，钙需要量为1.25%～1.50%，维生素比平养增加3倍。

（三）饲养方式

1. 全程笼养　育雏、育成及产蛋全程笼养优于由平养转为笼养或由笼养转为平养。全程笼养，由于育雏、育成和产蛋各个生产环节的独立性，有利于整场全进全出和疾病防治。

2. 平养转为笼养　平养育雏和育成，产蛋时转为笼养，鸡运动量突然减少。若不准确掌握笼养喂料量，仍按平养标准进行加料，就会导致开产前鸡体过肥、脱缸现象严重、产蛋递增幅度较小。由于转入产蛋笼的鸡体超重，便采取长时间不增料量或降低喂料量的方式，这样会抑制鸡生殖系统发育，导致种鸡迟迟不开产，甚至终生不产蛋。

3. 笼养转为平养　笼养育雏、育成后转为平养产蛋，若不及时增料，种鸡就会出现体重偏低和开产晚的现象，公鸡腿部力量不足，受精率降低。

（四）性成熟、体成熟同步控制　饲养肉用种鸡能否适时开产，是成败的关键。笼养肉鸡适当早开产要优于晚开产。在第15周龄至产蛋高峰，不管育成期体重有多大，每周喂料量必须呈梯度增加，不能减少或恒定不变，以促进生殖系统的发育。若进鸡时间是3～6月份，育成阶段自然光照时间逐渐缩短。要求体重最好在上限。13周以后需人工补充光照，总光照时间不能少于13～14 h；18～19周光照增加到15 h；22周达16 h；产蛋率达5%时，可增加到17 h，光照强度可提高到30～40 lx。若因平养育成转为笼养产蛋，造成18～22周龄体重超标的，可适当进行调整。在18～24周龄，采用含18%粗蛋白质的开产前日粮，对生殖系统发育具有促进作用。

（五）限饲和限水　笼养肉用种鸡限饲多采用综合法，即0～2周龄自由采食，3～6周龄逐日限饲，7～11周龄隔日限饲，12～19周龄喂2 d停1 d，20～72周龄喂5 d停2 d，2周龄以后逐日限饲。无论采用何种限饲方法，23周龄以后必须恢复每天正常喂料。饮水过多，尿液增加，粪便稀薄，给清粪带来较大困难，鸡舍环境也变差，故应限水。育成期饲喂日，上午喂料期间持续供水3 h，12时前、13～14时和傍晚各供水1次，每次20 min；在停喂日，早晨及傍晚分别供水20 min。产蛋期常温下可在上午采食期间持续供水到11～13时；13～14时和傍晚各供水30 min，当天气极炎热时，对鸡饮水不限制。

（六）适时捡蛋和防止热应激　从8时开始，每天捡蛋8～9次，这样不仅降低蛋的破损率，还可以避免蛋的污染。在7～8月份，刚开产至40周龄的鸡中暑现象最多，而育成及老龄鸡中暑现象则少。因此，在安排鸡群周转计划时，尽量避免在高温季节开产。夏季，每天喂料时间应提前到4～5时。此外，还应采取通风、湿帘降温等方法来防止热应激。总之，肉用种鸡笼养受人为及环境因素影响较大，要加强饲养管理。

第九节　强制换羽

换羽是禽类的一种自然现象，在寒冷季节到来之前要更新羽毛、恢复体力，以便越冬。鸡要换一次羽，约花4个月时间才能脱尽旧羽，长全新羽，这会使生产效益降低。然而，可以采取措施加速换羽过程，即强制母鸡迅速换羽并长全新羽，再刺激其开始产蛋。整个人工换羽过程，应不超过10周。让母鸡在经过一个长而高产的产蛋期后能休息一段时间，以便在下一产蛋期中继续产蛋。

一、强制换羽的方法

母鸡换羽必然会造成应激，所以优良的换羽方案应能做到产生应激最小、换羽过程最快。有许多方案可收到良好效果。

（一）畜牧学法　畜牧学法是采用停水、绝食和控制光照等措施，使鸡群生活条件和营养产生突然变化，强制母鸡换羽休产的传统强制换羽方法。由于这种方法操作简便、效果明显，故被普遍采用。

1. 限制饮水　大部分换羽方案都要求限制饮水，以此作为产生应激而换羽的一种手段。当决定换羽时，可停水1～2 d。有些方案要求停水2 d，然后恢复，此后再停水2 d。停水对鸡来说是最剧烈的应激，尤其会引起蛋壳质量下降，蛋壳变薄、变脆，破蛋增加。但天气炎热时，采用停水法不好。因为鸡会因此而降低散发体热的能力，使喘气加重，并可能发生脱水和严重死亡。由于停水可能造成鸡的肾脏损伤，降低和破坏泌尿系统排出体内积累的废物的机能，因此将停水作为强制换羽的常规手段。只有当绝食后第5天，鸡群产蛋率还不能降至10%以下时，才考虑停水，以刺激鸡群加快休产。若鸡群体质较弱，应考虑是否停水。

2. 限制饲料　在生产中大部分换羽方案都要求停饲，有些要求停饲数天。利用“饲料应激”促使鸡群换羽休产，迅速、恢复重新产蛋。可在数天之内仅供应整粒禾谷类饲料，实质是通过提供不平衡日粮而产生应激完成换羽。

(1)强制换羽准备期。为了预防低血钙症以及提高“实施期”的蛋壳质量，可在强制换羽前 7 d，每只鸡每天喂给 15 g 石灰石不溶性沙粒，每天分 3 次喂给。

(2)强制换羽实施期。可喂给鸡群营养不平衡的单一料，如整粒燕麦、碎粒玉米、高粱或大麦粒等谷物料。有的初给予谷物料，后绝食，以造成鸡的营养不足，引起鸡群换羽休产。在我国生产中更多的是采用绝食法。它既节省饲料，管理又方便，效果也很好；绝食的时间长短，应根据鸡种、年龄、产蛋率、体质以及季节不同而异，主要的依据应以鸡体重的失重率和死亡率情况而定，以绝食 3～5 d乃至十几天不等。

(3)强制换羽恢复期的饲料供应。一般供给谷物料玉米，加维生素、矿物质，4 周；然后改为自由采食蛋鸡料。有的马上自由采食蛋鸡料。较普遍的是采用喂育成料，并加多种维生素和矿物质。喂料量采用逐渐增加然后改自由采食蛋鸡料的方法；也可直接用蛋鸡饲料限饲，过一段时间再改为自由采食。

3. 限制光照　所有的换羽方案都要求减少光照时数。采用这种方法时，每天光照时数须降低到低于 11～12 h 的限定值。在密闭鸡舍中很容易做到这一点；但在有窗或开放式鸡舍中，在自然光照时间较长的日子里，则不能做到。在使用人工光照补充自然光照的情况下，停止人工光照，可起到一定作用而有助于诱发换羽。为了克服开放式鸡舍中的困难，可先给鸡连续 7 d 24 h 光照，然后减少光照时数。

(二)化学法

1. 高锌日粮法　饲料中应用高水平的锌，可抑制大脑中的食欲中枢，使鸡采食量大大降低，引起休产换羽。在经过挑选和免疫的鸡群饲料中，按 2.5%的比例加入氧化锌或按 4%比例加入硫酸锌。鸡采食高锌日粮后，高锌抑制食欲中枢，2～3 d 后采食量降至 20 g 左右，从而使鸡换羽。饲喂 7～8 d 后，改换成饲喂蛋白质水平为 17%的产蛋鸡日粮。饲喂高锌日粮期间不必停水，只需将光照由16 h降至8 h即可。饲喂高锌日粮,后鸡产蛋量迅速下降,一般4~7 d后产蛋率降为9%以下。改喂产蛋鸡日粮第2周鸡恢复产蛋,至第4周产蛋率可上升到50%左右。若管理得当,产蛋率可逐周上升,一般70%以上的产蛋率约可维持3个月,与饥饿法无显著差异。

2. 低钠日粮法　采用低钠日粮换羽方法,是把日粮钠量降至0.04%。同时,鸡舍若是有窗或开放式,则应停止补充光照;若鸡舍是密闭的,则给以每天6 h光照。换羽后(约6周后)即恢复含正常钠量的常规产蛋日粮,同时增加每天光照时数。

二、强制换羽应注意的问题

(一)鸡群的选择与淘汰　强制换羽前应对鸡群进行认真挑选,淘汰弱、病、残和脱肛鸡。试验证明,凡患过疾病(如MD、白痢等)的鸡,不但第一年生产性能低,换羽后生产性能仍低于健康鸡群。病弱鸡在换羽过程中死亡多,损失大。另外鸡群因某种原因自然换羽的鸡,在新毛再生过程或刚刚完成新羽毛恢复,这部分鸡就不要再进行换羽,可按已换过羽的鸡进行饲养。对新城疫效价低的鸡要进行免疫。对地面散养鸡,因饥饿应激而相互啄斗,造成死亡率上升。脱落的羽毛应及时清理,防止鸡啄食。

(二)死亡率和羽毛脱落速度　整个强制换羽期间死亡率不应超过3%~5%。如果换羽方案比较严厉,那么减重也比较大,死亡率也比较高。强制换羽7~10 d后,小羽毛应大部分脱落;10~20 d,主翼羽开始脱落。

(三)鸡失重率和产蛋率　绝食、停水、光照等3方面应激,是诱发鸡群换羽休产的主要因素,而饥饿时间长短、断不断水、几天断水、减少光照的时间和强度往往决定鸡的失重率。当失重率统一规定30%为标准时,体重减低30%所需时间长短,除与上述3项措施有关外,也与季节、鸡的品种、鸡群体质状况而有不同。换羽鸡体重降低范围与其后产蛋性能的试验结果显示，体重减少 27%～32%，换羽效果较好。有人用小群鸡试验，体重降到 35%以下，其产蛋率较高，其死亡淘汰率也不同；取得此结果是在舍温 24℃的密闭式鸡舍内进行的。夏季体重降低 30%～35%需要 15 d 以上，而冬季只需 7～8 d。但从绝食开始到再开始产蛋和产蛋率达 50%的总共天数差别不大。强制换羽后，如果是健康的，而且第一个产蛋期产蛋水平也较高的鸡群，一般经 7～9 周后，全群产蛋率应达 50%以上。

第十一章　肉鸡的疾病防治

第一节　肉鸡场的卫生防疫措施

一、清洁卫生

良好的卫生条件是养好肉鸡的关键。因此，肉鸡饲养的各个环节都要做到清洁卫生。

（一）鸡舍的卫生　鸡舍内地面应硬化，墙壁缝隙应堵严抹平，严防老鼠进入带进病原，糟踏饲料；垫料保持清洁、干燥；每次进雏前进行1次严格消毒；出栏后及时清除垫草，彻底消毒；平时根据情况随时消毒。

（二）环境的卫生　鸡舍周围要清除杂草、污物，经常打扫，保持干净，并定期用消毒药物消毒，禁止闲杂人员及车辆出入鸡场，以防带入病原。

（三）饲料饮水卫生　饲料除要求营养浓度高、全价、平衡外，还要特别注意卫生质量；在收购、配制、贮存、运输、饲喂饲料的各环节中，要防污染、防霉变、防酸败。饮水一定要保持清洁干净，符合卫生要求。料槽、水槽常清洗、消毒，保持干净。

（四）饲养人员卫生　饲养人员应有良好的卫生习惯，出入鸡场认真消毒，工作期间应穿戴工作服和工作鞋帽，并经常保持工作服干净卫生。

（五）引种卫生　订购雏鸡前，应尽可能从多方面调查了解各种鸡场提供鸡苗的情况；应从无疫病流行、设备条件好、技术力量雄厚的种鸡场购买雏鸡，以免引入病原而引起疾病；要保持鸡群清净，清除病、残、弱鸡。

二、消毒

消毒的目的是为了杀灭病原体。病鸡的分泌物、排泄物和被其污染的鸡舍、环境、用具以及饲养人员的衣服、鞋、帽等都要进行彻底消毒。消毒的时候，应根据病原体的弱点，采用不同的消毒药物和消毒方法。

(一)鸡场消毒的方法　鸡场常用消毒的方法有机械清除、物理消毒、化学消毒和生物热消毒。

1. 机械清除　利用机械的方法，如清扫、洗刷、通风等手段，清除存在于环境中的病原体。虽然不能用它直接杀灭病原体，但可以使之数量减少。这种方法简单易行，是消毒时首先采用的方法，然后再用其他更有效的措施。

2. 物理消毒　是用高温、阳光、紫外线等物理方法消灭病原体。高温蒸煮消毒是最确实可靠的消毒方法之一，注射器、器械、用具、工作服等常用此法消毒；一般经煮沸 15～30 min，即可达到消毒的目的。如果在煮沸的水中加入消毒剂，更能提高消毒效果。阳光也是天然的消毒剂，一般的病毒和细菌，在直射阳光下，几分钟至几小时即可杀死。因此，肉鸡用的垫料以及肉鸡出栏后的饲养用具、设备，都应当放在阳光下暴晒消毒。

3. 化学消毒　化学消毒法是使用化学药物杀死病原微生物或使其失去活性。能够用于达到这种目的的化学药物，称为消毒剂。消毒剂的种类繁多，效果各异，在实际工作中，应根据当地实际情况，选择 2 种或 3 种消毒剂，交替使用。

4. 生物热消毒　生物热消毒主要用于对鸡粪的无害化处理，常用堆积发酵法。在粪便堆积发酵过程中，利用粪便中的嗜热菌发酵产热，可使温度升高到70℃以上，杀死病原体，达到消毒的目的。

(二)化学消毒剂的选择　消毒剂的种类繁多，目前市售消毒剂的商品名更为复杂,有些消毒药的有效成分基本相同,而其商品名却有几个,因此,选购消毒剂时应了解其有效成分,然后根据使用目的和对象选择所需药品。一般要选用广谱、高效、低毒、廉价、作用快、性质稳定和使用方便的消毒剂。

常用的消毒剂中,属于酚类的有来苏儿、克辽林、菌毒敌、农福、灭瘟灵等,这类药物对细菌的杀灭作用较强;属于醛类的有福尔马林,多用于熏蒸消毒;属于碱类的有火碱、生石灰,多用于鸡舍、食槽、水槽的消毒;属于氧化剂的有过氧乙酸、高锰酸钾,具有高效、速效和广谱杀菌作用,可用于鸡舍、料槽、水槽及带鸡消毒;属于卤素类的有漂白粉、次氯酸钠、威岛牌消毒剂、百毒杀等,对细菌、病毒、芽孢均有很强的杀灭作用,应用较广泛;属于表面活性剂的有新洁尔灭、洗必肽、消毒净、消毒宁等,这类药物对细菌有很强的杀灭作用,无刺激性,常用于器械、皮肤和黏膜的消毒。

(三)影响消毒药物作用的因素　化学消毒剂在多种因素的影响下,常增强或减弱其药物作用。在使用时,要正确认识和利用有利因素,以充分发挥药物的作用。

1. 药物的浓度和作用时间　浓度越高,作用时间越长,效果越好,但对组织的刺激也越大。故使用时应选用适当的浓度和作用时间。

2. 温度　在一定范围,药液温度越高,杀菌力越强。一般是每增加10℃,抗菌作用可增加1倍。

3. 有机物　有机物能与防腐消毒药结合使作用减弱,或机械性保护微生物而阻碍药物的作用。因此,在使用防腐消毒药前必须将消毒场所彻底打扫干净,清除脓、血、坏死组织和排泄物,以取得更好的消毒效果。

4. 微生物的特点　不同种(型)的微生物,对药物的敏感性是不同的。如病毒对碱类敏感,对酚类耐药性高;生长繁殖旺盛期的细菌对药物敏感,而细胞芽孢对药物则有强大的抵抗力。

5. 药物之间的相互拮抗　两种药物合用时，常出现配伍禁忌，使药效降低。如阳离子表面活性和阴离子表面活性剂共用，可使消毒作用消失。

6. 其他　环境的酸碱度和湿度、药物剂型等都能影响药效，在使用防腐消毒药时，必须注意考虑。

（四）肉鸡场的消毒

1. 鸡场场区的消毒

（1）出入口消毒。在鸡场有出入口的地方设立固定的消毒设施，可用火碱水消毒池或紫外线灯以及喷雾消毒设备，对进入场区的车辆或人员进行消毒。

（2）定期或随时在整个场区进行喷洒消毒，利用高压喷洒装置在场区内喷洒火碱水等消毒剂。

2. 鸡舍消毒　在鸡群转出或出栏之后，应清除垫料等一切可移动物品，打扫舍内，冲洗干净，然后化学消毒，以杀灭地面、墙壁和设备上残留的病原体，然后进行熏蒸消毒以杀死缝隙和空气中的病原体。消毒后空舍数天；再次使用时，养鸡所用的设备、垫料连同鸡舍一起再次严格消毒。

3. 带鸡消毒　这种方法是将消毒药品直接饮喂、气雾或喷洒在鸡体上，以消毒鸡体、杀灭病原体，防止疾病的发生。带鸡消毒的技术关键是选择杀菌作用较强，而对鸡体无毒的消毒药品以及使用的浓度。带鸡消毒的作用：

一是杀死鸡体表的微生物，使鸡体表清洁；

二是杀死或减少鸡舍内空气中悬浮的病原体，使鸡舍内更清洁；

三是沉降鸡舍中漂浮的尘埃；常用的消毒剂有百毒杀、过氧乙酸等；

4. 工作服和手的消毒　工作服最易受污染和传播病原，因此要经常清洗干净，用日光晒干；发生传染病时，工作服可高温蒸煮，新洁尔灭浸泡或甲醛熏蒸消毒。手的消毒可用来苏儿或新洁尔灭药液浸泡，然后清水冲洗。

三、隔离

并不是所有的肉鸡生产者都遵循正确的疾病控制原则，那些忽视正确原则的鸡场会因此而发病。同时发病鸡场里的病原体，会因风吹或其他各种媒介而传到邻近的鸡场。鸡场之间的距离越近，从感染场向健康场散播的可能性越大。因此，即使在管理良好的鸡场，也会发生疾病入侵问题。如果在鸡场设计建造时，就树立禽场隔离的思想，许多严重的疾病问题是可以避免的。由于要求的间距会受到风向、气候、房舍式样和其他因素的影响，同其他养鸡场的距离是很难确定的；但距离越远，从邻场传来疾病的可能性也就越小。发病鸡场内隔离病鸡和可疑感染鸡也是防制疾病的重要措施。隔离病鸡是为了控制传染源，防止健康鸡继续受到传染，以便将疫情控制在最小范围内加以及早扑灭。为此，在发生传染病流行时，首先应查明鸡群中蔓延的程度，然后，根据检查结果，将全群鸡分为病鸡、可疑感染鸡、假定健康鸡3类，以便分别对待。

（一）病鸡　它们是危险性最大的传染源。应选择不易散播病原体、消毒处理方便的地方进行隔离。隔离场所禁止闲杂人员出入和接近，工作人员出入应遵守消毒制度。隔离区内的用具、粪便、饲料等，未经消毒处理，不得运出。没有治疗价值的病鸡应及早淘汰。

（二）可疑感染鸡　未发现任何症状，但与病鸡及其污染的环境有过密切的接触，这类鸡有可能处在疾病的潜伏期，并有排毒的危险，应在消毒后另选地方将其隔离看管，限制活动，详细观察；出现症状的则按病鸡处理。有条件者可以立即进行紧急免疫接种或预防性治疗。

（三）假定健康鸡　除上述2类外，疫区内其他易感鸡都属于此类。此类鸡应与上述2类严格隔离饲养，加强防疫消毒和相应的保护措施，必要时立即进行紧急免疫接种。

四、预防接种

鸡病的预防主要靠接种疫苗。疫苗包括疫苗和菌苗两种。疫苗是预防病毒性疾病的生物制品，菌苗是预防细菌性疾病的生物制品，现通称为疫苗。疫苗是根据免疫学的原理，利用微生物本身或其生长过程中的代谢产物，经过科学加工处理制成的，通过预防接种就能使肉鸡产生抵抗力，免于感染某些特有的传染病。疫苗的种类很多，按毒株的强弱可分为弱毒苗（活苗）和灭活苗（死苗）；按剂型又可分为冻干苗、液体苗、干粉苗、油剂苗、组织苗、佐剂苗等；近几年来还出现了多价苗和多联苗等。

（一）免疫接种方法　肉鸡免疫接种常用的方法有点眼滴鼻、翼膜刺种、皮下或肌肉注射、饮水或气雾法等。采用哪种方法，应根据具体情况而定，既要考虑疫苗特性及免疫效果，还要适当考虑工作方便。前 3 种方法为个体接种方法，免疫效果确实可靠，但费时费力；后 2 种方法为群体免疫方法，省时、省力，但免疫效果不太一致，个体差异较大。

1. 点眼滴鼻法　这是使疫苗从呼吸道进入体内的接种方法，适用于鸡新城疫Ⅳ系疫苗、传染性支气管疫苗及传染性喉气管炎弱毒型疫苗的接种。点眼滴鼻法是逐只接种的，对幼雏应用这种方法，能保证每只鸡都得到剂量一致的免疫，特别是在雏鸡首次免疫时起着很大的作用。这种方法是弱毒疫苗的最佳接种方法。接种时，每只鸡的眼结膜及鼻孔上各滴入 1 滴，待疫苗吸入鸡体后再放掉鸡，以免鸡摇头把疫苗甩出，导致免疫剂量不准确，影响免疫效果。

2. 翼膜刺种　此法适用于鸡痘疫苗的接种。方法是将疫苗用生理盐水稀释后，用接种针或干净的钢笔尖蘸取疫苗，刺种于鸡翅膀内侧无血管处的翼膜内。

3. 皮下注射法　此法适用于日龄较小的鸡。此法广泛应用于马立克氏病疫苗及其灭活苗的接种。方法是在鸡只颈背部皮下注射。

4. 肌肉注射法　此法适用于日龄较大的鸡。此法是接种鸡新城疫Ⅰ系疫苗及被动免疫时注射高免血清或高免卵黄抗体最适宜的方法。肌肉注射法剂量准确,产生作用迅速,效果确切。方法是把所需剂量的疫苗适当稀释后,注射于胸肌或翅膀根部前面的肌肉内。注射时应慎重,以防刺入肝脏、心脏和胸腔,造成损伤和死亡,对较小的鸡尤其注意。

5. 饮水免疫法　通常饲养肉鸡数量大,密度高,逐只接种费时费力并惊扰鸡群,影响采食和增重,最好采用群体免疫法。饮水法是其中最常用、最有效的方法之一。如鸡新城疫Ⅳ系疫苗、传染性支气管炎疫苗、传染性法氏囊炎弱毒苗接种都可用此法。饮水法成功的关键是鸡有饮欲,用水量要适当,疫苗水应在2 h内饮完;太快饮完可造成饮水不匀;太慢饮完影响疫苗活力。要使用搪瓷或硬质塑料饮水器,避免氯、铁、锌、铜等有害离子混入水中。饮水器清洗后也不能残留任何消毒或清洁剂,以免降低疫苗的效价。稀释疫苗的饮水,要求使用中性蒸馏水或深井水,应不含有任何能使疫苗灭活的物质,饮水中最好能加入2%的脱脂奶粉。饮水免疫前,停止饮水1～3 h,饮水免疫要多放水槽,饮水时所有的鸡都能同时喝上水。

6. 气雾免疫法　此法也是省时省力而有效的免疫方法。它是用压缩空气,将稀释后的疫苗通过气雾喷枪,把疫苗喷于舍内空气中,让鸡呼吸时把疫苗吸入肺中达到免疫目的。气雾免疫的关键是喷雾前要关闭鸡舍门窗及通风设备,喷雾时枪口比鸡头略高,距离鸡保持1.5 m以内;喷雾后15～20 min再开门窗及通风。气雾接种法对鸡群干扰大,应用于肉鸡的疫苗接种时,易诱发呼吸疾病和大肠杆菌病,应当慎用。

（二）免疫接种程序　对鸡群进行免疫接种预防传染病，必须制定一个适合本场实际的、合理的免疫程序。不要随心所欲，随便防疫，否则达不到预期的免疫效果，甚至无益而有害。究竟要接种哪些疫苗、如何接种、间隔时间多长等，应根据具体情况而定。一般来说，凡是当地有该种疫病流行或曾经发生过该传染病，或者鸡群正在受到某种传染病威胁时，选择相适应的疫苗免疫接种。只有按照合理的免疫程序适时、适当免疫，才能获得确切的免疫效果，保障鸡群的健康生长、发育。

（三）免疫接种的注意事项

1．接种的疫苗必须确实、有效、无污染　在疫苗使用前要仔细检查，如发现过期失效，瓶口松动，玻璃破裂，没有标签或标签不清无法辨别，内容物与标签说明不符，疫苗中混有杂质或霉斑，以及未在规定的条件下保藏的疫苗禁止使用。保证疫苗确实有效的另一因素，就是疫苗在运输、保藏和稀释等各环节中，要按照疫苗规定的操作规程去办理。疫苗的失效期与保存条件关系密切，在不同的温度条件下保存，其有效期差异很大。如鸡新城疫弱毒苗在－15℃保质期1年，而在25～30℃仅为10 d。已经稀释的疫苗应当尽快用完，稀释后停放时间过长的疫苗应废弃。

2．接种疫苗的时机要合适　免疫时机的选择，关键要考虑两方面因素。其一是鸡体内的免疫水平，其二是各种疫苗在鸡体内的相互作用关系。种鸡的免疫水平，直接影响到它们所产种蛋孵出雏鸡的母源抗体水平。母源抗体水平高的鸡抵抗力强，但能中和接种到体内的疫苗。此时接种疫苗不仅达不到提高免疫水平的目的，反而会降低抵抗力水平。因此，初次免疫应在母源抗体水平下降到适当程度时进行，此时能较好的发挥疫苗抗原刺激作用，获得较好的免疫效果。第二次免疫和第三次免疫也是如此，应在鸡体内抗体水平下降到适当水平时进行。疫苗在鸡体内的相互作用关系有抑制、干扰、协同等三大类，在接种的时机选择上，应尽可能利用协同作用关系，提高免疫效果，避免或减少抑制及干扰关系，以免造成不必要的损失。

3. 疫苗种类的选择应正确　选择疫苗的种类，应明确鸡的需要，关键是考虑疫苗的毒力和免疫性、一般在雏鸡阶段，首次免疫通常选用毒力较弱的疫苗；鸡稍大后由于具有了一定的抵抗力，可选用中等毒力，免疫源性较好的疫苗；还要根据疾病病因的复杂程度，决定选用单价疫苗还是多价疫苗。

4. 免疫接种操作技术要熟练　接种方法要恰当，各种疫苗都有固定的接种途径。应按照疫苗本身的要求去做，不得随意更改接种方法。防疫失败的重要因素是剂量不足，饮水免疫时饮用不均等都可导致免疫不整齐。注射免疫时部位选择要准确，针头刺入深浅要适当，不能只图速度不管效果，以免进针不准，扎到胸、腹腔的内脏器官而导致鸡死亡。操作时尽量减少对鸡造成的应激作用。

5. 防疫前后用药应慎重　有些药物使用不当往往会对疫苗防疫效果产生影响。如部分具有清热解毒功能的中草药及部分化学合成西药能对弱毒疫苗产生不利影响；防疫前后带鸡消毒或给鸡饮喂消毒药都会降低防疫效果。有选择的使用一些具有抗菌作用的药物，可以减少由防疫应激给鸡造成的影响。

五、投喂预防药物

定期投药是用药物预防疾病发生的重要措施。在鸡的传染病中，有些病是可以用药物来进行预防的。如饲料和饮水中添加抗生素及抗球虫病、抗霉菌药，可防止发生某些传染病和寄生虫病，促进鸡生长发育。通常1～3日龄雏鸡可饮0.02％高锰酸钾水，以后可喂0.01％～0.02％呋喃唑酮1周，或喂氟哌酸、雏痢净等预防白痢。对肉用仔鸡，可以在孵出后到45 d内，在饲料中有计划、有针对性地添加抗生素和抗球虫病药物。如在12～18日龄、26～29日龄在饲料中添加抗球虫病药物，在7～9日龄、12～28日龄在饲料或饮水中加预防鸡白痢药物。在饲料或饮水中添加抗病药物，应注意药量、水量和饲料量要准确，稀释比例要精确。如用饲料拌喂，拌药要均匀；通过水稀释，溶解要充分；水或饲料要在规定时间内用完。

第二节　肉鸡常见传染病

一、鸡新城疫

鸡新城疫是一种急性、烈性传染病，世界各地都广泛流行，以亚洲地区流行最为广泛，所以也称亚洲鸡瘟或伪鸡瘟，俗称“鸡瘟”。其主要特征是传播速度快，流行范围广，病鸡呼吸困难、拉稀、神经紊乱、黏膜和浆膜出血，死亡率高达80%～100%，是目前发展养鸡事业危害很大的疫病之一。

（一）病原　鸡新城疫的病原体是一种副黏病毒类病毒。该病毒主要存在于病鸡的气囊、气管渗出物、脑、脾、肺及各种分泌物和排泄物中，在鸡的骨髓、睾丸和卵巢中也都含有病毒。病毒的抵抗力不强，经日光暴晒、开水煮沸即被杀死。例如，60℃经 30 min、70℃经 2 min、100℃经过数秒钟即可杀死。37℃下可活 7～9 d，30～32℃可活 21～30 d。本病毒在阴暗、潮湿、寒冷的环境条件下抵抗力较强。例如，在冷冻的尸体中可存活 9 个月，夏季将尸体埋在地下，该病毒能生存 30 d 左右。

（二）流行特点　雏鸡较成年鸡易感，引进品种较地方品种易感。自然感染后潜伏期为 2～15 d 或更长一些，平均为 5～6 d。雏鸡多表现为急性型，死亡率几乎达 100%；成年鸡在流行的后期常出现慢性型，死亡率较低。该病一年四季均可发生，尤以春、秋两季较多。主要传染源是病鸡，病鸡的排泄物、分泌物、内脏、骨肉、蛋、羽毛都有该病毒的存在，排毒的主要途径是粪便、唾液和鼻液。这些排泄物污染了饲料、饮水和用具，通过互相接触和空气传染。此外，人和家禽、野禽、老鼠、昆虫等均可机械传播病毒。该病一旦暴发，造成很大的经济损失。近几年来，鸡新城疫发生禽种增多，不仅发生于鸡和火鸡，已有鸽、观赏禽、鸟发病的报道。其流行特点，多发生在免疫的鸡群，以第二次免疫以后的鸡群发病最多，雏鸡和成年鸡的发病率均不高。

（三）临床症状　本病临床症状分为最急性型、急性型、亚急性型和慢性型。

1. 最急性型　病鸡往往看不到临床症状，晚间饮食、活动正常，第二天早晨在舍内发现死亡。这种类型出现在暴发的开始，若不及时采取措施，将大批死亡。

2. 急性型　发病初期病鸡体温高达44℃，食欲减退或废食，但嗉囊胀满，将病死鸡倒提时，从口腔流出多量黏液。冠和肉髯呈深红色，精神委顿，腿翅轻瘫，头颈下垂，表现严重的呼吸困难和消化紊乱。鼻、咽、喉头积聚大量的黏液，摇头频咽，病鸡时常发出咕噜声、打喷嚏、咳嗽。病鸡多排黄白色或黄绿色稀薄粪便，有时为混有血液的恶臭稀粪，在2～5 d死亡。

3. 亚急性或慢性型　病初症状同急性相似，不久出现神经症状，腿翅麻痹，全身或部分肌肉抽搐，动作失调，头向背部或两侧扭曲，转圈，有时后退或突然跌倒，步态不稳，有时用头触地不动，病程为7～20 d，长者1～2个月，病鸡逐渐消瘦死亡，少数病鸡可以康复或留有跛行、神经症状等后遗症。

4. 非典型　近几年来，患病雏鸡或育成鸡主要表现明显的呼吸道症状，病鸡张口伸颈，气喘，呼吸困难，有呼噜声音，咳嗽，口中有黏液，有摇动和吞咽动作；活下来的病鸡表现神经症状，病鸡弯头、扭颈，或将头向后仰呈观星姿势，站立不稳、转圈或后退，有应激因素时反应加重，安静时恢复正常，还可采食。神经症状可反复发作，病程可达10 d以上，个别可以康复成活。

(四)病理变化 最急性型无明显的病理变化。急性型主要表现腺胃乳头出血点、肠道黏膜出血和坏死病灶;另外,心冠和心尖脂肪有针头大小出血点,心肌颜色变淡;鼻腔、喉头和气管内积有大量污秽的黏液,黏膜充血和出血。非典型鸡新城疫病理变化为:病理变化不典型,不但死亡少,即使剖检死亡的鸡典型的新城疫也很少见到,常见的是腺胃乳头有少量出血和肠道某段(尤以卵黄蒂两侧)可见有枣核状的肿胀和出血,盲肠扁桃体肿胀,出血较一般性肠道病变明显。

(五)诊断要点 病鸡呼吸困难,张口伸颈,常有"咯咯"叫声,排黄、绿色稀粪;通常以腺胃乳头出血,肠出血,盲肠扁桃体出血、溃疡和神经症状作为诊断本病的特征性病变症状。有条件的可采取分离病毒和血清学试验,以便进一步确诊。

(六)防治方法 到目前为止,无特效治疗药物。必须建立并贯彻各项预防制度和做好免疫接种工作,定期消毒,严格检疫。在发病的初期可采取严格的综合防治措施,彻底隔离淘汰病鸡,最好将病鸡、死鸡用消毒液浸泡后深埋;对健康鸡群紧急接种疫苗,对雏鸡或育成鸡有一定的作用;对鸡舍进行严格消毒,将墙壁、地面、屋顶、舍内一切设备或用具带鸡消毒,每天进行1次,直到本病停止死亡。舍外可用2%~3%的火碱喷洒墙壁,地面铲除一层污染的表土后,再用火碱水喷洒,使火碱液侵入土壤中。发病鸡群所用设备和用具不能到处乱放、乱用,必须进行严格的消毒。鸡新城疫的预防应采取综合的防治措施。

1. 接种 定期接种疫苗,最好在接种疫苗前后采血化验。可将采集的血液送到当地有化验条件的兽医站进行鸡新城疫抗体水平测定,并根据抗体水平确定免疫接种时间。为确保免疫效果,不仅要在免疫前后进行监测,还要在确保疫苗质量的前提下增强责任心,疫苗用量要足够,接种要准确。鸡新城疫的免疫程序,首次免疫8~10日龄用Ⅳ系苗滴眼,同时肌肉注射鸡新城疫油剂苗,可不进行第二次免疫。若不注射油剂苗，还要进行第二次免疫，可在25～28日龄用新城疫Ⅳ系苗或克隆-30饮水免疫；60～70日龄用新城疫Ⅰ系苗肌肉注射；120～130日龄用油乳剂灭活苗注射；之后每隔2～3个月再用新城疫Ⅳ系苗或克隆-30激活1次。

2. 卫生消毒　搞好平时的清洁卫生及消毒工作，消灭传染源，切断传染途径，是防治新城疫传染的关键措施。鸡舍除经常保持空气新鲜、干燥外，主要是定期消毒（带鸡消毒），严格执行卫生防疫制度。

二、传染性法氏囊病

传染性法氏囊病又叫传染性法氏囊炎或腔上囊炎，是由病毒引起的高度急性接触性传染病。病毒主要危害3～6周龄的鸡，2周龄以下的雏鸡对病毒有抵抗力。本病发病急，感染率高，病程短，死亡率为5%～15%，有的高达50%以上。它主要侵害位于鸡肛门泄殖腔上侧的法氏囊，引起该囊水肿、出血或萎缩以及肌胃、腺胃交界处、胸肌呈现出血斑为特征。

（一）病原　传染性法氏囊病病毒从鸡和火鸡分离到15株，分成3个血清型，抵抗力较强，耐热，56℃ 5 h、60℃ 30 min都不能杀灭，耐光和紫外线的照射；耐酸碱性强，pH12碱溶液30 min可灭活，pH2酸溶液存活60 min；来苏儿、新洁尔灭不能杀灭，0.5%福尔马林6 h能杀死，3%石炭酸30 min可以灭活。

（二）流行特点　发病鸡群不分品种、年龄，以3～6周龄发病率最高，少数10日龄和120日龄以上的鸡也发病，成年产蛋鸡有抵抗力；发病时间不分季节，但4～6月份多发。病毒主要经消化道侵入，潜伏期短。该病病程短，为6～10 d，传播快，常呈突然暴发，发病频率高，呈地方波浪式长期周期性流行。鸡一般感染2～3 d后出现症状，发病后2～4 d出现死亡。病死率的高低与管理条件和有无并发症有关。由于该病毒主要侵害法氏囊免疫器官，导致免疫应答降低或消失，致使免疫失败，特别是对新城疫影响更为突出，使鸡群同时发生新城疫病，也可导致球虫病、大肠杆菌病及一些呼吸道疾病。

（三）临床症状　本病的潜伏期很短，2～3 d 出现症状。病鸡精神委靡，食欲不振，伏地昏睡，羽毛松乱无光泽，排白色水样稀粪，肛门黏膜发红且周围羽毛沾有粪便，部分鸡有啄肛门、羽毛现象，有的还会引起鸡的啄肛癖。严重的颈部躯干肌肉震颤，步态不稳，脱水，消瘦，最后衰竭而死。一般发病后第三天开始死亡，7～8 d 停止死亡，症状迅速消失。病程一般为 5～7 d。

（四）病理变化　本病具有诊断价值的病变有：法氏囊肿胀，体积增大 1～2 倍，在囊外面有（淡）黄色胶样渗出物；切开法氏囊，可见囊内黏膜水肿、充血、出血、坏死，有奶油样渗出物；严重者法氏囊大量出血，外观呈紫葡萄样，切开后整个法氏囊呈紫红色。发病后 5 d，法氏囊开始萎缩，无光泽。胸腿肌肉有条、片状出血斑，胸肌颜色变淡。腺胃和肌胃的交界处黏膜有带状出血，腺胃黏膜充血潮红。病的后期肾肿大，肾小管和输尿管扩张，充满白色的尿酸盐物质。其他还可见脾肿胀，切面有红色小点；胰脏白垩样变性；心肌、肌胃浆膜下、肠黏膜出血，心冠脂肪点状出血；盲肠扁桃体肿大、出血等。

（五）诊断要点　根据本病流行特点、临床症状及病理剖检变化可做出初步诊断；某些病鸡呈隐性感染或并发（继发）其他疾病（如白细胞原虫病）时，难以确诊，必须进行实验室检查。

（六）防治方法　目前此病无特效治疗药物，必须采取综合防治措施，做好预防工作。

1. 预防　不从疫区购进鸡苗。定期搞好鸡舍和环境的预防消毒。注意鸡舍环境温度、通风换气、饲料营养以及各种应激因素，以减弱流行，降低病死率。免疫接种是控制本病的主要方法，包括主动免疫和被动免疫。其一，种鸡群在 2 周龄和 5 周龄时接种传染性法氏囊病病毒活苗，20周龄时用传染性法氏囊病病毒灭活油乳剂苗预防注射。其二，雏鸡来源于接种过油乳剂苗的种鸡后代，在高感染区中饲养，应在2周龄左右接种传染性法氏囊病病毒活苗。其三，无母源抗体的雏鸡，可于1日龄用弱毒疫苗进行饮水免疫，2～3周龄后，再用一次毒力较强的弱毒疫苗免疫。

2. 治疗　一是用本病高免血清。3～7周龄雏鸡每只用0.4 mL肌肉注射，大鸡酌增剂量，100日龄以上用0.6 mL，疗效可靠。也可用本病耐过的康复鸡血液治疗。二是紧急预防可注射卵黄抗体。体重0.5 kg以下的每只肌肉注射0.5 mL，0.5 kg以上的每只肌肉注射1 mL，免疫期约2周，以发病初期使用效果最佳，中后期无效。三是补充糖盐水，即在饮水中加入0.1%氯化钠和5%蔗糖，以防脱水。治疗同时应配合隔离、消毒措施，以防重复感染。若有其他疾病同时发生，可采取综合治疗的办法。

三、鸡马立克氏病

马立克氏病是由疱疹病毒引起的一种高度接触传染性的肿瘤性疾病，以周围神经发生淋巴细胞浸润，引起一肢或两肢麻痹，或内脏各器官、肌肉、眼球、皮肤形成淋巴细胞浸润肿瘤病灶为特征。本病是鸡的一种常见病，死亡率高，同时还能造成肉仔鸡的废弃率增高及种鸡的产蛋量下降等，对养鸡业为害很大。

（一）病原　马立克氏病病毒属于疱疹病毒群的B亚群病毒。室温条件下，粪便与垫料中的病毒可保持传染性达4个月，干燥羽毛中的病毒存活时间更长，可达8个月之久。

（二）流行特点　本病主要感染鸡，其次是火鸡。自然感染的鸡多在2～5月龄发病，最早3周龄就能发病，肉用仔鸡多在40日龄之后发病。一般感染日龄越早，发病率越高。死亡率一般为5%～80%不等，发病率和死亡率几乎相等。母鸡发病率大于公鸡。病鸡和带毒鸡（隐性感染，不发病）是主要的传染源，一般不能垂直传播。污染了病毒的种蛋外壳、垫料、用具、孵化箱均可传播此病。健康鸡可由消化道或呼吸道感染,鸭、鹅也可感染。应激与本病的发生关系也很大,如长途运输、注射疫苗、捕捉、更换饲料等。饲养密度越大,感染机会越多,发病率和死亡率越高。患有球虫病、传染性贫血等疾病都能促使马立克氏病的发生流行,而由于本病的存在,可使球虫病更为严重,并能降低药物疗效。

(三)临床症状 根据临床症状和发病部位不同可分 4 种类型。

1. 神经型 其主要特征是外周神经受侵害。当一侧或两侧的坐骨神经受害时,常引起一肢或两肢呈不同程度的麻痹。常见的是一肢麻痹,另一肢向前跨步时,病肢拖在后面跟不上来,形成“劈叉”姿势。臂神经受侵害时,被侵害侧翅膀下垂。颈部肌肉的神经受侵害时,表现头下垂、头颈歪斜、扭头或仰头等症状。迷走神经受侵害时,引起嗉囊麻痹或扩张,俗称“大嗉子”。

2. 内脏型 其主要为内脏器官如肾、肝、脾、胰、心肺、卵巢、睾丸、胃、肌肉组织等生有肿瘤。流行初期多为急性发生,死亡率较高,肉鸡较多发。病鸡主要表现为食欲减退,精神不振,冠髯萎缩及颜色变淡,粪便稀薄,呈黄绿色,进行性消瘦以至衰竭而死。

3. 眼型 其主要表现为眼虹膜呈环状或斑点退色,即鸡眼虹膜由正常的橘红色变为弥散性灰白色,故称“白眼病”或“灰眼病”;瞳孔逐渐收缩,仅有一个针孔大小,最后消失,导致全盲;发生于一眼或双眼。

4. 皮肤型 皮肤上可见到较大的肿瘤结节或硬节,拔毛时可见毛囊增大,多发生在翅膀、大腿、颈、背、尾部等生长粗羽的部位。

(四)病理变化 本病主要在各内脏器官可见灰白色大小不等的淋巴样细胞肿瘤;病变的神经比正常的肿大 2～3 倍,颜色由银白色变为黄白色或灰白色,纹路消失;通常病变只侵害单侧,可与对侧神经对比。

（五）诊断要点　本病一肢或两肢麻痹，一肢伸向前方，一肢伸向后方；坐骨神经肿大，呈灰白色或黄白色，纹路消失；4月龄以内的鸡内脏各脏器易出现肿瘤；瞳孔不整齐，虹膜退色；实验室可通过病毒分离鉴定或血清学检查来确诊。本病与维生素B_2缺乏症区别：马立克氏病病鸡两肢都麻痹，坐骨神经和臂神经肿大；但维生素B_2缺乏症病鸡趾爪多向内卷曲，无"劈叉"姿势；本病内脏型病变与淋巴性白血病十分相似，区别见表11-1。

表11-1　鸡马立克氏病与淋巴性白血病的区别鉴别要点

鉴别要点	马立克氏病	淋巴性白血病
发病周龄	常发于4～18周龄	一般发生于18周龄以上的鸡
瘫痪或轻瘫	经常出现	无
神经肿大	经常出现	无
皮肤、肌肉肿瘤	可能有	无
法氏囊	萎缩	结节状肿大
消化道肿瘤	常有	无
性腺肿瘤	常有	很少
虹膜混浊	经常出现	无
肝、脾肿瘤	浸润生长	膨胀性生长
细胞类型	淋巴样细胞	主要为淋巴母细胞
经蛋传染	不经蛋内	经蛋内

（六）防治方法　该病目前尚无有效治疗方法，预防也不能靠单纯的接种疫苗，必须采取综合防治措施。

1. 免疫接种　鸡在1日龄（出壳24 h内）接种疫苗是最有效的防治措施，其保护率可达70%～80%。目前，生产的马立克氏病疫苗有3种：第一种是火鸡疱疹病毒苗；第二种是马立克氏病毒自然弱毒株疫苗；第三种是马立克氏病人工弱毒株疫苗。此外，还有同时含有上述2种、3种毒株的疫苗（二价苗、三价苗），其免疫效果优于单价苗。以上疫苗虽然能防止肿瘤的发生，但不能防止肿瘤病毒的感染。疫苗接种后在2周左右产生免疫力。同时在接种疫苗后的最初2周内，要加强饲养管理，严格消毒，净化环境，防止超强毒的马立克氏病病毒的侵入而影响免疫效果。接种疫苗必须在雏鸡出壳24 h内进行。疫苗稀释后仍要放在冰箱内，并要在2 h内用完。

2. 防止雏鸡早期感染　不同日龄、不同来源的鸡不能同舍饲养，以防交叉感染。雏鸡舍尽可能远离成年鸡舍，注意自然隔离，尽量避免各种应激因素的影响。雏鸡的日龄越小，易感性越大，即使正确有效地接种疫苗，最早也需7 d后才能产生足够的免疫力。为此还要做到种蛋入孵前对外壳进行消毒。

3. 严格卫生管理制度　发现病鸡立即淘汰，病、死鸡要严格处理，彻底消毒，消灭本病的传染源。饲养员要相对固定，饲养规范化，操作程序化，管理科学化。

四、鸡传染性喉气管炎

鸡传染性喉气管炎是由鸡传染性喉气管炎病毒引起的鸡的一种急性呼吸道传染病。主要侵害喉、气管等呼吸器官和眼结膜。特征是呼吸困难、咳嗽并咳出含有血液的渗出物，剖检可见气管黏膜肿胀、出血并形成糜烂。

（一）病原　鸡传染性喉气管炎病毒属疱疹病毒科的病毒。成熟的病毒粒子有囊膜，对乙酸敏感。本病毒大量存在于病鸡的气管组织及其渗出物中。急性发病期的肝、脾也含有病毒。本病毒抵抗力弱，55℃存活10～15 min，37℃存活22～44 h，3%来苏儿、1%氢氧化钠溶液2 min即能将其杀死。

（二）流行特点　自然条件下，仅鸡感染本病。病鸡和病愈带毒鸡（带毒可长达2年以上）是本病的主要传染来源。接种强毒疫苗的鸡也能较长时间散毒，成为传染来源。自然感染途径是上呼吸道及眼结膜。污染的饲料、饮水、用具及野禽都可机械带毒，成为传染媒介。本病一年四季都可发生，但以寒冷季节多见。鸡群的饲养管理条件不良，如拥挤、空气污浊、缺乏某些维生素或微量元素、寄生虫或慢性感染等情况下，都可诱发或加重本病。

本病在易感鸡群内传播很快，感染率可高达90%～100%，但死亡率则差别很大，5%～70%不等，通常为10%～20%。

（三）临床症状　自然感染的潜伏期为6～12 d，人工气管内接种的潜伏期为2～4 d。急性病鸡的特征性症状是鼻孔有分泌物和呼吸时发出湿性罗音，继而咳嗽和喘气。严重病例，呈现明显的呼吸困难，咳出带血的黏液；如果气管中黏液蓄积过多，则可发生窒息。检查口腔时，可见喉部黏膜上有淡黄色凝固物附着，不易擦去。病鸡迅速消瘦，鸡冠变为蓝紫色，有时排出绿色稀粪，最后衰竭死亡。病程一般为7～15 d。

幼龄鸡感染后症状一般比较轻微，仅表现结膜炎、气喘、呼吸罗音等，死亡率很低。在有些弱毒株感染时，流行比较缓和，发病率低，症状不显，只是无精打采，生长缓慢，有结膜炎、鼻炎和气管炎，病程较长。

（四）病理变化　病变主要集中在喉头和气管。气管和鼻腔有较多黄白色黏液，喉部周围黏膜肿胀，有多量带血黏液或黄白色的干酪样渗出物附着，渗出物很容易脱落。严重者喉头、气管黏膜糜烂，并有大量针尖状出血点，俗称“红气管”。有时炎症可蔓延到支气管、肺、气囊等处。慢性型病鸡鼻腔有浆性黏液，眼结膜充血、出血，眶下窦水肿、充血。

（五）诊断要点　根据本病流行特点和特有的临床症状，剖检有典型的出血性喉气管炎病变等即可做出诊断。症状不典型的应做实验室检查，其主要方法有：

其一，采集初期病鸡气管组织涂片，经姬姆萨染色发现核内包涵体可确诊本病。

其二，采取病鸡气管渗出物或气管组织悬液，接种9～12日龄鸡胚绒毛膜或尿囊腔，3 d 后可见绒毛尿囊膜出现增生性病灶，核内有包涵体。

其三，采取病鸡气管分泌物或组织悬液，经气管内接种易感鸡，可复制本病。

传染性喉气管炎与传染性支气管炎的鉴别：传染性支气管炎的传播速度更快，几乎同时全群发病，不咳出带血丝黏痰，喉头气管黏膜苍白，且黏膜上皮细胞内无核内包涵体，可与传染性喉气管炎相区别。

（六）防治方法　加强经常性防疫措施是预防本病的有效方法。在流行传染性喉气管炎的地区或过去发生过本病的鸡场，鸡群接种传染性喉气管炎疫苗是可靠的预防方法。鸡传染性喉气管炎弱毒冻干苗，按瓶签剂量用生理盐水或蒸馏水稀释后，给1月龄以上的鸡点眼，4～7 d 产生免疫力，1个月后再免疫1次，免疫期为6个月。但接种疫苗可能造成带毒鸡，因此在从未发生过本病的地区不宜进行疫苗接种。

目前本病尚无特异的治疗方法。发病鸡群投服抗菌药物，对防止继发感染有一定作用。我国近年研制的一些中草药制剂对本病有较好的效果，如病毒威、瘟毒灭等。在发病的初期可对尚未感染的健康鸡进行紧急预防接种。如不是严重暴发，紧急接种疫苗常可缩短病程，甚至可终止发病。

五、鸡传染性支气管炎

传染性支气管炎是鸡的急性高度接触性呼吸道传染病。本病主要表现为喷嚏、呼吸困难、气管发出罗音。病鸡主要表现2种类型，即呼吸道病变型和肾脏病变型。呼吸道病变型是本病较常见的一种类型；肾脏病变型以肾脏病变为特征，肾脏有大量的尿酸盐沉积，以“花斑肾”为特征。本病是当前肉鸡饲养中威胁严重的疾病之一。

（一）病原　鸡传染性支气管炎病毒为冠状病毒，有20多种血清型，呈圆形或多形性，存在于病鸡呼吸道渗出物中，肝、脾、肾、法氏囊中也存在，且有毒时间比在气管内更长。鸡传染性支气管炎病毒对外界环境有一定抵抗力，在粪便、鸡舍墙壁、饲槽和饮水槽中可存活50～90 d，对一般消毒药物抵抗力不强，可在几分钟内被全部杀死。

（二）流行特点　鸡传染性支气管炎仅发生于鸡，特别是10～21日龄的雏鸡最易感染，其他家禽未见感染。本病主要通过与病鸡直接接触，经飞沫和空气造成呼吸道感染，也可经饮水、饲料、用具等经消化道感染。本病传播迅速，易感鸡与病鸡同群饲养，常在48 h内即出现症状；雏鸡死亡率在25%以上，仔鸡和成年鸡死亡较少，康复鸡带毒排毒时间在30 d左右。

（三）临床症状　自然感染潜伏期1.5～5 d，人工感染潜伏期18～36 h；病初常看不到症状，突然出现呼吸系统病状，并迅速波及全群。由于鸡的年龄不同其临床症状有差异，通常雏鸡表现有伸颈，张口呼吸，喷嚏，咳嗽，呼吸时发出特殊叫声，后期病鸡衰竭，食欲减退，羽毛松乱，病程为1～3周。2周龄以内的雏鸡表现鼻窦肿胀，鼻分泌物增多，黏稠，流泪。6周龄以上的鸡主要表现张口呼吸，气管有呼吸音，喘气，咳嗽，产蛋量下降，软壳蛋，畸形蛋增多，很少有死亡现象，死亡率5%左右。

当肾脏被侵害时，出现急性肾炎、肠炎等病状，精神沉郁，食欲不振，饮水增多，拉白色稀粪，肛门周围羽毛粘有石灰渣样的粪便。发病后7 d左右开始有死亡，死亡率为10%～30%。

（四）病理变化　气管、支气管、鼻道和窦内苍白，内有较多的浆液性或干酪样渗出物；气囊混浊或有黄白色干酪样渗出物；死鸡的气管下部或支气管有时可发现干酪样栓塞；种鸡的腹腔内可发现液状的卵黄物质，卵泡充血、出血和变形，输卵管也可能发生病变。

侵害肾脏的表现为肾炎型病变，可见肾肿大、苍白，外观呈花斑状，俗称“花斑肾”，肾小管和输尿管扩张，里面充满尿酸盐。

（五）诊断要点 根据临床症状、病理变化和流行特点可做出初步诊断，确诊应做病毒分离和毒型鉴定。实验室诊断可采用病毒分离与鉴定等。

（六）防治方法

1. 预防措施 除严格执行定期卫生消毒制度外，要加强饲养管理，鸡舍常通风换气，提高鸡群抵抗力；要合理选择疫苗进行免疫接种。目前，使用的活疫苗和灭活苗有2类。一是鸡传染性支气管炎油乳灭活疫苗。5月龄内雏鸡胸部或大腿内皮下注射0.3 mL，成鸡0.5 mL，免疫期为4个月。二是鸡传染性支气管炎活疫苗。H120疫苗用于雏鸡、H52疫苗仅供1月龄以上的鸡应用；按瓶签注明羽份和稀释倍数用生理盐水、蒸馏水或水质良好的冷开水稀释，滴鼻免疫（每鸡滴鼻1滴）和饮水免疫（其饮用水量，根据鸡龄大小而定）；免疫后5～8 d产生免疫力；免疫期H120疫苗为2个月，H52疫苗为6个月。

常用的疫苗还有联苗：鸡新城疫、鸡传染性支气管炎二联活疫苗；鸡新城疫、鸡传染性支气管炎和鸡痘三联活疫苗；鸡新城疫、减蛋综合征、传染性支气管炎三联灭活苗；鸡新城疫、传染性支气管炎、传染性法氏囊炎、传染性关节炎四联灭活苗等（详见产品使用说明书）。

2. 扑灭措施 本病发生后应立即严格封锁、隔离，可用0.1%～0.3%菌毒灭带鸡喷雾消毒，每日1次，连续消毒1周；死鸡要深埋处理；病重鸡应淘汰；病轻者尽快治疗；感染过该病的鸡群，不宜留做种用。

3. 治疗 本病目前尚无特效药物。用中草药制剂对治疗本病有一定的效果，特别是肾病型的传染性支气管炎病鸡，由于体内钾、钠离子损失过多，应用无机盐类治疗可降低该病造成的损失。

用通肾宝、肾肿解毒药等辅助治疗,可取得一定的治疗效果。

六、鸡痘

鸡痘又名鸡白喉,是一种急性高度接触传染性疾病。该病以常在皮肤无毛处和少毛处发痘或口腔、喉部黏膜上形成纤维性坏死假膜为特征性病征。

(一)病原　鸡痘病毒具有嗜上皮细胞的特性,故病灶主要在皮肤或口腔、咽喉黏膜。该病毒耐寒冷和干燥,在低温干燥环境下能生存几个月,但对高温和乙醇等一般消毒药物敏感,在数分钟内死亡;1%氢氧化钠或1%醋酸5 min内使病毒灭活。

(二)流行特点　鸡、鸭、鹅均可发病,以鸡最易感染。感染本病的鸡不分年龄、性别和品种,以雏鸡和青年鸡多见,且雏鸡病死率较高。本病四季均可发生,以秋、冬季为最多;夏季蚊、蝇等吸血昆虫是导致皮肤型鸡痘多发的主要传播媒介。本病主要传播方式是通过皮肤或黏膜的创伤接触感染。病鸡、耐过鸡、脱落的上皮痘痂、咳嗽和喷嚏时排出的含毒碎屑或渗出物以及被污染的饲养用具和设备等是传染的主要来源。鸡舍拥挤,鸡相互啄咬,可相继感染。

(三)临床症状　本病潜伏期为4～10 d,其临床症状分为皮肤型、喉型、混合型、败血型4种类型。

1. 皮肤型　在无毛或少毛的皮肤,特别是头部,如鸡冠、肉髯、口角、眼皮等处,发生数量不定的痘状病灶,以后很快干燥形成褐色结痂;剥去痂皮,露出出血病灶;病情一般较轻,无全身反应。约2周后,痂皮脱落,不留痕迹。从发病至恢复过程为发痘—丘疹—糜烂—痂皮—脱落。

2. 白喉型黏膜型　病变发生在咽喉、口腔、气管黏膜,呈现伪膜性炎症,出现淡黄或白色、灰白色干酪样扁平的覆盖物,故名“鸡白喉”。病鸡伸颈张口呼吸,呼吸、吞咽困难,体重下降,冬季多发,种鸡产蛋减少。该型预后不良,常因窒息死亡。

3. 混合型 皮肤和口腔咽喉黏膜同时发生病变，病情较严重，死亡率高。

4. 败血型 本型少见，发生常以严重的全身症状开始，继而发生肠炎、败血性病变导致死亡，死亡率高。

（四）病理变化 病死鸡可见冠、肉髯、眼皮、口角等处皮肤发生痘疹。白喉型可见黏膜发生炎症，继而形成干酪样假膜，不易剥离；喉头、气管因肿胀变狭，坏死物脱落形成溃疡。鼻腔、眶下窦黏膜肿胀、肥厚、有渗出物滞留。

（五）诊断要点 皮肤型和混合型根据皮肤表面典型痘疹可确诊。白喉型或眼肿大者，根据病理剖检和采用病料接种易感鸡、鸡胚进行诊断。

（六）防治方法

1. 加强卫生管理 对鸡舍、周围环境坚持定期消毒，做好杀灭蚊虫及其他吸血昆虫的工作。

2. 免疫接种 在鸡痘多发地区，取鸡痘弱毒苗，用60%灭菌甘油生理盐水稀释（1～15 日龄雏鸡稀释200 倍，15～60 日龄小鸡稀释100 倍，大鸡稀释50 倍），然后用消毒刺种针蘸取疫苗于鸡的翅膀内侧无血管处皮下刺种，1 月龄以下肉用仔鸡刺一下，1 月龄以上鸡刺两下，一般接种后2～3 周产生免疫力，免疫期4～5 个月；刺苗后7 d 左右检查，见到接种部位产生绿豆大的小痘说明接种有效，否则应重新接种。

3. 扑灭措施 发生鸡痘时，对病鸡要及早隔离；轻者治疗；重者处理；对健康鸡进行紧急免疫接种；污染场所彻底消毒；治愈后的鸡经观察再无症状出现才能合群。

4. 治疗 痘病无特效药物治疗，常采用对症治疗措施。如皮肤型伤口处涂抹紫药水或碘液；黏膜型用镊子除去口腔、咽喉处的假膜，涂敷甘油并适当应用抗生素，以减轻症状，防止并发症，减少窒息死亡。

七、鸡传染性脑脊髓炎

鸡传染性脑脊髓炎是侵害鸡中枢神经系统的一种由病毒引起的传染病，主要危害1～3周龄的雏鸡。雏鸡发病后主要表现为运动失调、后肢麻痹及头颈的震颤，因而本病也叫做流行性震颤。

（一）病原　鸡传染性脑脊髓炎病毒属小核糖核酸病毒科肠病毒属。本病毒在体外可存活数日，对乙醚、氯仿、胰蛋白酶和去氧胆酸盐有抵抗力。

（二）流行特点　禽脑脊髓炎可感染多种禽类，但以雏鸡最易感，特别是肉用仔鸡发病率更高。本病既可水平传播，又可垂直传播，具有较强的传染性。感染种鸡经卵传染给雏鸡，病雏可通过粪便向外排毒，并污染周围环境，而被粪便污染的垫料、饲料、饮水又成为新的传染源。本病病原对外界环境具有较高的抵抗力，发病后的康复鸡可带毒，并能再次传播给后代。本病的潜伏期至少10 d，10日龄以内发病的，多属于垂直传播所致；10日龄以后出现的病鸡，应属于水平传播所致。

本病一年四季均可发生，但多发生于春秋季节，有较高的发病率和病死率。

（三）临床症状　病雏最初表现为迟钝，继而出现共济失调，表现为小鸡不愿走动而蹲坐于自身的跗关节上，驱赶时方可勉强走动，且摇摆不定或向前猛冲后倒下，最后倒卧不起，侧卧时脚掌伸直；随着运动失调的出现，可在腿、翼、尤其是头部出现明显的阵发性震颤，若将病雏拿起，轻敲其头部，震颤表现的更为明显。病雏在发病初期尚能采食和饮水，随着病情的发展，采食和饮水即发生困难，倒卧后多因被同群鸡践踏，最后衰竭死亡。病程一般为6～8 d。

（四）病理变化　死于本病的鸡，没有明显的肉眼可见的病变，有时仅见到脑水肿。

（五）诊断要点　根据本病的流行特点（如除能引起种鸡的急

剧性产量降低外,仅发生于幼雏鸡)和临床症状(如共济失调和震颤),且无明显的剖检变化,采用抗生素治疗又不见明显好转,即可做出初步诊断。但本病临床症状也易与新城疫、维生素B_1缺乏症、维生素B_2缺乏症和维生素E、微量元素硒缺乏症等病相混淆。虽然它们都与本病有或多或少的相似之处,但又有以下不同:

其一,新城疫除能表现与禽脑脊髓炎相似的症状外,还表现呼吸困难,剖检时能在喉头、气管、腺胃乳头、肠道等部位看到出血或炎症反应。

其二,维生素B_1缺乏症主要表现为头颈扭曲,抬头观天状,且当用维生素B_1肌肉注射后大多能康复。

其三,维生素B_2缺乏症主要表现为绒毛卷曲,肢爪向外弯曲,关节肿胀等。如添加大剂量维生素B_2后,发病轻微的病鸡能很快康复,且大群中也不会再出现新的病例。

其四,维生素E和微量元素硒缺乏症最典型的症状是病鸡胸肌肌纤维发白,有时可发现胸、腹部皮下有淡黄色胶冻样液体。

(六)防治措施 对本病无有效的治疗办法。一般而言,应将发病鸡群扑杀,并做无害化处理,因为患病小鸡一般不能长成有利可图的成年鸡。对表面健康的鸡群,应采取综合性防制措施,加强饲养管理,并对鸡舍、地面及饲养用具进行彻底消毒,及时拣出发病鸡隔离或处理掉。如果是出壳后不久的雏鸡发生本病时,应建议该孵化场停孵3周,对孵化室进行严格的消毒,并重新从健康鸡群引进种蛋后方可继续孵化,否则会带来更大的损失。

现市场上有可预防本病的疫苗,既有弱毒苗,也有灭活苗。弱毒苗可经饮水、口服或滴鼻免疫,但一般不提倡无禽脑脊髓炎病的鸡群应用,因为此种弱毒苗有毒力返强的危险。由于禽脑脊髓炎主要危害3周龄以内的雏鸡,所以主要应对种鸡进行免疫接种。免疫程序:一是用弱毒苗或灭活苗于种雏鸡出壳后即进行免疫;二是种鸡于开产前3周接种弱毒苗或灭活苗。

八、病毒性关节炎

本病又称病毒性腱鞘炎，主要是关节滑膜、腱鞘和心肌受到侵害，使胫和跗关节上方腱索肿大，病鸡跛行，不愿走动，生长缓慢，饲料利用率降低，给养鸡业造成很大的经济损失。

（一）病原　病毒性关节炎的病原体是呼肠孤病毒，对热、pH值3，2%的来苏儿有一定的抵抗力，对2%的氢氧化钠、70%的酒精敏感。

（二）流行特点　多发生于肉鸡、肉用型或肉蛋兼用型等体型较大的鸡。各种日龄的鸡均可发生，临床上多见4～16周龄、尤以4～6日龄最多。本病潜伏期1～11 d，有的可达数周。大多数呈隐性经过，有临诊症状的一般占鸡群总数的1%～5%，也有达10%以上。屠宰中因发育受阻或关节损害而废弃的病鸡，可能高达25%～30%。

本病的传播有水平传播和垂直传播2种形式。水平传播主要由鸡之间的间接或直接接触传染，污染的饲料、饮水、垫料、用具等都是本病的传播媒介。垂直传播主要通过鸡蛋传播；在生殖器中已证明有病毒存在，但经卵传播率较低。近年来，许多实验证明，病毒可通过空气经呼吸道感染，在鸡体内存活289 d以上，所以带毒鸡是本病的主要传染源。

（三）临床症状　本病的典型症状是病鸡表现为关节炎或腱鞘炎。

1. 腱鞘炎型　其主要表现跛行。病鸡足趾以下的足部以足胫腱鞘肿胀；跛行与肿胀始于足趾部，随之向上蔓延到膝部；膝部着地伏坐，不愿行动；食欲和活动力减退；勉强走动时步态不稳或单肢跳动；日龄较大的肉仔鸡可见腓肠肌肌腱断裂，呈顽固性跛行；严重病例由于不能活动，不能采食和饮水，日渐消瘦，最后衰竭死亡。

2. 败血型 本型多见于急性病例，关节炎症状轻微，表现精神不振，全身发紫，脱水，鸡冠发软，呈紫色，最后衰竭死亡。不死而转为慢性者可出现腱鞘炎症状。

(四)病理变化

1. 腱鞘炎型 本型可见跗关节以上腱和腱鞘肿胀、发炎，跗关节和腱鞘内含有黄色炎性渗出物，有时带有血液而呈红色或褐色；跗关节面有虫蚀状溃疡；滑膜和腱有点状出血；跗关节不能伸直的病鸡多发生腓肠肌肌腱断裂；慢性病例关节与腱鞘内多见结缔组织增生，腱与腱鞘粘连，关节硬固。

2. 败血型 病鸡全身发绀、出血，肝、脾、肾肿大，发生腹膜炎、卡他性肠炎，盲肠扁桃体肿大、出血，并伴有轻微的关节与腱鞘病变。

(五)诊断要点 根据发病特点、典型的腿部临床症状及病理变化可初步诊断，必要时进行病毒分离鉴定和血清学检验以确诊。

(六)防治措施 目前对本病尚无有效的治疗方法。应加强环境卫生与消毒工作，实行全进全出制，避免不同日龄肉鸡同舍饲养，细心观察鸡群，严格隔离并淘汰病鸡。预防接种是防治本病的积极措施。一般本病高发区，可对1 日龄雏鸡皮下注射或饮水免疫鸡病毒性关节炎弱毒疫苗，3～4 周龄时进行第二次免疫。对没有发生过本病的地区，如做好卫生与消毒工作后，也可不进行本病的免疫接种。一旦发生本病，应立即进行隔离与消毒工作，并对鸡群进行紧急免疫接种。

九、肉鸡传染性矮小综合症

肉鸡的传染性矮小综合症主要引起由仔鸡发育停滞、品质下降，对肉鸡业的危害较为严重，可引起严重的经济损失。1978 年荷兰首次报道此病，目前我国也出现了该病。

(一)病原 本病的病原不十分清楚，一般认为是呼肠孤病毒引起的，但也不能排除其他病因，如1984年在匈牙利却分离到了另一种病毒，其密度和形态完全像虫媒病毒科病毒。

（二）流行特点　该病主要发生于肉用雏鸡，对蛋鸡不产生明显的影响。该病既能水平传播，也能垂直传播；最早发生于3日龄；6～14日龄死亡率最高，可达5%～15%；种蛋质量、育雏温度、饲料、营养以及密度都与本病有直接关系。如果雏鸡的体质弱、免疫机能不强，易感染病毒和细菌，导致发育不均，生长阻滞。

（三）临床症状　患鸡发育迟缓或阻滞，精神委顿，羽毛蓬乱，翅膀上常伴有位置不等的羽毛，少数可能有许多断裂的羽毛，就此，曾将该病称之为“直升飞机病”；常常出现腿部病变，站立、行走困难，采食、饮水困难，从而进一步影响到发育；患鸡4周龄时体重仅达健康鸡的一半，部分鸡到4～5周龄后逐渐恢复，但仍比同龄的健康鸡小；急性病例常排出褐色稀便，衰竭而死。

（四）病理变化　病死鸡极度消瘦，无皮下脂肪蓄积，大腿部位色素消失，腹部膨胀，肠道扩张积有大量未消化食物，法氏囊、胸腺萎缩，腺胃黏膜炎症，胫骨变形，肋骨头肿大，骨质疏松。

（五）诊断要点　据临床表现及剖检病变可做出初步诊断。肉鸡矮小综合症是由一种传染性因子首先引起早期性肠炎，从而致使一些必需的营养成分如钙、磷、维生素D、维生素A和维生素E等吸收不良，因而在临床上表现腹泻、生长迟缓、羽毛粗乱以及由于骨质疏松而引起的腿弱或瘸腿等症状。根据这些特征性症状，结合剖检所见肠道及大腿骨等特征性变化，就可以做出初步诊断。为了进一步确诊，可以做病原分离和电镜检查。

（六）综合防治　加强饲养管理，注意育雏舍的温度、通风以及环境卫生，饲料中添加维生素A、维生素D、维生素E以及矿物质，一旦发病应及时淘汰病鸡，投一定量抗生素，防止继发其他细菌病。

十、禽流行性感冒

禽流行性感冒简称禽流感，是由禽流感病毒引起的禽类一种急性败血性传染病。除鸡和火鸡外，鸭、鹌、海鸟、野鸟、水鸟等也能受到感染，其中真性鸡瘟或称欧洲鸡瘟为害严重，能引起鸡、火鸡大批死亡，以突然发病、头面部特别是肉髯和鸡冠水肿、呼吸道症状由轻至重，病程短、死亡快、全身呈败血性病变为特征。

（一）病原　禽流行性感冒病毒属于正粘病毒科正粘病毒属，已发现200多种，其中以真性鸡瘟的病原体A型流感病毒的致病性最强烈。该病毒呈球状或短杆状，能凝集鸡及人的红细胞，并能被抗禽流感血清中的抗体所抑制，病毒能在发育的鸡胚或鸡肾细胞、鸡成纤维细胞上生长。病毒存在于机体所有的组织、分泌物和排泄物中，对热的抵抗力较低，60℃ 10 min、70℃ 2 min即可灭活；对酸敏感，一般消毒药物都能很快杀死禽流感病毒。

（二）流行特点　禽流感病毒能感染多种家禽和野禽。禽类中鸡和火鸡最易感染，鸭和鹅可感染，哺乳动物不感染，人也可感染，感染后出现角膜炎、结膜炎。禽流感病毒可通过消化道、呼吸道、皮肤伤口和结膜感染，吸血昆虫、带毒蛋、带毒鸟也可传播病毒，发病率和死亡率取决于禽的种别、病毒的不同品系和毒力的大小、并发感染情况及饲养管理等因素。被污染的鸡舍、场地、用具、饮水等都能成为传染源；患病鸡在潜伏期即可排毒。

（三）临床症状　由于鸡的种类、年龄、性别、有无并发症、病毒株和外界环境条件的不同，表现的症状也有很大的差异，主要表现呼吸道症状。可分为最急性型、急性型、亚急性型及阴性感染等。

1．最急性型　本型病常突然暴发，往往见不到任何症状而突然死亡，病程为数小时。

2．急性型　病鸡头、面、胫、胸部肿胀，鸡冠、肉髯、眼睑、耳垂、翅及腿内侧皮肤水肿，呈乌紫色；体温升高可达43～44℃，闭目呆立，精神委靡，羽毛松乱，头、翅下垂，咳嗽，呼吸困难，发出“咯咯”叫声，流泪，下痢，严重者1～2 d死亡。

3. 亚急性型　本病出现严重的呼吸道症状，咳嗽，呼吸困难，流泪，下痢，死亡较少。

（四）病理变化　最急性死亡的鸡，内脏几乎见不到什么明显的变化。急性死亡的鸡，头部、颜面、肉冠、肉垂浮肿，皮下胶样浸润，出血，心包有黄色渗出物和纤维性渗出物，腺胃乳头出血，脾脏、肝脏肿大出血，肾肿大。而法氏囊水肿呈黄色，气管充血。

（五）诊断要点　如能见到典型症状与病变可做出初步诊断。但由于禽流感的临床症状变化较大，单凭症状或病变进行确诊往往比较困难。故确诊必须进行病毒的分离、鉴定和血清学试验。

禽流感与鸡新城疫的鉴别：禽流感的潜伏期和病程比新城疫短，神经症状没有新城疫明显，且头面部明显水肿，剖检可见皮下水肿黄色胶样浸润，黏膜和浆膜出血比新城疫更广泛，心包有黄色渗出物和纤维性渗出物、肠黏膜无溃疡等可与新城疫相区别。

（六）防治方法　建立、健全并严格执行卫生消毒防疫制度，严禁一切带毒鸟和污染物进入鸡场，出入人员和车辆要严格消毒，坚持鸡舍进鸡前和出鸡后用福尔马林熏蒸消毒，鸡群入舍前用0.3%复合酚喷雾消毒，用具使用前后要消毒，鸡舍每周带鸡喷雾消毒1次。

防治禽流感目前尚无有效的药物和疫苗，当发现疑似禽流感时，必须立即停止场内鸡的移动以及鸡产品的运出，对不洁净的鸡场按有关法律、法规规定的程序进行检疫封锁。在确定为禽流感后，对所有病鸡和疑似病鸡和同群健康鸡均要就地无血屠宰、焚烧或作为废物利用，场地、用具和鸡舍要进行反复彻底消毒。对于亚急性型禽流感可试用盐酸金刚烷胺，10～25 mg/kg，混饲或混饮；与抗生素合用可提高疗效。

十一、禽霍乱

禽霍乱又名禽巴氏杆菌病或禽出血性败血症，是一种急性、败血性传染病，是目前世界上仍没有完全控制的疾病。其特征是：最急性和急性发生败血症状，严重下痢；慢性症状主要发生肉垂水肿和关节炎。剖检特征性病理变化：肝脏肿大和针尖大小的灰白色坏死病灶，黏膜、浆膜有出血点。鸡霍乱广泛流行于世界各地。

（一）病原　病原是多杀性巴氏杆菌，革兰氏阴性的小杆菌，呈卵圆形或短棒状，菌体的两端着色较深，呈明显的两极性。巴氏杆菌对外界物理、化学因素抵抗力较低，用抗生素或磺胺类药物及普通的消毒药品都能杀死病菌；在干燥空气中2～3 d即可死亡，60℃ 10 min可杀死；腐败尸体中可存活3个月；一般消毒药物，如10%石灰水、3%石炭酸、2%烧碱1 min即可将其杀死。

（二）流行特点　巴氏杆菌为条件性病原菌，在自然界分布很广。在健康鸡的呼吸道中平时就有杆菌的存在，一般并不发病。但在饲养管理不善，卫生状况不佳，营养成分缺乏，气候及环境突然改变或其他应激因素导致机体抵抗力降低时，均可诱发本病。本病发生于各种日龄的鸡，但鸡在开产期和性成熟期最易感。本病无明显季节性，多发于冷热交替、闷热、潮湿、多雨时期，夏、秋季流行较广，多呈地方性急性流行。

（三）临床症状

1. 最急性型　本型常不表现明显症状就突然死亡。流行初期多见于肥壮、高产母鸡。

2. 急性型　病鸡精神沉郁，羽毛松乱，独伏一隅，缩颈闭眼，食欲减退或废食，冠髯肿胀呈暗红色，张口呼吸，喜饮水，严重腹泻，粪便为黄绿色或灰白色，死亡率高，病程3～4 d。

3. 慢性型　主要见于流行后期，鸡冠苍白，肉髯发炎、肿大，腹泻，粪带绿色或淡红色，腿关节肿胀而跛行，呼吸困难，进行性消瘦。病程常可延至数周。

（四）病理变化　突然死亡的鸡，一般无明显病变。急性的以肝脏肿大、表面散布许多针尖大小的灰白色坏死点为特征性病变。心外膜和心冠脂肪有明显的出血点，肾肿大，肺水肿，十二指肠出血性炎症严重。肠道充满黏稠物，并混有血液。

（五）诊断要点　根据流行特点、临床症状和特征性病理变化，可做出初步诊断。病料涂片染色镜检，取病鸡心血、肝脏和脾脏组织，在染色时应用革兰氏染色和瑞氏染色2种方法，若为革兰氏阴性小杆菌和瑞氏两极浓染菌，便可确诊。

（六）防治方法

1. 治疗　治疗本病可合理地使用土霉素、庆大霉素、环丙沙星、丁胺卡那霉素、复方敌菌净、痢菌净等抗菌药物；为避免产生耐药性，应注意剂量要合理，至少连续使用3～5 d，最好选择几种药物交替使用。

2. 预防　一要防止病原的传入。尽量避免飞鸟、犬、猫等传播媒介接近鸡舍；一旦发病，严格处理病死鸡，防止病原扩散；做好预防消毒工作，加强饲养管理，保持饲养条件及环境的相对稳定和清洁卫生，是消灭本病诱因的重要步骤。二要因地制宜地实施免疫。禽霍乱有多种弱毒苗和灭活苗，虽然效果尚不理想，但均有一定免疫作用，各地可因地制宜，选择使用。

十二、鸡葡萄球菌病

葡萄球菌病主要引起雏鸡关节炎、脐炎、细菌性心内膜炎、败血症、肉芽肿等症状，给养鸡业带来较大的危害。

（一）病原　本病的病原体为金黄色葡萄球菌，革兰氏阳性，无鞭毛，无芽孢，对外界环境的抵抗力较强。病菌在干燥的脓汁或血液中存活2～3个月；60℃加热30 min能将其杀死；3%～5%的石炭酸、70%的酒精等均可在10～15 min将其杀灭。

（二）流行特点 各种年龄的鸡都可发病，40～80日龄最易感，肉用仔鸡在20～30日龄就发病。本病原体广泛存在于自然界中以及鸡体表，皮肤黏膜创伤是主要的感染途径。如鸡痘引起的皮肤外伤、笼养引起的皮肤创伤均可导致本病的发生，是本病发生的诱因。

（三）临床症状 由于本病感染部位与发病程度不同，可表现不同的症状。

1. 急性败血型 病鸡体温升高，精神不振，眼半闭，嗜睡，蜷缩离群，肉髯、鸡冠苍白，脸面部及爪部皮肤发黄，食欲减退或废绝，呆立或蹲卧鸡舍一角，缩颈，翅膀下垂，羽毛松乱，有的下痢，排灰白色稀粪。一般病例都伴有体表外伤或化脓。

2. 浮肿性皮炎 病鸡胸腹部皮下、翅下有浆液性渗出、充血、出血或糜烂，恶臭，呈紫红色或紫黑色，有波动感，局部羽毛易脱落；后期昏厥，发病2～3 d后死亡。长时间磨压引起感染，胸部形成囊泡状水肿，有波动感，囊肿处羽毛磨压脱落，局部皮肤红肿、增厚，有的破溃化脓。

3. 关节炎型 病鸡不同部位关节发生炎性肿胀，以跗关节与趾关节多见；病变关节紫红色或紫黑色，多伴有发病关节的外伤。病鸡跛行，不愿走动，有的翅膀下垂，多蹲卧，肿胀关节早期有渗出物，滑液囊波动，后期变硬。

4. 趾瘤型 本型症状表现在脚底垫或脚趾及周围组织形成球形肿大，即脚垫肿或趾瘤，早期有波动、红肿，后期干缩，表皮皲裂，有的可见脚垫刺伤或磨伤，多见于体重大的肉用仔鸡。

5. 脐炎型 孵出不久的雏鸡腹部膨大，脐孔发炎、肿大、硬实，有炎性渗出物，有的化脓，于2～5日龄死亡。

6. 化脓性骨髓炎 本型多见于肉用仔鸡的中雏阶段，不断散发，病鸡突然食欲不振，沉郁，股骨、胫骨质地变脆，易折断，跛行，行走困难或不能站立，3～4 d后死亡。转群或笼底网眼过大时经常发生腿的扭伤和骨折。

7．呼吸道感染　病鸡精神委顿，不吃，鼻流涕，多呈脓性，呼吸困难，张口呼吸，咳嗽，有时出现喘鸣音，冠髯发绀。

8．局部感染　病鸡外部损伤部位、皮肤或皮下发炎、坏死、化脓，有的形成脓肿，甚至坏疽。

有的病例出现以上不同类型的混合症状。

（四）病理变化。

1．急性败血型　病鸡肌肉广泛性出血，胸腹部皮下积有红色胶冻样液体，以胸肌最明显；肝脏肿大，质地变脆；心包积液，有时有出血点；肠道发生炎性变化。

2．浮肿性皮炎　病鸡胸腹部皮下、翅下、大腿内侧等处紫黑色浮肿，切开可见大量皮下出血和肌肉出血，皮下积有大量胶冻样渗出物，呈弥散性粉红色或褐色，恶臭；肝脏肿大，有白色坏死点。

3．胸囊肿型　肉用仔鸡中后期发病时，个体较大的病鸡胸下呈囊状水肿，像一水泡，切开皮肤可见胸部有积液，呈浆液性，病程长时形成黄白色干酪样物。

4．关节炎型　病鸡发病关节发炎和滑膜发炎，关节肿大，滑膜增厚、充血、出血，关节囊内有浆液性渗出物，有时有纤维素性渗出物，之后变成脓性或干酪样，使关节固着。

5．趾瘤型　病鸡在脚垫处出现球形肿胀，切开后内有炎性渗出物，有时呈浸润样，局部组织水肿，病程较长时变为脓性，尔后转为干酪样或结缔组织增生。

6．脐炎型　病鸡脐部肿大，呈紫黑色，有暗红色液体或化脓，有的干涸。肝脏有出血点。卵黄吸收不良，呈黄红色或暗灰色，液化，并有絮块状物混悬。

7．化脓性骨髓炎　病鸡股骨、胫骨变粗，皮质变薄、松脆，髓质颜色变浅，甚至呈黄白色。

8．呼吸道感染　病鸡肺部充血、瘀血、水肿，有时出现局灶性坏死、化脓，气管、支气管黏膜增厚、充血，有较多的炎性分泌物。

（五）诊断要点　根据本病外部损伤、局部炎症、化脓，配合临床症状与特征性病理变化可初步诊断。取病变部位病料涂片镜检，可见到多量的葡萄球菌。必要时进行细菌分离培养与生化鉴定等实验室诊断确诊。

（六）防治措施

1．预防　加强饲养管理，保持鸡舍卫生、干燥和通风，经常对鸡舍进行清理消毒，减少环境中的含菌量。笼具要光滑、无毛刺，地面平养时垫料要松软，厚度要合适。鸡群密度不要过大，光照适当，减少应激、惊群与啄癖，尽量避免鸡体损伤。发生外伤时应及时消毒治疗，防止感染。

2．治疗　一旦发生本病，应及时对全群进行投药，并对鸡舍进行彻底消毒，隔离病鸡。对病情较重或严重影响鸡肉品质、失去商品价值的病鸡应尽早淘汰。对病情较轻的病鸡可用氟喹诺酮类、丁胺卡那霉素或青霉素等药物注射、拌料或饮水治疗。有条件的可分离病菌进行药敏试验，选取敏感药物治疗效果更好。同时对外部皮肤破伤进行消毒治疗。

十三、大肠杆菌病

大肠杆菌病是以大肠埃希氏杆菌为原发或继发病原体的一种传染病，在临床上有多种表现形式。而且，发病率和死亡率都很高，对肉鸡饲养业影响很大。

（一）病原　大肠杆菌是鸡肠道内的常在菌，有10％～15％的大肠杆菌有致病性血清型；为革兰氏阴性、有鞭毛、无芽孢，单个或成双排列；瑞氏染色时菌体两极着色。一般消毒药均可在短时间内将其杀死。

（二）流行特点　各种年龄的鸡均可感染，雏鸡发病后症状明显。本病是一种条件性疾病，饲养管理、卫生条件、鸡体感染其他疾病都可激发本病。本病可经污染的饲料、用具等水平传播,也可经蛋垂直传播。

(三)临床症状　肉用仔鸡发生大肠杆菌病时,一般性症状是精神不振,不爱活动,常呆于一角,羽毛松乱,两翅下垂,食欲减退,腹泻等。由于感染部位不同,其临床症状也不同,因而分为不同的类型。

1. 败血型　本型没有特征性症状,表现精神不振,食欲减退或废绝,羽毛逆立,颜面部退色,消瘦,下痢,排出白色或黄绿色稀便,打喷嚏,呼吸障碍,咳嗽,头部皮下水肿,多于发病后 2～4 d 死亡。

2. 雏鸡脐炎　雏鸡脐炎也称“大肚脐”。被大肠杆菌污染的种蛋或孵化过程中污染的鸡雏缺乏活力(弱雏),卵黄吸收及脐带收缩不良,脐带发炎、湿润、发红、肿胀,脐孔闭合不良或不闭合,周围皮肤紫褐色,采食减少或不采食,精神沉郁,下痢,多在出壳后2～3日龄死亡,不死的病鸡生长缓慢。

3. 肠炎型　本病除一般全身症状外,主要表现拉稀,呈黄绿色水样稀便,消瘦,脱水,最后衰竭死亡。

4. 眼炎型　本型多由败血型或肠炎型转变而来,表现眼睑肿胀,流泪,结膜潮红,角膜混浊,有脓性分泌物,瞳孔缩小,眼球萎缩、凹陷,失明,同时伴有一般症状。

5. 关节炎型　本型多由败血型或肠炎型等转变而来,多为慢性经过,表现关节肿大,关节周围呈竹节状肥厚,跛行。

6. 气囊炎型　本型多由败血型转变而来,发生气囊炎与肺炎,3 周龄以上肉用仔鸡多发,常见精神沉郁,呼吸困难,咳嗽,有湿性罗音,食欲减退或废绝,伴有腹泻,腹腔积液,后腹部软而大。有时几种类型同时存在,表现多种症状和病变。

(四)病理变化

1. 败血型　本型特征性病变为纤维素性心包炎,心包肥厚、混浊，呈乳白色，附着多量绒毛状脓样渗出物，多与心肌和胸壁粘连；常伴发肝脏包膜炎，肝脏肿大，肝周围纤维素性渗出，呈乳白色胶冻样，有时出现粘连；腹腔有大量渗出液，腹腔各器官有纤维素性粘连；有时还伴发气囊炎，气囊增厚、混浊。

2. 气囊炎型　本型除有败血型病变外，表现胸腹部气囊高度混浊、增厚，有时呈黄褐色，胸腹腔均有大量混浊渗出物；肺部发炎、充血、出血、坏死；气管内有大量黏液，气管黏膜充血、增厚；鼻腔有大量黏液。

3. 幼雏脐炎　卵黄吸收不良，卵黄膜非常薄，卵黄液化，呈黄褐色或黄绿色泥水样，混有干酪样颗粒物，恶臭；常伴有腹膜炎和心包炎；脐部肿大，脐孔闭合不全。

4. 肠炎型　小肠黏膜充血、出血、溃疡，肠内有大量液体，腺胃黏膜充血或出血，直肠内有多量稀绿粪，胆囊肿大、充盈。

5. 关节炎型　病变关节（以跗关节多见）肿胀，滑液增多、混浊，关节囊内有干酪样物，有时出现关节粘连。

6. 其他类型　感染大肠杆菌后还可出现肝、盲肠、十二指肠以及肠系膜肉芽肿、卵黄性腹膜炎、输卵管炎等。

（五）诊断要点　大肠杆菌病类型较多，临床症状与病理变化各异，情况复杂，诊断时应根据发病情况、临床症状、病理变化进行综合分析，初步诊断。必要时进行细菌学分离鉴定与实验室检验确诊。

（六）防治措施

1. 预防　防止种鸡场与孵化场鸡粪污染种蛋，并对种蛋存放与孵化环境进行消毒。商品肉用仔鸡场要加强环境卫生消毒，减少粪便对饲料、饮水的污染；水槽要经常清洗，必要时可在饮水中加入消毒药；注意育雏舍保温，防止受凉，舍温不要忽高忽低；饲养密度要合理；保持通风良好；勤换垫料，保持地面或垫料干燥清洁；减少其他应激因素；定期消毒鸡舍、用具及环境。大肠杆菌污染严重的肉鸡场，可从本场病鸡中分离大肠杆菌，制成灭活疫苗进行免疫接种，能有效地防止本病发生。

2. 治疗　发生大肠杆菌病的鸡可用痢菌净、环丙沙星、氟哌酸、左旋氧氟沙星、丁胺卡那霉素等抗菌药物治疗，连用3～5 d。如有条件，可从病鸡中分离病原性大肠杆菌进行药敏试验，选用敏感药物治疗，效果更好。

十四、鸡霉形体病

鸡霉形体病是由鸡败血霉形体引起的一种慢性呼吸道传染病，又称慢性呼吸道病、鸡支原体病。其主要特点是以呼吸道症状为主，病程长，发展缓慢，死亡率低，临床表现为咳嗽、流鼻涕、呼吸有罗音。

（一）病原　鸡败血霉形体呈细小卵圆形，革兰氏阴性，着色淡，姬姆萨染色着色较好。致病性败血霉形体能凝集鸡红细胞，且刺激感染鸡产生血凝抑制抗体。鸡败血霉形体对外界环境抵抗力较弱，45℃1 h、50℃20 min 即可灭活，一般消毒药均能将它迅速杀死。

（二）流行特点　鸡和火鸡对本病均易感染，尤以1～2月龄雏鸡最敏感，成鸡多呈隐性经过。鸡败血霉形体随病鸡的呼吸道分泌物排出，多经呼吸道感染；也可通过直接接触或用具、饮水、饲料等途径传播；在孵化过程中，常由于败血霉形体的繁殖造成死胚或者雏鸡不能从蛋壳脱出，或者使幼雏带菌而垂直传播，构成类似鸡白痢的循环感染。鸡群饲养管理不善，环境条件差，通风不良，气温突变，过分拥挤，缺乏维生素A 等可诱发鸡败血霉形体病。此病主要流行季节是冬季。

（三）临床症状　人工感染时潜伏期为4～21 d，自然感染时可能更长，病程可持续1～6个月或更长。轻微感染外观几乎没有变化，只是鼻孔周围稍有污染，指压流出少量鼻液。继发感染时可见鼻液增多，常和饲料黏着，造成鼻塞，病鸡频频摇头，气管罗音，咳嗽，张口呼吸，食欲减退，眼睑肿胀。关节滑液囊炎时，出现跛行。

（四）病理变化　常见气囊混浊，鼻腔、气管和支气管内有黏液性渗出物。严重者常引起化脓性肝包膜炎和心包炎。关节滑液囊炎时可见肿胀部位有油脂样渗出物蓄积，病势发展时则可见到奶酪样渗出物。病变主要见于关节滑膜和腱鞘，有时部分腱鞘从关节部脱落。

（五）诊断要点　根据流行特点、临床症状和病变只能做出初步诊断，确诊必须经血清学检验和病原体的分离鉴定。血清学检验主要有平板凝集试验和血凝抑制试验。应注意与鸡传染性支气管炎、鸡传染性喉气管炎、鸡传染性鼻炎等相区别。

（六）防治方法

1. 预防　引进种鸡、苗鸡和种蛋时，严格杜绝本病传入。平时加强饲养管理，经常消毒，定期驱虫。发生本病后最有效的扑灭方法是全群淘汰，重新建立健康鸡群。但是目前对大多数鸡场来说，即使建立了无鸡败血霉形体的鸡群，也难以保持下来。

2. 治疗　药物防治仍是一种较好的办法。其一，北里霉素对鸡败血霉形体有良好的防治效果。每吨饲料中加入北里霉素110～500 g混饲，连用5～7 d，或每吨（1 000 L）水中添加酒石酸北里霉素250～500 g，连续饮用5 d。预防量减半。其二，泰乐菌素对霉形体病有特效，每吨饲料中添加磷酸泰乐菌素400～1 000 g混饲，或每吨水中加酒石酸泰乐菌素500 g，连续饮用5 d。对耐泰乐菌素的霉形体可用恩诺沙星，家禽饮水0.005%，连用3～5 d。其三，近年来我国研制的中草药制剂也能较好地防治鸡败血霉形体病。其他用于防治鸡败血霉形体的抗菌药物还有红霉素、强力霉素、壮观霉素、氟哌酸、环丙沙星等。

十五、曲霉菌病

曲霉菌病是多种禽类、哺乳动物（包括人）因曲霉菌感染引起的一种以呼吸系统变化为主的疾病。本病的特征是呼吸系统发生炎症。

（一）病原　在曲霉菌属中烟曲霉菌是主要的病原菌，黄曲霉菌也有不同程度的致病力。曲霉菌孢子对外界的抵抗力很强，煮沸5 min才能杀死，一般消毒药液需要1～3 h才能使其灭活。

（二）流行特点　曲霉菌和它所产生的孢子，广泛分布于自然界，如稻草、谷物、木屑、发霉的饲料以及墙壁、地面、用具和空气中，鸡接触被污染的环境，主要是通过呼吸道和消化道传播而感染。育雏期的饲养管理差，室内温度变化大，通风换气不好，阴暗潮湿等可诱发本病。雏鸡对烟曲霉菌最易感，常见急性暴发，成年鸡仅为散发。出壳后的雏鸡在进入被烟曲霉菌污染的育雏室后，48 h即开始发病死亡，4～12日龄是发病高峰期，死亡率可达80%，至1月龄基本停止死亡。放养鸡群对烟曲霉菌有较强的抵抗力。

（三）临床症状　病鸡呼吸困难、急迫，常张口喘气（但无罗音），精神不振，体温升高，眼鼻流液，有“甩鼻”表现，食欲减退，口渴，迅速消瘦，后期下痢。病程一般在1周左右。有的雏鸡可发生曲霉菌性眼炎。种鸡多为慢性，表现为生长缓慢，反应迟钝，闭目呆立，产蛋量下降或停止，病鸡逐渐消瘦死亡。

（四）病理变化　肺、气囊和胸腹腔发现粟粒大至绿豆大的黄白色或灰白色结节，结节柔软有弹性，结节切面呈轮层状，中心为干酪样坏死，内含大量菌丝体。有的可以引起弥漫性肺炎，故本病亦称为曲霉菌性肺炎。在慢性病例可见气囊肥厚呈皮革状，气囊内充满干酪样物质。

（五）诊断要点　根据流行特点、临床症状和病理剖检可做出初步诊断，确诊则需进行微生物学检查。可取病鸡肺或气囊上结节少许，置载玻片上，加生理盐水1～2滴，用针挑碎病料，显微镜下检查，可见到菌丝体和孢子。

（六）防治方法

1. 预防措施　不使用发霉的垫草，不饲喂霉败的饲料，是预防本病的主要措施。垫草要经常翻晒，发霉时，可用福尔马林熏蒸消毒。喂鸡所用的沙砾要淘洗干净。防止孵化器受霉菌污染。育雏舍一旦被污染，必须彻底清扫，进行换土和消毒，然后再铺上干净垫草。加强饲养管理，搞好环境卫生，保持鸡舍通风良好。

2. 治疗方法　本病目前尚无特效疗法，据认为用制菌霉素治疗，有一定效果，平均每只鸡每次5 000 IU，每天2次，连用3 d。另外，在病鸡的饮水中加入0.3%～0.5%的硫酸铜或0.005%的碘化钾，也能获得较好的效果。

十六、鸡坏死性肠炎

鸡坏死性肠炎是由产气荚膜杆菌引起的一种传染病。其主要特征为病鸡腹泻，排红褐色乃至黑褐色煤焦油样稀便。

（一）流行特点　本病多发于湿度和温度较高的4～9月份，以2～5周龄的肉用仔鸡和5周龄以上的种鸡发生较多，以突然发病和急性死亡为特征。

（二）临床症状　急性病例表现精神沉郁，体温升高，羽毛松乱，翅膀下垂，呈蹲坐姿势，皮肤出血、坏死，部分关节肿大，食欲减退或废绝，腹泻，排红褐色乃至黑褐色煤焦油样稀便，有时混有肠黏膜组织，发病后迅速死亡。慢性病例症状不明显，仅见肛门周围沾污粪便，病鸡生长发育不良。

（三）病理变化　病变主要在小肠，特别是小肠的后1/3部分。小肠腔内因存在大量气体而明显膨胀，肠壁有的部位黏膜脱落而非常薄，有的部位附有黄褐色伪膜而增厚。肠内含有白色、灰白色或黄白色渗出物，有的为血样、黑红色或黄褐色泥状。慢性病例多在小肠黏膜上形成伪膜。病鸡肌肉苍白并有出血点，腹腔内积有血液。肝、脾肿大2～3倍，肝脏有黄色坏死条纹，脾脏有出血点，表面有点状气泡。心脏表面有突出的芝麻大黄白色结节，呈沙粒状。

（四）诊断要点　据临床症状、病理变化可初步诊断；取病死鸡心血、肝脏、脾脏、肠黏膜刮取物等病料涂片，镜检可确诊。瑞氏染色镜检，可见蓝色粗大杆菌，呈单个、成双或长链排列，并可见菌体中央芽孢。

（五）防治措施

1. 预防　加强鸡群的饲养管理，搞好鸡舍的清洁卫生，减少病原菌的污染。鸡群发病后，对病鸡应及时隔离，并全面彻底清扫和消毒鸡舍，避免病原菌扩散。产气荚膜杆菌对土霉素、金霉素、青霉素、杆菌肽素等均比较敏感，在鸡的易感期连续不断地使用杆菌肽素、土霉素等混料，能有效地控制鸡坏死性肠炎的发生。

2. 治疗　庆大霉素，混水，每千克饮水中加 20 000 IU，每天 2 次，连用 5 d；青霉素，混水，每只雏鸡每次 5 000 IU，在 1～2 h 用完，每天 2 次，连用 5 d；杆菌肽素，拌料，肉用仔鸡 100 IU/只，青年鸡 200 IU/只，每天用药 1 次，连用 5 d。

十七、鸡白痢

鸡白痢是 3 周龄以下雏鸡常见的多发性传染病，以拉白痢和急性败血症为特征，死亡率较高，是影响雏鸡成活率的主要疾病之一。成年鸡呈隐性感染或慢性经过，并可引起垂直传播。几乎所有鸡场、鸡群都有本病发生，如防治不及时，会造成大批死亡。

（一）病原　鸡白痢沙门氏菌为革兰氏阴性小杆菌。病鸡的内脏中都有病菌，以肝、肺、卵黄囊、睾丸和心血中最多。自然条件下，病菌存活时间可长达几年，但对热抵抗力不强。污染的鸡蛋煮沸 5 min 可杀死本菌；对化学消毒剂敏感，常用消毒剂即可达到消毒目的。

（二）流行特点　本病主要感染雏鸡，2 周龄以内主要呈急性败血症，20～45 日龄者呈亚急性，成年鸡多为慢性或隐性感染。传染源主要为带菌鸡、带菌种蛋及患鸡排泄物。本病既可垂直传播，又可水平传播。发病不分季节，以出雏季节多见。环境污染，卫生条件差，温度过低，阴暗潮湿，过于拥挤，通风不良，饲料不足以及霉形体、曲霉菌、大肠杆菌等病混合感染，都是本病发生流行的诱因。一旦发生本病，如不净化或更新鸡群，就有可能长期传播下去。

（三）临床症状 雏鸡白痢可分典型和非典型2类。

1. 典型雏鸡白痢 本病多为白痢型和败血型。最急性者一出壳即死亡，一般多以3～8日龄开始发病，至2周龄达最高峰，2周龄后发病逐渐减少。病鸡表现昏睡、怕冷、精神沉郁、食欲减少或不食、翅膀下垂，拉白色糨糊样粪便，肛门周围常粘连石灰样粪便，粪便有时呈淡黄色、淡绿色或带血。急性败血型死亡率为30%～50%。

2. 非典型雏鸡白痢 病鸡不拉白痢和稀粪，主要表现为肺部病症，又称肺型白痢。病雏食欲较好，肛门干净，病初精神委顿，闭眼，头下垂，继而伏地侧卧，呼吸加快，腹式呼吸。该型多发生于冬春季1～2周龄雏鸡，常呈地方暴发式急性经过。2周龄后发病逐渐减少。

（四）病理变化 病程稍长的雏鸡，可见肝肿大，呈土黄色，有砖红色条纹，有的心肌、肺、肝、肌胃、盲肠或大肠上有灰白色小结节和坏死点。卵黄吸收不全，呈油脂样或干酪样。成年母鸡卵巢萎缩，卵泡无光泽呈淡青色或铅黑色，其内容物呈油脂样。

（五）诊断要点 3周龄以下的雏鸡，拉白色痢，死亡率高，肝脾肿大，肝有特殊条纹的变化，部分脏器和肠道有坏死点或结节。成年鸡卵巢萎缩，卵黄呈青色或灰黑色。

（六）防治方法 种鸡场应定期进行鸡白痢检疫，发现病鸡及时淘汰。种蛋入孵前用甲醛气体熏蒸消毒。鸡舍、育雏室的一切用具要经常清洗消毒；孵化机在应用之前，要用甲醛气体熏蒸消毒。对3周龄以下的雏鸡要用药物控制发病，出壳后至5日龄，每千克饮水添加庆大霉素80 000 IU；6日龄后，在饲料添加土霉素0.2%，连用5～7 d。另外还可用氟哌酸、痢菌净等。

十八、禽伤寒

禽伤寒是鸡的一种败血性传染病，可呈急性或慢性经过。本病主要危害成年鸡，但种蛋带菌或孵化器内感染时，可引起雏鸡大批死亡。其主要特征为传播快，病鸡下痢，肝、脾等实质器官有明显病变。

（一）病原　鸡伤寒沙门氏菌为革兰氏阴性菌，两端钝圆，无荚膜及芽孢，对环境抵抗力不强，各种消毒药均可在短时间内将其杀灭。

（二）流行特点　各种年龄的鸡都可感染，尤其是12周龄以上的青年鸡或成鸡易感。病鸡的粪便、被污染的饲料、饮水、用具及隐性带菌鸡的种蛋都是本病的传染源，主要通过消化道感染。

（三）临床症状　病鸡精神委靡，呆立，粪便稀薄，呈黄绿色；体温升高，食欲减退或废绝，口渴，呼吸加快。急性病例的鸡冠和肉髯为暗紫色。亚急性和慢性病例的鸡冠和肉髯为苍白色且萎缩。慢性病例鸡体消瘦、贫血，最后导致昏迷死亡。有些病鸡痊愈，成为带菌者。

（四）病理变化　病程较长的急性病例，常见的病变是肝、脾、肾变红和肿大；在亚急性和慢性病例中，肝呈青铜色，肿大2～3倍，胆囊内充满胆汁，肝和心肌有灰白色坏死点，脾肿大，破裂引起腹膜炎，公鸡睾丸常有病灶，雏鸡的肺、心肌和肌胃有时有灰白色小病灶，与鸡白痢所见相似。

（五）防治措施　本病的预防措施和治疗方法与鸡白痢基本相同。

十九、禽副伤寒

禽副伤寒是由除白痢、伤寒外，所有能运动的沙门氏菌引起的疾病，雏鸡感染后发病率、死亡率较高，成年鸡感染后呈慢性或隐性经过。

（一）病原　多种能运动的沙门氏菌，如鼠伤寒沙门氏菌等。其对环境的抵抗力不强，各种消毒药可在短时间将其杀灭，但在粪便、蛋壳、土壤中能存活较长时间。

（二）流行特点　本病主要危害对象是2周龄内的雏鸡，可造成雏鸡大批死亡。成鸡呈慢性或隐性感染，使产蛋率、受精率和孵化率降低。带菌的动物、苍蝇、麻雀、老鼠、饲养管理人员，被污染的饲料、饮水、用具、隐性带菌鸡的种蛋，都是本病的传染源，主要通过消化道感染。

（三）症状　雏鸡多为急性败血型，青年鸡和成鸡常为亚急性和慢性型。急性型病例表现精神沉郁，厌食，饮水增加，水泄样下痢；两翅下垂，嗜睡呆立；少数病鸡有麻痹、抽搐等神经症状。亚急性病例的特征为动态摇摆，眼有黏液，呈浆液脓性结膜炎，鼻内有黏液或脓性分泌物；下痢鸡肛门有大量污粪。慢性型病例的症状为腹泻，粪便有时带血，消瘦，成鸡患病后常无症状，多数成为带菌者。

（四）病理变化　急性病例往往无明显的病理变化。病程较长者可见肠黏膜充血，特别是十二指肠较严重；肝肿大、充血，并见有黄白色针尖大到粟粒大坏死灶；脾肿大，胆囊肿胀并充满胆汁。肾充血肿胀，心包炎，心包内积有浆液性纤维素渗出物。慢性型病例的盲肠黏膜常覆盖有易于剥离的纤维素性薄膜，并有输卵管炎及卵巢炎。

（五）防治措施　本病的预防措施和治疗方法与鸡白痢基本相同。

第三节　肉鸡的寄生虫病

一、鸡球虫病

鸡球虫病是由一种或多种球虫寄生于鸡肠道黏膜上皮细胞内

引起出血性肠炎、血痢及黏膜出血性坏死的一种急性流行性原虫病。该病感染雏鸡后高度发病，死亡率高，对养鸡业威胁严重。

（一）病原　球虫为肉眼不可见的单细胞原生动物。球虫卵对外界环境抵抗力很强，在土壤中能存活 4～9 个月，但高温和干燥的环境很快会使它失去活力。艾美尔属球虫已发现9 种，其中以主要寄生在雏鸡盲肠中的盲肠型球虫（又名柔嫩艾美尔球虫）和寄生在小肠内的 4 种小肠型球虫（包括毒害、堆型、巨型和布氏艾美尔球虫）致病作用最强。

（二）流行特点　凡被病鸡、带虫鸡的粪便或其他带虫媒介（如蚊蝇、甲虫、蟑螂、鼠类和野鸟等）污染了球虫孢子卵的饲料、饮水、土壤和用具以及病鸡、带虫鸡均是主要传染源。本病主要发生于3 月龄内雏鸡，以 15～45 日龄幼雏最易感染，发病率和死亡率都很高；成年鸡和15 日龄内的幼雏很少发生。本病通常在雨水较多、气温在20～30℃的春夏期间最易流行，温暖潮湿的环境易发生此病。饲养管理水平低，日粮配合不当和缺乏维生素A、维生素K，环境条件差，潮湿，拥挤，阴暗，都是本病发生的诱因。此外，本病的发生与马立克氏病有密切关系，两者能互相促使发病率和死亡率增高。

（三）临床症状

1. 急性盲肠球虫病　本病由柔嫩艾美尔球虫寄生于鸡的盲肠黏膜上皮细胞引起，是肉用仔鸡最常发生、死亡率最高、危害最大的一种球虫病；多发生于 15～50 日龄的雏鸡，感染后潜伏期为 4 d。病鸡突然急剧排泄大量新鲜血便，严重者几乎全是血液，带有泡沫，全身明显贫血，嗜睡，呆立于鸡舍一角，体温降低，于发病后 1～2 d 死亡。如排1～2 d 血便后不死，有的可耐过，血便停止并逐渐恢复，受侵害的盲肠需2 周左右恢复正常机能。轻度感染时不出现临床症状。

2. 急性小肠球虫病　本病由毒害艾美尔球虫等寄生于鸡的小肠黏膜上皮细胞引起。由于幼雏阶段发病率稍低，6 周龄以上发病率较高，所以本病对肉用仔鸡的危害稍次于盲肠球虫病。急性小肠球虫病潜伏期 4～5 d，其症状与急性盲肠球虫病相似，但排泄的粪便混有黏液，色泽发黑，死亡率高，恢复慢。轻度感染时也不出现临床症状。

以上两种球虫混合感染时症状更重、更急，死亡率更高，可达100%。

3. 慢性球虫病　本病由以上 2 种以外的其他球虫感染引起。轻度感染时可不表现症状，重度感染时病鸡食欲减退，衰弱，营养不良，贫血，排出大量消化不良的下痢便或水样便，带有泡沫，尔后变为肉样便，体温下降，可维持 1 周以上，大部分可慢慢恢复。

(四)病理变化

1. 急性盲肠球虫病　感染初期前 3 d(潜伏期)既不表现外部症状，也未见到肉眼可见的病理变化。此时球虫处于第一代裂殖体发育阶段。感染第四天(潜伏期第四天)到达第二代裂殖体发育阶段，虽无明显临床症状，但可见到部分肠黏膜内出血。感染第五天，即出现血便症状的第一天，盲肠黏膜内大量出血，盲肠明显肿胀。感染后 6～7 d，即出现血便 2～3 d 后，盲肠硬化、变脆，盲肠内充满凝血块和干酪样物。感染第八天后，即发病第四天后，盲肠显著萎缩，内容物极少，呈樱桃红色。

2. 急性小肠球虫病　感染的前 4 d 与盲肠球虫病相似，仅于第四天时方有小肠黏膜内出血和少数点状白斑。感染第五天，即发病出现症状的第一天，小肠中段出现大量出血和白斑，肠腔内出现出血，小肠中部肠管呈暗红色肿胀、增粗 2 倍以上，小肠内有大量血液和干酪样物，盲肠内存积有小肠后移的血样物。出现症状后 2～3 d，小肠萎缩，长度为正常的 2/3 左右。

3. 慢性球虫病　病症多见于小肠上部，以十二指肠最明显，大龄雏鸡较幼龄雏鸡严重，肠道黏膜肿胀，有灰白色点状坏死灶或坏死斑，但一般见不到出血。

（五）诊断要点　成年鸡和雏鸡的带虫现象极为普遍，所以不能只根据从粪便或肠壁刮取物中发现卵囊，就确定为球虫病。正确的诊断，须根据粪便检查、临床症状、流行病学调查和病理变化等多方面的情况综合判定。鉴定球虫的种类，可在病鸡的粪便或病变部刮取物少许，放在载玻片上，与甘油饱和盐水（等量混合液）1或2滴调和均匀，加盖玻片，置显微镜下观察。可根据卵囊特征做出初步鉴定。

（六）防治措施

1. 治疗　常用的抗球虫剂有马杜拉霉素、氯苯胍、球痢灵、敌菌净、磺胺二甲基嘧啶合剂、磺胺二甲氧嘧啶、磺胺氯吡嗪、氨丙啉等，可参阅使用说明。

球虫很容易产生抗药性，在使用抗球虫剂时，必须适当地更换药物品种，没有永远有效的抗球虫药。

2. 预防　一要将雏鸡与成年鸡分群饲养，对雏鸡还应根据周龄分成若干小群。禽舍和运动场都要分隔开。二要严格遵守卫生制度。出入鸡场的人员和车辆要严密消毒，鸡舍要保持清洁干燥，避免拥挤；随时清除地面上的粪便，运往远处进行生物热处理，防止饲料和饮水被鸡粪污染。栖架、饲槽和饮水器等都要经常用热水或热碱水洗涤消毒，运动场要保持干燥，定期地铲除表土（3～4 cm厚的土层），换以干净的和有熟石灰的黏土。流行严重时，要考虑更换场地，对鸡舍应每隔2～3 d 清扫消毒1 次。三要加强饲养管理。供应雏鸡富含维生素的饲料，以增强机体的抵抗力。麸皮中含有促进球虫发育的物质，在球虫病暴发时，要限制日粮中的麸皮含量；碳酸钙（海蛤壳）也有促进球虫发育的作用，应当少用。日粮内应加入富含维生素的青绿饲料。四要进行药物防治。使用抗球虫药是目前最为有效和切实可行的防治办法。在一定时期内，球痢灵和敌菌净磺胺合剂等都有较好的防治作用。使用抗球虫药应从12～15 日龄的雏鸡开始，按时按量投给。

二、鸡住白细胞虫病

鸡住白细胞虫病是住白细胞原虫引起的一种血液原虫病，对雏鸡的为害较大，症状明显，能引起大批死亡，且主要流行于亚洲，呈地方性流行。

（一）病原体　我国的住白细胞虫有卡氏住白细胞虫和沙氏住白细胞虫2种，以卡氏住白细胞虫的致病力最强。

（二）流行特点　鸡住白细胞虫病的流行与传播者（库蠓和蚋）的活动有密切关系。在热带、亚热带地区终年可发生，华南地区多发生在4～10月份，高峰期是6月份；华北地区多发于6～9月份，中南地区多发于5～9月份，7月份为高峰期。不同品种的鸡对住白细胞虫抵抗力不同，其中乌鸡感染率和感染强度最高，外来良种鸡次之，本地土鸡最低。各种年龄的鸡均可感染，但以雏鸡最敏感，死亡率高；成鸡死亡率低。

（三）临床症状　病初病鸡体温升高，精神沉郁，食欲不振，拉绿色稀粪，鸡冠苍白。急性病例因咯血、出血、呼吸困难和严重的肾损伤而突然死亡；死前口流鲜血是卡氏住白细胞虫的特征性症状。一般情况是日龄越小出现的症状越明显，死亡率越高，青年鸡和成年鸡感染后，症状较轻微，严重者鸡冠苍白、贫血、消瘦，排水样的白色或绿色稀粪。

（四）病理变化　尸体消瘦，白冠，口流鲜血，肝、脾肿大，主要表现为皮下、肌肉和内脏器官出血或有灰白色、粟粒大的小结节。肾、肝、胸肌、腿肌有明显的出血斑或出血点，其中以肾脏出血最为严重，有的肾脏大部分或全部被血块覆盖，而肾脏本身颜色变淡。腺胃、肌胃、肠道内也见有出血和积血。肝脏肿大2～3倍。脑膜及脑实质有点状出血、充血。

（五）诊断要点　依据发病季节、症状和病理剖检可做出初步诊断。确诊本病必须采取病鸡的血液、脏器（肺、肝、肾等）涂片及肌肉白色结节压片，用姬姆萨染色液染色，在显微镜下找到不同发育阶段的虫体（裂殖体和配子体）即可确诊。

（六）防治措施 发病季节前可预防性投药，鸡舍窗纱上喷洒药物，做好驱蚊工作。各种抗球虫药物对本病均有很好的疗效。

三、鸡组织滴虫病

组织滴虫病又称盲肠肝炎、黑头病，其特征是肝脏出现坏死灶、盲肠溃疡。

（一）病原 组织滴虫是一种原虫，寄生于细胞中的为组织型，寄生于盲肠内容物中的为肠腔型。随粪便排出体外的虫卵可存活很长时间，鸡食入后引起发病。另外，寄生于盲肠中的线虫卵可带有组织滴虫，在线虫卵保护下随粪便排出体外，鸡食入后卵壳被消化，虫体移行至盲肠。并穿入肠壁，随血流到肝脏。

（二）流行特点 本病主要感染4～6周龄的雏鸡；成年鸡也可感染，但症状轻微，成为隐性带虫者，也是传染源之一。笼养肉鸡主要因饲料、饮水、用具等被虫卵污染，食入后发病。饲养管理不良等因素可促进本病发生。本病无明显的季节性。

（三）临床症状 患鸡精神不振，无食欲，下痢带血，头部皮肤因血液循环障碍变成蓝紫色，病程1～3周，死亡率可达50%，部分康复鸡仍带虫。

（四）病理变化 肝脏肿大，表面出现黄绿色、黄白色坏死灶，边缘隆起，中央稍凹。盲肠肿大，增粗，肠腔积有干酪样栓塞，混有血液及脱落上皮。栓子中央为血凝块，外周为坏死组织和渗出物，共同组成同心圆结构。

（五）诊断要点 据本病的特征性病理变化易初诊。主要注意与球虫等病相区别。球虫病时，肝脏表面不出现圆形坏死灶，用患鸡粪便及肝脏坏死灶刮物做涂片，镜检可见虫体。

（六）综合防治 加强饲养管理，定期驱除线虫，成鸡和雏鸡应分开饲养。每年初春和秋末进行驱虫，驱蛔灵、驱虫净等都有良好效果。一旦发病，可用抗球虫药来治疗，但要掌握用量，以免中毒。

第四节　肉鸡的普通病

一、肉鸡腹水综合症

本病主要发生于20～50日龄快速生长的肉用仔鸡，特征性的表现为腹腔内蓄积大量液体，心、肝、肺都受到严重的损害，发病率5%～40%，病死率很高。

(一)原因　能引起本病的原因很多，也比较复杂。一般认为，是由于肉鸡在高蛋白和高能量饲养条件下，代谢水平较高，对氧的需求量增加，从而增加右心负担所致。以下几种情况容易促使本病的发生：

一是鸡舍通风不良，空气中氧气含量较低；

二是某些有毒物质(如霉菌毒素)，饲料中盐分过高，维生素E或硒缺乏，痢特灵等药物中毒；

三是高海拔地区气候寒冷和氧气不足；

(二)流行特点　本病有如下几个流行特点：高海拔地区易于发生；肉鸡快速生长期多发，以4～5周龄肉鸡最易发；有一定的季节性，冬季寒冷季节发生较多；饲养管理条件差的鸡舍发病率较高。

(三)临床症状　病鸡食欲减退，生长迟缓，与相同日龄的健康鸡相比，体重差异显著。最典型的临床症状是病鸡腹部鼓胀，胸、腹部羽毛稀少，腹部皮肤变薄、发亮，用手触压时有波动感，严重者皮肤发绀，呈紫红色，病鸡不愿站立，以腹部着地、行动迟缓、企鹅样走动。严重急性病例可突然死亡。

(四)病理变化　剖开腹腔，在扩张的腹腔中有大量的液体，液体通常清亮，呈草黄色似啤酒，有的结块呈透明胶冻样。肝脏肿大，有时有出血，表面有黄白相间的斑纹，有的肝脏呈淡黄色或萎缩。心脏肿大，心包积液，有纤维素性渗出。

（五）诊断要点　根据本病的临床症状和剖检所见（主要是腹水），即可做出诊断。本病易于和大肠杆菌病、硒缺乏症并发，应注意鉴别诊断。

（六）防治措施　首先对病鸡群进行现场调查研究，分析造成本病的诱因，并及时消除这些不利的因素。一般应采取以下措施：

一是改善鸡群管理及卫生条件，调整鸡群密度，妥善处理保暖与通风的关系，既要严格控制鸡舍温度，防止过冷，又要注意有适当的通风换气量，以保证空气中氧气的浓度；

二是合理搭配饲料，降低饲料中粗蛋白含量与代谢能量，按营养需要配以食盐，饲料中补足维生素E、维生素C和微量元素硒，力求饲料中钙、磷平衡。

三是及时发现病鸡，隔离并禁食饲养。

二、肉鸡猝死综合症

本病是指健康肉鸡在没有可分辨的原因的情况下突然死亡而病死鸡外观肌肉丰满、健壮，是肉鸡生产中一种常见病。以2～4周龄的肉用仔鸡发病率最高，公鸡高于母鸡，肥壮、大个体多发。目前，本病的病因尚不清楚，可能与饲料营养水平、环境条件等有关。饲养密度大、过度拥挤、通风不良、缺氧、温度过高、噪声、惊吓、转群等应激因素可促使本病发生。饲料营养不平衡、蛋白水平低而能量高时，可引起鸡体过肥，增加心脏负担，遇有剧烈活动时易发生本病。鸡体酸碱平衡失调，乳酸含量较高时也易发生本病。

（一）临床症状　死于猝死症的肉用仔鸡个体一般较大、较肥胖、肌肉丰满、外观健康，死前一般不见明显的症状，多突然跳跃跌倒，剧烈扇动几下翅膀后尖叫而死；也可发生在抓鸡或惊吓时，在跑动中突然倒地死亡，或在饲喂时争抢采食中突然死亡。死亡时病鸡多两脚朝天，背部着地。

（二）病理变化　病死鸡体格健壮、肌肉丰满；嗉囊和肠道内充满食物；心脏扩张，心房内充满血凝块。

（三）防治措施　本病目前尚无有效的防治措施，限制饲养、降低肉鸡的生长速度可减少发病率。每吨饲料中加入碳酸氢钾 3.6 kg 进行预防，可降低死亡率。

三、脂肪肝综合症

本病又叫脂肪肝出血综合症，是肉用仔鸡常发生的一种营养代谢性疾病，主要由于鸡体内脂肪代谢障碍，大量脂肪沉积于肝脏，导致肝脏脂肪变性。本病多发生于3～4 周龄肉用仔鸡，日粮中营养不平衡，碳水化合物饲料过多，能量水平过高，而蛋氨酸、胆碱、维生素 B_{12}、生物素等不足，特别是在笼养时鸡运动极为不足，体内大量多余脂肪沉积于肝脏而发病。

（一）临床症状　病鸡个体肥胖，多突然嗜睡、麻痹，并突然死亡。死鸡面部苍白、贫血或黄色化。一般不出现其他明显临床症状。

（二）病理变化　腹部及皮下沉积过量脂肪，肝周、心外膜也包有一层厚的脂肪，肝脏呈脂性脆弱，刮取切面有脂肪滴出现，有出血点。有时心脏、脾脏、肠道等处有出血点，骨髓苍白或黄色脂肪化。

（三）防治措施　加强饲养管理，饲喂全价平衡饲料，过肥鸡或笼养肉用仔鸡要适当限制饲喂高能量饲料，补充足够的蛋氨酸、胆碱、生物素、维生素 B_{12}等，可有效减少本病的发生。

四、软腿病

肉鸡大群饲养常会发生软腿病。该病直接影响肉鸡的增重，可造成较大的损失。

（一）原因　软腿病是肉鸡最易发生的疾病之一，查发病原因比较复杂。如果是骨质酥脆或坏死，主要原因是肉鸡生长速度快，新陈代谢旺盛，饲料缺乏钙、磷、维生素D等营养造成的，这种病首先发生于公鸡；如果伴发肠炎和拉稀，可能是一种病毒（菌）侵害肠壁，妨碍了钙、磷、维生素A、维生素E、维生素D等的吸收和代谢，或妨碍了蛋白质的吸收，发生中毒性营养不良而引起，这种原因发生的软腿病，不论公母鸡都会发病。如果密度过大，通风不良，地面阴凉潮湿，运动不足，当然也容易发生跛行；另外由于跟腱的移位（滑腱症）而引起的，其原因主要是因为饲粮中缺乏锰元素而致。此外，鸡新城疫、鸡马立克氏病、鸡传染性脑脊髓炎、痛风、葡萄球菌感染、中毒等也能表现软腿病。

（二）临床症状　无论哪种原因发生的软腿病，其表现症状都是站立困难，趾爪蜷缩，关节肿大，两腿瘫痪，伏地不起，行走艰难，严重影响采食和饮水，增重缓慢，体质瘦弱，产肉性能下降。但鸡的食欲良好。

（三）病理变化　尸体剖检常见大腿骨变脆或坏死，以及小腿变软，有的发生跟腱断裂。

（四）防治措施　根据病因采取相应的治疗措施。一旦发生此病，首先要检查饲粮中的钙、磷、维生素D以及锰的含量是否充足，饲粮有无发霉变质现象，针对原因进行治疗。

其一，缺钙、磷时，可补喂磷酸氢钙、骨粉等，特别要注意检查饲料中有效磷的含量，调整钙、磷比例，使其达到营养需要标准。

其二，缺维生素E时，可在饲料中补充维生素E，同时补充亚硒酸钠，按每千克体重0.2 mg的剂量在饲料中补充。

其三，缺锌、锰所致，可在饲粮中添加0.3%的禽用矿物质微量元素添加剂；或在每千克饲粮中添加250～800 mg硫酸锰或碳酸锰；也可在饮水中加适量的高锰酸钾，浓度为0.2%，连饮2～3 d，停3 d，以后再饮2 d。

其四，因环境条件差、管理不善引起的软腿病，要改善鸡舍环境，加强通风换气，保持舍内干燥，并结合药物治疗。

其五，因其他疾病引起的软腿病，根据原发病的特点，采取对症疗法。

五、肉鸡胸部囊肿

胸部囊肿是肉鸡胸骨滑液囊发炎而形成的一种常见病，多发于5周龄以后。肉鸡患病后，虽然很少死亡，但影响肉体外观，降低其商品价值和食用价值。

（一）病因　由于用料不适，垫料过硬，加上肉鸡有喜卧的特性，易造成胸部感染而形成囊肿。

（二）临床症状　病鸡胸部突起处出现囊肿，切开有脓性内容物和局部组织坏死。

（三）防治措施

其一，改进地面垫料或鸡笼底网的结构和材料，经常松动垫草，防止垫草板结，以减少胸部的摩擦及挫伤。

其二，在加水添料时经常驱赶鸡，以免卧地时间过长而造成胸部损伤。

本病无治疗价值。

六、黄曲霉毒素中毒

黄曲霉毒素是由黄曲霉菌产生的一种毒素。黄曲霉菌广泛分布于自然界，花生饼、豆饼、玉米等储存不当易繁殖黄曲霉菌。黄曲霉毒素以B族毒性最强；B族毒素具有蓝色荧光，用紫外线照射很容易发现。当鸡食入被黄曲霉毒素污染的饲料时就可引起中毒。

（一）临床症状　本病多发于雏鸡。6周龄以内的雏鸡，只要饲料中含有微量黄曲霉毒素就会引起急性中毒。病雏精神委靡，羽毛松乱，食欲减退，饮欲增加，排血色稀粪；鸡体消瘦，衰弱，贫血，鸡冠苍白；有的出现神经症状，步态不稳，两肢瘫痪，最后心力衰竭而死亡。青年鸡和成年鸡的饲料中含有黄曲霉毒素，一般是引起慢性中毒；病鸡食欲不振，生长发育不良。

（二）病理变化　病变主要在肝脏。急性中毒的雏鸡肝脏肿大，颜色变淡呈黄白色，有出血斑点，胆囊扩张；肾脏苍白，稍肿大；胸部皮下和肌肉有时出血。成年鸡慢性中毒时，肝脏变黄，逐渐硬化，常分布有白色点状或结节状病灶。

（三）防治措施　黄曲霉毒素中毒目前尚无特效药物治疗。禁止使用发霉变质的饲料喂鸡是预防本病的根本措施。发现中毒后，要立即停喂发霉饲料，加强护理，使其逐渐康复。对急性中毒的雏鸡喂给5%的葡萄糖水，有微弱的保肝解毒作用。

七、食盐中毒

食盐是日粮配合不可缺少的成分之一。日粮中食盐含量一般为0.3%～0.4%。如果饲粮含盐量超过3%或饮水中超过0.9%，即可引起中毒，发现过晚，雏鸡死亡率可达100%。

（一）病因　计算错误，称量不准或拌料不均；咸鱼粉或饮水中含有较高的盐分。

（二）临床症状　鸡中毒症状的轻重，随摄入食盐量多少和持续时间长短而有很大差别。比较轻微的中毒，表现饮水增多，粪便稀薄或混有稀水，鸡舍内地面潮湿。严重中毒时，病鸡精神委靡，食欲废绝，渴欲强烈，无休止地饮水，口鼻流黏液，嗉囊胀大，腹泻，泻出稀水，步态不稳或瘫痪，后期呈昏迷状态，呼吸困难；有时出现神经症状，头颈弯曲，胸腹朝天，仰卧挣扎，最后衰竭死亡。

（三）病理变化　剖检病死鸡或重症鸡，可见皮下组织水肿，腹腔和心包积水，肺水肿，消化道充血出血，脑膜血管充血扩张，肾脏和输尿管有尿酸盐沉积。

（四）防治措施　正确计算用盐量，拌饲料要均匀。发现鸡群异常喝水要抽样进行盐分测定，一旦食盐过量要更换饲料，间隔1 h

限制供水，防止一次大量给予淡水，否则会导致组织水肿。急性病例很难治愈。

八、磺胺类药物中毒

磺胺类药物是治疗鸡的细菌性疾病和球虫病的常用药物，应用方法不当会引起中毒。其毒性作用主要是损害肾脏，同时能导致黄疸、过敏、酸中毒和免疫抑制等。

(一)病因　给药时，使用剂量过大，时间过长，或者混药过程搅拌不均匀，饲料或饮水局部药物浓度过大而使某些鸡采食过量药物，均可引起中毒。

(二)临床症状　若急性中毒，病鸡表现为兴奋、腹泻、拒食、痉挛、麻痹等症状。慢性中毒常见于超量用药连续1周时发生。病鸡表现为精神委靡，食欲减退或废绝，饮水增加，冠及肉髯苍白，贫血，黄疸，头肿大发紫，便秘或下痢；种鸡产软壳蛋和薄壳蛋，产蛋率明显下降。

(三)病理变化　皮肤、肌肉、内脏器官均表现贫血和出血，血液凝固不良；腺胃黏膜和肌胃角质层可能出血；从十二指肠到盲肠可见到点状或斑状出血，盲肠中可能含有血液，直肠和泄殖腔也可见小的出血点；胸腺和法氏囊肿大、出血；脾肿大，常有出血性梗死；心脏除出血外，均有变性和坏死；肾肿大，输尿管变粗，内有血色尿酸盐。

(四)防治措施　使用磺胺类药物，除首次量加倍外，其他情况下不得超过剂量，常用的磺胺类药物一般混饲量为0.1%～0.2%，连续用药不得超过1周，要求用量准确，拌药混料均匀；可在饮水中加入0.5%～1%的碳酸氢钠或5%的蔗糖；饲料中加0.05%的维生素K，B族维生素的量增加1倍，内服适量的维生素C以对症治疗出血。一般经处理3～5 d后，大部分可恢复正常。

九、呋喃唑酮中毒

（一）病因　呋喃唑酮也称痢特灵，是呋喃类药物中毒性最小的一种，同时也具有较强的抗菌作用，常用于防治鸡白痢、鸡伤寒、鸡副伤寒、鸡球虫等疾病。但如果用量过大，混料不均或连续使用时间过长，就会发生中毒现象。

（二）临床症状　早期病鸡表现为兴奋不安，步态不稳，运动失调，转圈，扭颈，无目的地乱跑，两脚抽搐并不断地鸣叫；继而转为极度沉郁，卧地不起，呈游泳姿势，有的甚至角弓反张，最后衰竭死亡。中毒后一般多数在十几分钟内死亡，有的可拖延十几个小时。

（三）病理变化　剖检可见口腔充满黄色黏液，消化道内容物及黏膜呈黄色，急性中毒一般不见明显病变。慢性中毒时嗉囊与腺胃黏膜发炎，肌胃角质膜部分脱落、易剥离，肠道有不同程度的出血。心包积液，心外膜有点状出血，心肌水肿、变性。肝脏有散在性充血和出血，有的可能出现明显的肝周炎。肾脏充血，颜色变深。全身发生水肿。

（四）防治措施　用药时要正确掌握用量，一般大群鸡预防量为0.01％～0.02％拌料，治疗量为0.03％～0.04％拌料，5～7 d为1个疗程；如需连续再用，要中间停药2～3 d。若发现中毒时，要立即停药，喂服0.01％高锰酸钾水溶液或5％葡萄糖生理盐水，同时内服维生素，连用3 d。

十、一氧化碳中毒

（一）病因　冬季鸡舍，特别是育雏舍，常烧火炕、火墙、火炉取暖。若煤炭燃烧不完全时即可产生大量的一氧化碳。如果鸡舍通风不良，空气中一氧化碳浓度达到0.04％～0.05％就可引起中毒。

（二）症状与病变　发现鸡中毒后，轻症者表现为食欲减退，精神委靡，羽毛松乱，雏鸡生长缓慢；重症者表现为精神不安，昏迷，呆立嗜睡，呼吸困难，运动失调，死前出现惊厥。剖检可见血液、脏器呈鲜红色，黏膜及肌肉呈樱桃红色，并有充血及出血等现象。

（三）治疗方法　轻症者不需特别治疗，将病鸡移放于空气新鲜处，可逐渐好转；严重中毒时，应同时皮下注射生理盐水或等渗葡萄糖液、强心剂，以维护心脏、肝脏功能，促其痊愈。

十一、氨气中毒

鸡舍内由于鸡的高密度饲养，可产生大量有害气体，主要包括二氧化碳、一氧化碳、氨、硫化氢、甲烷、粪臭素等，其中氨气对鸡的危害最为严重。特别在高温潮湿的环境下，更易产生氨气。在养鸡业中，尤其是肉鸡的饲养过程中多采用全进全出制和一次性垫料，如鸡舍通风不良极易造成氨气蓄积，而发生中毒。鸡舍中氨气含量正常允许浓度为0.02‰；0.05‰～0.08‰对鸡有轻度刺激，并影响其生产性能；0.15‰～0.20‰对鸡的生长和产蛋影响很大；0.25‰以上可引起严重中毒。

（一）病因　鸡饲养密度过大，饮水器漏水，垫料潮湿，鸡舍通风不良，室内温度过高、湿度过大，造成空气中氨气浓度增高，超过正常范围。

（二）临床症状　病鸡眼角膜红肿，流泪，流鼻涕，食欲不振；雏鸡生长发育不良或停止，种鸡产蛋量下降；同时可并发呼吸道疾病，呼吸困难继而呼吸麻痹，最后痉挛窒息而死。

（三）病理变化　眼角膜发炎；喉头和气管水肿、充血；肺水肿，有坏死；气囊膜增厚。

（四）防治措施　鸡舍内一定要有通风换气装置，使舍内空气流通。鸡群密度要适当。地面平养的垫料要经常松动，保持干燥。有条件的养鸡场应定期测试舍内空气含氨量。发现鸡群氨气中毒时，要立即加大排风，调节舍内空气。在饲料中或饮水内可加入防治呼吸道疾病的药物。

十二、肠炎

本病是非特异性微生物引起的肠道黏膜的炎症。

（一）原因　引起本病的主要因素有饲养管理不当、饲喂发霉变质饲料、缺乏沙粒引起的消化不良、天气突变、受寒、饮冰冻水、中毒等，也可继发于某些传染病等。

（二）临床症状　精神不振，闭目，羽毛松乱无光泽，翅膀下垂。喜挤于热源附近或挤在一起。腹泻拉稀，排出白色、绿色或黄色稀粪，玷污肛门周围，最后衰竭死亡。时间长的可继发其他细菌或病毒感染。

（三）病理变化　单纯性肠炎在没有继发其他疾病时，一般不见其他器官的变化，仅见有不同程度的肠道黏膜炎症，轻者黏膜卡他，重者出现溃疡等。如继发感染，可出现不同的病理变化。

（四）防治措施　加强饲养管理，搞好饲料及环境卫生，驱除体内寄生虫，不喂发霉变质和酸败饲料，不饮冰冻水，注意保暖，适当补喂沙粒。发生肠炎时，病鸡要采取药物治疗：在饲粮中拌入0.2%木炭末，或磺胺类药物均有效；顽固性肠炎，可先投给硫酸镁，每只鸡2 g，泻下肠内有害物质，然后往饲粮中再加入3%鞣酸蛋白和磺胺类药物或土霉素，每只鸡0.1～0.5片，每天1次，连喂2～3 d即可。如果是患传染病引起的下痢，应按临床症状和病检根据，确切诊断，对因治疗。同时可在饲料中拌入天康复合酶。

十三、雏鸡脱水

雏鸡脱水是指雏鸡出壳后，在第一次得到饮水之前，身体处于比较严重的缺水状态，它直接影响雏鸡的生长发育和成活率。

（一）病因　种蛋保存期失水过多；孵化湿度过小，使孵蛋失水过多；雏鸡出壳后未能及时得到饮水；在雏鸡运输过程中，运雏箱内密度过大，温度过高，造成雏鸡大量失水。

（二）临床症状 脱水幼雏表现为身体瘦弱，体重减轻，绒毛与腿爪干枯无光泽，眼凹陷，缺乏活力。一般来说，雏鸡因脱水直接渴死的较少，多数在得到饮水后可逐渐恢复正常。若失水严重，雏鸡则持续衰弱，抗病力差，死亡率增加。

（三）防治措施

其一，种蛋保存期要短，一般不应超过7 d。种蛋保存的相对湿度以75%～80%为宜。

其二，孵化器内相对湿度应保持55%～60%，出雏器内保持70%左右，不宜过于干燥。

其三，要尽量缩短运雏时间，并防止运雏箱内雏鸡拥挤和温度过高。若雏鸡出壳已超过24 h，运到育雏舍后应抓紧开始饮水，并保持饮水不断。如有失水比较严重的雏鸡，应挑出加强护理。

十四、痛风

痛风是由于蛋白质营养过剩及肾炎、肾衰竭造成的一种尿酸代谢障碍性疾病。该病发生于不同年龄、各种品种的鸡群，尤以肉鸡和笼养鸡多发；有的鸡群发病率和死亡率很高。其主要特征是脏器表面或关节内形成白色的尿酸盐。随着养鸡业的发展，该病带来的损失越来越大。

（一）病因 造成痛风症的原因很多，最主要的是动物性饲料过量和代谢功能障碍造成肾损伤。最常见的原因有：饲喂大量蛋白质丰富的动植物饲料，如肉骨粉、鱼粉、各种动物性内脏组织、黄豆粉、豌豆粉等；而禽类排除氮的代谢物是以尿酸盐的形式通过肾脏排出，因而给肾脏带来负担。饲料含钙过剩或草酸过高导致钙盐排泄增多及肾损害，也可能阻滞尿酸排除，增高血中尿酸水平。机体本身组织大量分解，同时肾功能障碍，也可发生痛风。如传染性支气管炎、传染性法氏囊病、传染性肾炎、火鸡蓝冠病、沙门氏菌病、大肠杆菌病、艾美尔球虫病等都可诱发痛风症。维生素A缺乏、磺胺类药物中毒、慢性微量元素中毒、黄曲霉毒素中毒等，都会造成肠道炎症和肾脏机能障碍，并影响维生素A 的吸收。维生素A 缺乏可使输卵管、肾小管的黏膜角质化而脱落，导致输尿管的尿路障碍而发生肾脏和输尿管的尿酸盐沉积。饮水不足，促使尿浓缩，导致尿酸盐沉积在输尿管内，肾输尿管被尿酸盐结晶所阻塞而发病。

（二）临床症状　由于尿酸盐在体内沉积的部位不同，可分为内脏型和关节型痛风，有时二者兼有之。内脏型痛风较为常见，多为慢性经过，但可导致死亡。病鸡食欲不振，精神委靡，贫血，冠苍白，体温周期性升高，排泄黏液状白色稀粪，其中含有大量白色的尿酸盐。关节型痛风较少见，尿酸盐主要沉积于关节中，病鸡呈现跛行，腿、翅关节增大。

（三）病理变化　内脏型痛风剖检，可见尿酸盐在腹腔内沉积，胸腹膜、肠系膜、心、肺、肝、脾、肠、肾等器官表面存在大量白色絮状或粉末状沉积物。肾脏肿大，外观呈白色花斑样，输尿管扩张变粗，管腔内充满石灰样尿酸盐沉淀物。关节型痛风，可见关节腔内含有白色黏状液体，有些骨关节面溃疡及关节囊坏死，严重者尿酸盐沉积或痛风石。

（四）防治措施

1. 预防　本病应注意不用或少用含蛋白质很高的饲料，如血粉、肉骨粉、豌豆粉等。蛋白质和氨基酸含量要适当，避免过分偏高或缺乏，而且要注意氨基酸之间的平衡。避免饲料中钙的含量过高及钙、磷比例失调。供给充足的维生素，尤其是维生素A、维生素D、维生素B。避免发生一切可能引起肾炎和尿酸盐沉积的传染病和中毒病。供给充足的饮水。注意饲料保管，防止霉变，以免维生素氧化失效；维生素应在喂前添加。避免滥用药物，在鸡群发病时应按量、按疗程科学投药，尤其对磺胺类药物使用更要慎重。有可能时多喂些青绿饲料。

2. 治疗　本病在治疗上尚无特效药物，可对症治疗。可用口服补液盐、肾肿解毒药或肾通宝等药物饮水，每天饮用8～12 h，有助于尿酸盐的溶解和排泄。饲料中添加鱼肝油，按维生素A的含量计算，添加量为5 000～10 000 IU/kg。可试用利尿药，以增加尿酸盐的排除。

十五、维生素缺乏症

(一)维生素A缺乏症

1. 病因　饲粮中维生素A添加量不足；多种维生素保存不当；种鸡维生素A缺乏而导致雏鸡早期缺乏维生素A，某些豆类，特别是大豆，含有一种胡萝卜素氧化酶，能迅速破坏胡萝卜素和叶黄素，也能破坏维生素A，但适当热处理可破坏这种酶。

2. 临床症状　病鸡表现为精神不振，食欲减退或废绝，生长发育停滞，羽毛松乱，运动失调，往往以尾支地，爪趾蜷缩，冠髯苍白，种鸡产蛋率下降，公鸡精液品质退化。特征性症状是眼中流出水样乃至乳状分泌物，上下眼睑往往被分泌物粘在一起，严重时眼内积有干酪样物质，角膜发生软化和穿孔，最后造成失明。

3. 病理变化　消化道黏膜肿胀，鼻腔、口腔、咽和嗉囊有小白色的脓疮，肾和输尿管内有一种白色尿酸盐沉着。

4. 防治措施　饲养过程中注意饲粮配合，饲粮中应补充富含维生素A和胡萝卜素饲料及维生素A添加剂。鸡群发病时，用鱼肝油1%～2%拌料，连喂5 d(按每千克体重补充维生素A 10 000 IU)，可治愈。

(二)维生素B_1缺乏症

1. 病因　饲粮中维生素B_1添加量不足；饲料过于单纯，特别是缺少糠麸类饲料；饲料或添加剂的维生素B_1在热和碱性环境中被破坏；抗球虫药氨丙啉使用过量。

2. 临床症状　一般成鸡发病缓慢，而雏鸡发病则较突然。病鸡表现为生长发育不良，食欲减退，体重减轻，羽毛松乱并缺乏光泽，腿无力，步伐不稳，严重贫血下痢；成鸡的冠呈蓝紫色。维生素B_1缺乏症的特征性症状是外周神经发生麻痹或发生多发性神经炎。病初，趾间屈肌先呈现麻痹，之后渐渐延至腿、翅、颈的伸肌并发生痉挛，头向背后极度弯曲望天，呈所谓的“观星”姿态。

3. 病理变化　胃肠有炎症，十二指肠溃疡；心脏右侧扩张，心房较心室明显；生殖器官萎缩；雏鸡皮肤有水肿现象。

4. 防治措施　注意饲粮配合，适量增加富含维生素B_1的饲料如谷类、麸皮、青绿饲料、酵母等或补充维生素B_1添加剂。一旦发现维生素B_1缺乏症，应在饲粮中增加维生素B_1的给量。如因病鸡食欲减退而食疗法难以奏效时，可口投或肌肉注射维生素B_1，用量为雏鸡每日每只1 mg，成鸡每天5 mg。

（三）维生素B_2缺乏症　维生素B_2的缺乏常与其他B族维生素缺乏相伴发生。当维生素B_2缺乏时引起物质代谢中的生物氧化机能障碍。

1. 临床症状　本病以雏鸡多发，且临床经过急而症状明显。一般见鸡消瘦，羽毛粗乱，生长缓慢，有时发生腹泻。其特征性症状为跗关节以下呈麻痹状态，趾爪向内蜷缩，似握掌状，以飞节着地支撑身体，或完全不能支撑而伏卧或横卧在地，腿部肌肉萎缩松弛；往往由于失去采食能力而饿死，但如将饲料放在鸡嘴附近，尽管横卧在地仍能采食。

2. 防治措施　平时要注意日粮营养的全价平衡供给。由于B族维生素在鸡体内有协同作用，不管缺少哪一种，在补充所缺时，应同时补充复合维生素B。所以，鸡群发病后应及时补充2～3倍于正常标准的维生素B_2和复合维生素B。对不能采食者，要人工辅助采食，同时还可肌肉注射维生素B_2。

（四）维生素D缺乏症和钙、磷代谢障碍

1. 症状及病变　维生素D是促进钙、磷吸收和骨骼形成的重要物质。饲料中缺乏维生素D及钙、磷不足或比例失调时，引起骨营养不良发生骨软症或佝偻病。小鸡生长迟缓，羽毛松乱，腿软无力，关节肿大变形，站立行走不稳；腿爪变软易弯曲如橡皮条样，瘫痪；肋骨呈串珠状，胸骨侧弯。产蛋鸡瘫痪，长骨易断，产薄壳蛋、软壳蛋，产蛋减少或停止，种蛋孵化率下降。

2. 防治措施　日粮中钙、磷和维生素D的含量要充足，钙、磷比例要适当；平时多晒太阳，增加光照，促进维生素D的合成。鸡发病后要查找病因，调整日粮配比，增加维生素D的添加量；重症病鸡可喂服鱼肝油或肌肉注射维丁胶性钙，疗效良好。

（五）维生素E和硒缺乏症　硒和维生素E在体内为抗氧化剂，二者有协同效应。维生素E含量高时可补偿硒的不足，而硒则能促进维生素E的吸收，使其停留在血液中防止氧化破坏，并能缓解维生素E缺乏引起的症状。

1. 临床症状　硒缺乏症——白肌病，常发于肉鸡，主要表现为头、颈、胸、腹部皮下水肿，水肿部最初明亮发光，后变成暗蓝绿色；病鸡精神沉郁，呆立，腿肌无力，最后四肢麻痹，衰竭死亡。

维生素E缺乏症——脑软化症，常发于15～30日龄雏鸡。其主要表现为共济失调，头向后或向下弯曲，或向一侧扭曲，腿、翅不全麻痹，最后衰竭死亡。成鸡生殖机能减退，受精、产蛋及孵化率都下降。

2. 病理变化

(1)硒缺乏症。全身肌肉变淡，胸肌有黄白色条纹状坏死，胸、腹、翅、腿等部皮下有淡黄色或灰青色胶冻样渗出物。

(2)维生素E缺乏症。小脑柔软，表面出血，脑膜水肿，脑内可见黄绿色混浊的坏死区；皮下也可能有胶冻样渗出物。

3. 防治措施　日粮里必须添加足量的硒和维生素E，一般每千克饲料中硒用量0.1～0.15 mg，维生素E 10 IU以上，并应注意含硫氨基酸的平衡供给。当出现疾病症状后应加倍添加。

第十二章　肉鸡场经营管理策略

肉鸡场经济效益的高低主要取决于3个方面：一是肉鸡的价格；二是肉鸡生产的原料价格；三是科学的生产技术水平，即投入产出水平。鸡场经营管理的根本目的就是科学合理地搭配各生产要素，并使之发挥最大作用，取得最高的经济收益和利润。

第一节　肉鸡市场及其分析

要搞好肉鸡经营管理，首先要了解肉鸡市场、了解肉鸡场的潜力和当前的供求状况及比较收益情况。

一、肉鸡市场潜力分析

发展肉鸡生产是一种高效低耗的转化途径。我国是人多地少的国家，人均占有土地0.09 hm^2 亩，世界人均为0.37 hm^2 亩，为我国的3倍多；逐年人增地减，粮食饲料有限。大力发展肉鸡等节粮高效型禽，如京星肉鸡是当前和今后我国畜牧业调整和发展的方向。每生产1 kg肉需粮食：肉鸡2～2.2 kg、猪肉4 kg、牛肉相当6.83 kg。肉鸡是需粮最少的。

发展肉鸡生产也是调整我国城乡膳食结构的重要途径。鸡肉高蛋白而低脂肪，蛋白质含量比猪肉高44％，而脂肪为猪肉的4％，且鸡肉的蛋白质人体可利用率比猪肉高61％。近年来，世界畜牧业发展最快的是养禽业，禽肉增长了80％以上，而禽肉产量中70％是肉用仔鸡，15％是淘汰鸡，10％是大鸡，其他禽类只占5％。世界各国肉类中，禽肉占的比例日本已达到40％，美国为39％，法国为30％，世界平均为25％，发展中国家平均22.4％，我国仅15％，低于世界平均水平。我国人口多、市场大，每人多吃一只鸡，就要增加十多亿只鸡的供应量。随着人民生活水平的提高，市场对肉鸡的需求日益扩大，总量供应不足和结构性短缺的状况将日趋明显。国内市场的潜力相当大。

二、肉鸡市场动态分析

肉鸡经营管理的好坏受以下因素的影响。

(一)饲料市场的变化　肉鸡的饲料主要是粮食。粮食的丰欠直接影响着饲料业的生产，并制约着饲料的价格。肉鸡生产成本中饲料占70%左右，因此饲料对肉鸡生产的经济效益起着举足轻重的作用，肉鸡生产者必须密切注视粮食生产和饲料市场的变化。

(二)肉鸡价格的变化　肉鸡价格直接关系着肉鸡业的兴衰。而饲料价格与肉鸡价格的变化，需保持基本平衡，否则，2种价格的相互倒挂，均会导致肉鸡生产走向低谷。受市场和价格因素的调控，肉鸡生产通常呈波状起伏。这种波动周期为0.5～1年。精明的肉鸡生产企业家，通过市场调查，既能预测到低谷的出现，又能预测到高峰的到来，使自己在市场竞争中立于不败之地。

(三)掌握市场变化规律、合理安排饲养季节和出栏时间　饲养肉鸡的经济效益，受到市场供求关系制约。一年中不同季节饲养、不同时间出售，其饲养成本、销售价格各不相同。通常冬季饲养成本高，6～8月份市场价格往往偏低。每年的“五·一”、“十·一”、元旦、春节以及端午节、中秋节、重阳节和各地风俗、各民族的各种节日期间，肉鸡需求量大，价格上扬。因此，须根据这些市场变化规律，安排生产和出栏时间。大企业要有大的冷库，保证全年均衡生产。

(四)掌握市场，理顺销售渠道　有条件的地区，应积极与外贸挂钩，开拓国际市场，以销定产。按合同规定的数量、产品质量标准、交货时间组织生产。同时，应及时了解收购屠宰部门的信息，掌握最有利的出栏体重。如1991年底，某地肉鸡收购，胴体1.7～1.9 kg的鸡，一般饲养期为6～7周，正是饲料转化率最高的生长阶段，因此，这时出售，收购价高、饲养成本低。

（五）全方位，多层次调查消费者的要求，要根据不同消费要求组织生产

（1）当地民族构成不同，消费习惯就不同。

如有的民族过"圣诞节"，有的民族只食用"阿訇"宰杀的畜禽，所以要在尊重民族风俗的基础上确定经营方向，掌握经营方式。

（2）消费者职业构成不同，文化程度不同，其消费趋向也会不同。

如大专院校、科研单位、中高级行政机关集中地区，其食物选择多侧重营养价值全面、质高量少、色香味俱全；而工矿区、乡镇市场等则侧重经济实惠、物美价廉。

（3）当地经济发展快慢，个人收入水平高低，影响着消费趋向。一般来说，个人收入越高，购买力越强。但个人收入增加，不完全用于购买食品，当购置家庭耐用消费品等增加到一定程度时，其消费支出中用来购买食品的比重会越来越大。

总之，肉鸡商品市场的预测和分析，来源于通过各种方式、各种渠道、各种形势的市场调查，及时掌握准确的信息，才可预测未来一定时间内市场对肉鸡的需求量及变化趋向，从而为肉鸡生产的经营决策提供依据。

第二节　把握肉鸡生产关键环节

肉鸡的生产由一系列的技术环节构成，只有把握和协调好各个环节，饲养效果才能达到较高水平。肉鸡生产需具备一定的基础条件，包括房舍及设备、优良品种、全价饲料、科学管理、卫生防疫。

一、必要的房舍及饲养设备

鸡舍要求坐落于地势干燥、通风良好，冬能保温、夏能隔热的地方，给肉用仔鸡的快速生长创造一个最佳的生存环境。鸡舍调温范围21～35℃，相对湿度控制范围40％～72％。鸡舍改建或新建的设想，应从有利于科学饲养管理、增大有效面积、方便易行、降低单位造价来综合考虑。尽量利用原有房屋、现有材料，自己动手，建成合乎要求的鸡舍，并利用废旧的材料，自制食槽、饮水器、鸡笼等饲养用具和设备。但规模生产必须用标准设备。

二、选择优良肉鸡品种

优良的商品肉鸡，应具备生长速度快、抗病力强、耗料少等优点。同时，要选择可靠的种鸡场，购入真正的父母代的后代，要求孵化质量可靠、雏鸡健壮、育雏成活率高。目前，引进我国的优良品种有艾维茵、AA、伊萨、罗斯、罗曼等。我国自育的品种有京星肉鸡、京华宫廷黄鸡、广东粤黄鸡等，国内品种表现抗病力强，总体效益高。

三、配制全价饲料

按肉用仔鸡生长发育的需要，配制各种营养成分全面而且平衡的日粮，尤其是能量与蛋白质的比例必须符合饲养标准的要求。同时，还要注意不同饲养方式，不同鸡群健康水平鸡的不同营养需要。此外，饲料不论是自配还是外购，均要保持相对稳定。

四、科学饲养管理

按肉用仔鸡对喂料、饮水、通风、光照、密度的要求，安排一个适于鸡快速生长发育的良好环境，并通过观察鸡群，随时发现并解决鸡群生长过程中所遇到的问题，以保证鸡群的健康生长。

五、搞好疫病防制

实行预防为主，积极治疗，实现“三早”，即早发现、早隔离、早治疗的疫病防治方针。严格执行整个饲养过程中的隔离、消毒、接种疫苗、药物预防等综合性的防治措施，以保证鸡群的健康生长。需牢记，养鸡要以预防求生存。

第三节 提高肉鸡场经济效益的措施

肉鸡生产的根本目的是满足消费者的需要，获得最大的经济效益。因此，在生产过程中，采取各种措施，提高肉鸡生产的经济效益是非常必要的。

一、提高经营管理水平

（一）正确的经营决策　在广泛的市场调查（包括肉鸡的市场需求量、收购价格、饲料价格等）并测算可获取的经济效益的基础上，结合分析内部条件如资金、场地、技术、劳力等，做出生产规模、饲养方式、生产安排的经营决策。正确的经营决策可收到较高的经济效益，错误的经营决策可导致重大的经济损失或破产。

（二）确定正确的经营方针　按照市场的需要和本场的可能，充分发挥内部的潜力，合理使用资金和劳力，实现合理经营，保证生产发展，提高劳动生产率，最终提高经济效益。

确定经营方针，需注意处理好以下关系：

一是正确处理鸡场与国家的关系。要遵守国家的政策法令，不能损害国家和集体的利益。

二是正确处理与收购站、屠宰场、消费者的关系，在质量、价格、交货日期等方面，不损害用户的利益，要诚实经营，以质量占领市场，以信誉求得发展。

三是正确处理与竞争对手的关系，要用正当的手段，开展文明竞争。在竞争中合作，在合作中竞争。

四是正确处理与鸡场职工的关系，要关心职工的切身利益，根据可能提高职工的技术文化和物质生活水平，解决职工的实际问题，调动职工的生产积极性和创造性。

确定经营方针的原则是：既考虑需要，又考虑单项效果；既考虑眼前效果，又考虑长远效果。总之，正确的经营方针，要能够以最低的消耗取得更多的最优产品。

（三）适度规模生产与合作经营 在正常情况下，养鸡的数量与养鸡的经济效益同步增长，即养鸡越多，效益越高。适度规模生产便于应用科学的管理方法和先进的饲养技术，合理地配置劳力，降低饲养成本。随着肉鸡生产的发展，市场竞争日益加剧，必然导致生产每只肉鸡盈利水平的下降，这就需要通过规模饲养、薄利多销的办法来提高整体效益。在美国饲养1只肉鸡只能盈利3～5美分，但饲养者靠规模效益，仍可获得较高的收入。

公司加农户，产供销一体化，合作经营，符合我国肉鸡生产的发展要求。搞大的肉鸡联营公司，肉鸡集团具有经济上、技术上的实力，而农户具有饲养成本低、精心管理的优势；二者签订生产合同，由公司提供鸡苗、饲料、药品、疫苗和技术服务，农户出房舍、设备和劳力，所生产的肉仔鸡按合同规定规格、价格与时间由公司收购。这种“联营合同”，可根据市场需要和屠宰加工能力有计划地组织生产，许多产供销环节均由公司统一承担，可节省开支、降低成本。农户不需更多的周转资金，减少了许多生产以外的工作，销售有保证，经营也比较稳定，能专心从事肉鸡生产，并按合同获得一定利润。而公司统一进行产品的屠宰加工，并投放国内外市场。这样使整个供、产、销配套成龙。“加工销售为龙头，肉鸡饲养为主体，饲料生产为基础，搞活流通，以销带产，以供促养”，使肉仔鸡生产形成一个有机的网络系统。美国肉鸡业迅速发展的成功经验，就是

"联营合同制"的结果。现在美国肉鸡的91%由合同养鸡产生,8%由公司自己生产,只有1%由个体经营。泰国正大集团的经验就是公司加农户。北京肉鸡联合公司,也取得显著成效。因此,"联营合同制"是迅速发展我国肉鸡业的有效途径。

二、降低生产成本

肉鸡的生产成本,主要由饲料、工资、兽药、固定资产折旧、燃料动力、其他直接费用、企业管理费等7项费用组成。饲养每批肉用仔鸡,均应核算成本,并通过成本分析,找出管理上的薄弱环节,采取有效措施改进,以不断提高经营管理水平。同时,准确核算生产成本,才可准确计算出利润。降低生产成本,不仅可直接提高经济效益,还可增强产品的竞争力。降低生产成本的重点是降低饲料费用支出,提高成活率和饲料转化率。

(一)降低饲料成本　饲料费用占生产成本的70%左右,降低饲料成本是降低生产成本的关键。降低饲料成本的具体措施:

一是合理设计饲料配方,在保证鸡营养需要的前提下,尽力降低价格;

二是控制原料价格;最好采用当地盛产的原料,少用高价原料;

三是减少饲料浪费;

四是周密制定饲料计划,减少积压浪费;

五是加强综合管理,提高饲料转化率。

(二)减少燃料动力费开支　燃料动力费占生产成本的第三位,减少此项开支的措施有:

其一,采用分段饲养工艺,可节省1/3的供温能源;

其二,鸡舍供温采用廉价能源,如电改煤;

其三,电保温伞加装调温器,防止过热浪费电并影响鸡的生长;

其四，鸡舍照明灯加灯伞，可将照明灯瓦数降低40%，仍能保持规定照度；

其五，夜间应将鸡舍中的灯，间隔关闭1/3，既节电，又可使多数鸡安眠；

其六，按规定照度的时间给予光照，加强全场灯光管理，消灭“长明灯”。

（三）节省兽药使用支出　对鸡群投药，宜采用以下原则：可投可不投者，不投；剂量可大可小者，投小剂量；用国产、进口药均可，用国产药；用高低价药均可的，用低价药；对无饲养价值的鸡，应及时淘汰，不再用药治疗。

三、选择优良品种，提高饲养技术水平

现代商品市场的竞争，说到底是技术的竞争，只有高质量、低成本的产品，才有真正的竞争力。但这要靠先进技术来实现。

充分发挥肉鸡优良品种的遗传潜力。国内品种适应性好、价格合理，在实际生产中易达到应有的生产性能。在饲养管理的各个技术环节上，引进新技术，应用新技术。这些技术包括：饲养环境的科学；高水平高效益的肉鸡笼养技术；应用电子计算机配制、筛选全价而低成本的饲料配方；运用可利用氨基酸、高效添加剂等新的饲料饲养技术；采用新药品、新疗法、科学免疫程序的疫病防制技术；实行公母分群饲养、分段饲养、调整饲料等科学饲养方式。

四、加强记录记载，实现信息及时反馈

每批鸡上市后就应根据记录记载计算投入产出比例，计算出每只鸡的成本和每只鸡的利润。在搞清成本组成的基础上，分清主要成本、次要成本，并提出降低成本、提高效益的措施。如广东温氏集团实现了电脑联网，保证当天的生产进度及时反映到集团指挥中心。

第四节　肉鸡规模化生产经营

当今世界，无论发达或发展中国家，肉鸡生产几乎都是集约化生产、专业化经营。日本一年生产5亿多只，有1万个饲养户，平均每户生产5万只，年收入3 000万日元；美国年生产40多亿只以上，约有3万个饲养户，平均每户饲养13万只，为日本的2倍多。不过美国肉鸡的出售体重约比日本小15%，而且售价为日本的60%左右，所以一年中每个饲养户的粗收入，与日本大体相当。我国现代肉鸡饲养业起步较晚，现在仍属初期阶段。有些地方从家庭副业开始，近年来都在向集约化、专业化方向发展。例如，广东深圳地区保安县1986年年饲养肉鸡1万～5万只的户，就有几百户。事实证明，只有集约化、专业化经营，才能应用先进技术，才能取得规模效益。

一、肉鸡生产的经营策略

（一）集约化、专业化经营　肉鸡生产需要有一定规模，并实行集约化、机械化、专业化经营，原因是多方面的：

其一，肉鸡生产需要较高的技术，生产规格一致的产品；

其二，每只鸡收益少，需要养得多，靠规模效益，在肉食生产中才有竞争力；

其三，规模饲养，能得到价格便宜的初生雏鸡和饲料，适应数多价优的商品销售原则；

其四，屠宰加工厂要求规模生产，才能有利，销售也方便；

其五，初生雏鸡和饲料的运输，饲养数量少和数量多同样需要车辆，规模生产，单位运输成本自然降低；

其六，出售时装满一车，活体运输成本自然也低；

其七，小规模分散饲养，不仅疫病不易控制，而且产品品质、体重大小都不会整齐，给加工、销售造成困难。

（二）经营形态　肉鸡生产的经营形态，大体上可分为以家庭劳力为中心的个体经营、集体企业、国营3种。除种鸡外，商品肉鸡生产，前者更为有利。其原因：

其一，肉鸡是非常娇嫩的小动物，而且是成千上万的大群饲养，每天24 h皆需人照料。

其二，专业家庭饲养（或家庭承包）。易于钻研和掌握技术，特别是责任心强，能取得好的育成率和优质商品鸡。

其三，专业家庭饲养，投资少，设备耗损小，事故也少，效益自然高。

其四，国营大企业可实行承包制、股份制管理，可以高度集约化、大规模化生产。

二、经营规模化

我国现阶段肉鸡生产的规模都比较小，一般户年生产几千只到上万只。其好处是投资小；其不足是生产比较落后，耗料多，病多，成本高，而且要靠高售价，才得以维持。因此，肉鸡市场零售价远远低于羊、牛，甚至猪肉，失去了肉鸡本身所具有的优势，反过来限制了生产，影响了生产者的稳定收入。

日本20世纪70年代肉鸡生产规模，大致可分3种类型：年出售5万只以上者，为大规模；3万～5万只者，为中规模；3万只以下者，为小规模。实际上，近几年来我国各地肉鸡生产规模都在不断扩大。据一些地方的经验，从我国的实际情况出发，集中发展肉鸡业的地方，现阶段每户年出售4万～5万只比较合适。1万～2万只的为小规模；2万～3万只为中规模；4万～5万只为大规模。这样才能成为专业化生产，取得一定规模效益，既可把销售价降下来，给肉鸡业开拓广阔的市场，又能保证生产者有适当收入。

三、建场条件

建立肉鸡生产设施，要选好地址。要从饲养环境、公害问题、疾

病预防、经营等角度综合考虑。主要条件是:

一要排水及通风良好;

二要不靠近人家、工厂、其他养鸡场;

三要距收购屠宰加工厂较近(机动车不要超过2 h);

四要有丰富、质好的水源;

五要有电源(220 V,三相电);

六要道路条件好(有大型汽车、拖拉机能出入的道路);

七要土质好,能搞建筑,地价便宜;

八要排水方便,最好靠近能排废水和雨水的沟渠、河流。

四、设施投资及资金效率

(一)设备设施投资　所有的商品生产,都需要有适当的设备设施投资。肉鸡生产设施投资的原则,应当是投资要能最为经济地大量生产优质肉鸡。

肉鸡的生产设备设施,主要是建筑物(肉鸡舍)及其内部设备(给料、给水、给温,通风等)。此外,也包括鸡舍以外的配电和给水、排水、仓库等设施,以及整地费用。

因此,肉鸡生产设施投资应包括附属设施及内部设备费在内的育成肉鸡舍的建设费。

(二)资金效率　建设费用的投入,通常以每平方米来计算;资金效率是以每年每平方米设施投资所能生产的肉鸡的重量(体重)、出售收入或粗收入来衡量。目前,一些地方开放鸡舍每平方米建设投资约220元,无窗鸡舍约300元。鸡舍包含附带建筑物与内部设备金额的比例,一般来说,开放鸡舍,建筑物约占80%,内部设备约占20%;而无窗鸡舍,建筑物占90%,内部设备占10%。

假如,按上述标准建设的肉鸡舍所生产的肉鸡,平均体重2.7 kg(7周龄)出售,每平方米饲养只数,开放鸡舍10只,无窗鸡舍12只,每千克出售价5.20元,则每平方米每年收入为:

开放鸡舍:10 只/m^2×2.7 kg/只×5.20 元/kg×年生产 5 批=702.00 元/m^2

无窗鸡舍:12 只/m^2×2.7 kg/只×5.2 元/kg×年生产 5 批=842.40 元/m^2

资金效率=投资的年产出收入÷设施设备投资金额

上述例子的资金效率为:

开放鸡舍的资金效率:702.00÷220=3.19

无窗鸡舍的资金效率:842.40÷300=2.81

资金效率的数值越大越好,表明投入少产出多。

五、生产成本经营管理

肉鸡的生产成本,由直接费和间接费两部分构成。直接费,也称可变费,也就是说因生产技术的优劣而有变动的费用。间接费,也称不变费,它是不论生产成绩如何,都需要有固定的费用。

(一)直接费

1. 饲料费

肉鸡每单位体重的饲料费=饲料转化率×饲料价格

上式表明,饲料费随饲料转化率与饲料价格变动而变化。

2. 初生雏费　每只出售的肉鸡或每千克体重所负担的初生雏费为:

出售的每只肉鸡的初生雏费=初生雏鸡单价÷出售率

出售的每千克体重肉鸡的初生雏费=初生雏鸡单价÷(出售率×出售平均体重)

可见,出售的肉鸡负担的初生雏费受雏价和出售率所左右。所说的出售率是指出售肉鸡的只数,对入舍雏数的比例,即:

出售率=出售肉鸡只数÷入雏只数×100%

例如,出售率为95%,就意味着在出售前有5%的死亡、淘汰,这部分的初生雏鸡价款,就要加到出售的肉鸡身上来计算。如果按体重来说，则出售鸡的体重越大，所摊初生雏费用越少，反之则越多。

(二)间接费

1. 水、光、热能费　水、光、热能费为每批肉鸡整个饲养过程(从入雏到出售后清扫、消毒)所耗水电、燃料费，除以出售只数或出售总体重的商数。

无窗鸡舍：照明及通风换气耗电多于开放鸡舍。

燃料费：因季节(气温变化)变化，每批有很大差异。

为求每只或每千克肉鸡的水、光、热能费的数，有必要求1年中的平均值。

2. 药品费　药品费为每批(群)肉鸡所用预防、治疗、消毒、杀虫等所用药品费的总和，除以出售肉鸡只数或总重量所得的商数。

不过，也有疫苗费，如马立克氏疫苗已包含在初生雏费用中，也有部分预防药添加在配合饲料中，已计入饲料价内。

3. 利润　利润是指对固定投资折旧费及流动资金(短期贷款)1年中支付利息的总数，除以1年内出售肉鸡的批数，再除以每批出售的只数或总重量所得的商数。

4. 修理费　修理费是为保持建筑物完好而提取的修理费。这项费用据建筑物的新旧程度有所不同。通常把每年折旧额的5%～10%用做修理费。

出售每只或每千克肉鸡提取的修理费为：把每批鸡的折旧费总金额×(5%～10%)÷出售只数或总体重。

5. 折旧费　折旧费为更新建筑物和设备的提留。肉鸡舍建筑设备的折旧年限多长合适，有不同意见。一般来说，因建筑物构造而有所不同。大体上，砖木结构的鸡舍15年，木质的7年，简易的5年左右。器具、机械可按5年折旧。

例如：无窗鸡舍，每平方米投资600元，其中建筑物400元、设备200元，每平方米每年的折旧额为：

建筑物提取：400÷10＝40元

设备提取：200÷5＝40元

按每平方米饲养12只，每只体重2.7 kg，年生产5次：

体重每千克建筑物折旧＝40÷（12×2.7×5）＝0.24

体重每千克设备折旧＝40÷（12×2.7×5）＝0.24

6. 劳务（人工）费　肉鸡的生产管理劳动，包括入雏、给温、给水、给料、疫苗接种、观察鸡群、出售捉鸡、装笼、出售后清扫、消毒、售鸡运输、购物等。应用先进设备，实现给水、给料自动化的，直接饲养人员：

每年出售5万～10万只者，需专门养鸡者2～3人；

每年出售10万～15万只者，需专门养鸡者3～4人。

经营管理好的，每出售1 kg体重投下的劳动量为0.01～0.02 h。肉鸡生产者每小时的劳动工资有很大不同，假如每小时按2.4元算，养10万～15万只鸡则体重每千克工费为0.04～0.08元。

7. 税金　税金主要是肉鸡生产所用土地、建筑、设备、生产销售应交的税金，也包括向集体应交的提留。这些也要摊在每千克体重或每只鸡上。

8. 杂费　除上述各项直接、间接费之外的费用，统归作杂费项目，包括保险费、各种储备金、通讯费、交通费、搬运费等。一般把此项费用与上一项税金合并，算出1年的金额和每批的平均金额，再除以出售只数或体重，求出每只或每千克重应负担的费用。

六、影响效益的各种因素

肉鸡的生产收益，为出售肉鸡（活体）的收入减去所有成本之差。出售收入越大，生产成本越低，两者之差越大，收益越高。

（一）出售体重与饲料转化率　假如饲料价格及肉鸡出售价格一定，出售体重越大，出售收入越多，饲料转化率（体重/耗料乘以100%）的值越大，所花饲料费越少，两者之差越大，即收益增加。但是，一般出售体重越大，出售日龄越迟，则相应饲料转化率的值也变低，所以收益不能随出售体重增加的比例增大。同样饲料转化率的值，是周龄越小效益越大，而周龄小相对体重也小，所以饲料转化率值越大，收益就变大。

（二）出售的价格与出售时间　影响肉鸡生产收益最大的是生产者出售的价格。生产者应密切注意市场情况，掌握动态，据此选择最优的出售时间。

目前，我国尚无统一的肉鸡分级标准，下面是我国出口肉鸡屠体的分级标准，可供参考。

1．冻肉鸡

(1)规格

冻半净膛肉鸡：去羽毛、头、脚及肠，带翅，留肺及肾，另将心、肝、肌胃及颈洗净，用塑料薄膜包裹放于腹腔内。

冻净膛肉鸡：去羽毛、头颈、脚及肠、心、肌胃，带翅，留肺及肾。优质黄鸡只去脚爪，半净膛可供出口，其出口价比普通鸡高3～4倍。

(2)等级

特级　每只净重不低于1 200 g；

大级　每只净重不低于1 000 g；

中级　每只净重不低于800 g；

小级　每只净重不低于600 g；

较小级　每只净重不低于400 g。

2．冻分割肉鸡

(1)冻肉鸡翅

大级　每翅净重50 g以上；

小级　每翅净重50 g以下。

(2)冻肉鸡胸

大级每块净重250 g以上；

中级每块净重200 g以上；

小级每块净重 200 g 以下。

(3)冻肉鸡全腿

大级　每只净重 220 g 以上；

中级　每只净重 180 g 以上；

小级　每只净重 180 g 以下。

所以，何时出售，能取得最大的收益要根据等级、价格、饲料转化率、体重等综合考虑，慎重决定。

优质黄鸡半净膛去脚爪为 600～1 000 g。

(三)饲养密度与肉鸡舍周转次数　有时周龄大，体重大，收益多；但有时因等级、价格的差别，反而是小的价格高，早一些出售反为有利。在同一生产设施情况下生产的肉鸡总出售量越大，则单位重量的费用越小，收益越高。所以，1 年内一定设施生产肉鸡的总重量，是影响收益很大的因素。

一定生产设施(鸡舍)生产肉鸡的总出售重量，等于饲养密度与该鸡舍周转次数的乘积。所以，不仅要考虑单位面积年生产的总体重大小，还要考虑每个规格等级的价格，把这 2 个因素结合起来，选最优者，以确定收益最好的出售体重、饲养密度和年周转次数。

从进雏开始就按每平方米 12 只，养到 8～9 周龄出售，与入雏时按每平方米21 只，中途出售一二批，最终养到8～9 周龄，每平方米年出售总体重，后者比前者能增加 40%。

(四)采取系列化联合经营模式　联合经营模式是指多数生产者在合同制下进行联营，即联营主供应雏鸡、饲料、药物和疫苗、技术服务以及必要的活动资金，生产者提供房舍、劳力和其他设施等，加工销售企业收购所生产的全部肉鸡，这就是系列化生产。这种形式在美国、欧洲、日本等也已几乎成为肉鸡产业的主流。我国也出现了类似形式，如北京的大东流肉鸡联合企业、大发公司，上海的大江公司和正在兴建的武汉、南京、秦皇岛、重庆、成都，郑州等的肉鸡联合企业，亦都是工业化生产形式。发展这类经营形式的理由如下所述。

一是能使肉鸡从生产、加工到流通各个阶段能顺利进行。

二是能吸收，集社会各阶层的资金，发展生产，提高效益。

三是能提高饲料或饲料原料的处理能力。

四是能抗拒肉鸡生产上及价格变动风险的问题。

五是能够扩大在消费市场上的销售比重，操纵市场。在这种体系中，为使生产者把所生产的肉鸡不独自拿到市场上去，都与该集团公司签订各种形式的合同。合同内购销价高于市场价。

六是保证所得的方式或支付报酬的方式。该方式是生产者自备生产设施和劳动力，肉鸡联合企业供给生产者雏鸡、饲料和生产所需其他原材料，收购生产的全部肉鸡，付给生产者一定报酬。此报酬中包含有设施补偿费及劳务费。据生产成绩，决定付给报酬多少。

七是保证价格方式。该方式是由肉鸡联合企业保证生产者出售的价格稳定，不论市场零售价格如何变动，不影响生产者利益，流通中的价格变动风险由肉鸡联合企业负担，生产者可安心生产。集团公司高价出，高价入，能防止产品外流。

附录一　饲料营养成分表

饲料名称	代谢能(MJ/kg)	粗蛋白质(%)	钙(%)	磷(%)	蛋氨酸(%)	胱氨酸(%)	赖氨酸(%)	精氨酸(%)	苏氨酸(%)	异亮氨酸(%)	色氨酸(%)
黄玉米	14.06	8.5	0.02	0.25	0.17	0.13	0.24	0.50	0.32	0.35	0.07
杂交高粱	12.55	7.5	0.02	0.18	0.12	0.23	0.27	0.40	0.28	0.40	0.08
大麦米	12.13	14.5	0.05	0.33	0.17	0.19	0.43	0.73	0.49	0.54	0.15
大麦	9.71	10.4	0.06	0.40	0.18	0.22	0.39	0.45	0.29	0.40	0.15
甘薯粉	11.72	4.0	0.1	0.09	0.10	0.08	0.17	0.19	0.10	0.12	0.05
木薯粉	11.72	3.0	0.1	0.08	0.03	0.03	0.10	0.19	0.08	0.09	0.03
稻谷粉	7.95	7.0	0.03	0.27	0.11	0.11	0.30	0.60	0.30	0.27	0.10
糙米	11.17	7.3	0.04	0.26	0.14	0.08	0.24	0.59	0.27	0.33	0.12
黑麦	11.92	12.6	0.08	0.30	0.14	0.12	0.4	0.36	0.50	0.53	0.14
荞麦	7.53	11.0	0.10	0.30	0.14	0.35	0.57	0.38	0.90	0.36	0.20
小麦	12.93	10.8	0.05	0.30	0.14	0.20	0.30	0.28	0.40	0.43	0.12
麸皮	6.53	14.8	0.14	1.17	0.20	0.30	0.60	0.48	1.07	0.60	0.30
米糠饼	7.91	13.5	0.10	1.40	0.17	0.10	0.50	0.40	0.45	0.39	0.10
米糠	8.79	11.7	0.10	1.30	0.417	0.10	0.50	0.40	0.45	0.39	0.10
玉米胚饼	7.07	20	0.03	0.5	0.43	0.40	0.90	1.10	1.40	0.70	0.2
椰子饼	6.28	22	0.17	0.60	0.33	0.20	0.54	0.6	2.3	1.0	0.2
胡麻饼	5.90	32	0.35	0.75	0.47	0.56	1.1	1.1	2.6	1.7	0.47
花生饼	10.13	42	0.14	0.53	0.40	0.66	1.53	1.6	1.3	1.85	0.44
菜子饼	7.53	36	0.71	1.0	0.64	0.4	1.69	4.6	1.49	1.34	0.36
棉仁饼	9.50	41	0.17	0.97	0.55	0.59	1.59	2.3	1.30	1.31	0.50
棉子饼	8.37	35	0.15	0.83	0.47	0.50	1.36	1.9	1.1	1.12	0.42
豆饼	10.13	42	0.20	0.60	0.60	0.60	2.7	3.2	1.7	2.8	0.65
葵仁饼	9.71	41	0.43	1.0	1.6	0.80	2.0	4.2	1.6	2.4	0.6
葵子饼	9.41	35	0.37	0.85	0.64	0.55	1.40	2.58	1.48	1.4	0.35

续表

饲料名称	代谢能（MJ/kg）	粗蛋白质（%）	钙（%）	磷（%）	蛋氨酸（%）	胱氨酸（%）	赖氨酸（%）	精氨酸（%）	苏氨酸（%）	异亮氨酸（%）	色氨酸（%）
豆粕	9.37	44	0.25	0.60	0.65	0.66	2.90	3.4	1.7	2.5	0.70
芝麻饼	10.89	42	2.0	1.3	1.45	0.6	1.37	5.0	1.70	2.28	0.80
蚕豆	11.72	24.5	0.24	0.43	0.2	0.25	1.30	3.0	0.80	0.90	0.20
肉骨粉(45)	7.20	45	11.0	5.9	0.53	0.26	2.2	2.7	1.6	1.7	0.18
肉骨粉(50)	7.99	50	9.2	4.7	0.67	0.33	2.6	3.3	1.7	1.8	0.26
肉骨粉(55)	8.37	55	7.9	4.0	0.75	0.68	3.0	3.5	1.8	1.9	0.35
秘鲁鱼粉	12.05	65	4.0	2.85	1.9	0.6	4.9	3.38	2.77	3.0	0.75
鱼粉	12.59	72	2.0	1.0	2.2	0.72	5.7	5.64	2.88	3.0	0.8
血粉	9.41	80	0.28	0.22	1.0	1.4	5.3	3.4	3.8	0.8	1.0
羽毛粉	9.83	85	0.2	0.7	0.55	3.0	1.05	3.93	2.8	2.66	0.4
假丝酵母	10.17	48.0	0.5	1.6	0.8	0.6	3.8	2.6	2.6	2.9	0.5
小麦次粉	10.89	12.5	0.13	0.32	0.12	0.1	0.3	0.4	0.28	0.43	0.12
蚕蛹粉	10.75	68	1.2	0.73	2.7	0.7	4.39	3.65	3.14	2.89	0.5
石灰石粉			36.0								
骨粉			26.0	12.6							

附录二　几种常用饲料有效氨基酸含量(%)

饲　料	蛋白质	蛋氨酸	胱氨酸	赖氨酸	色氨酸	苏氨酸	异亮氨酸	精氨酸	苯丙氨酸
玉米	8.6	0.15	0.12	0.17	0.07	0.25	0.24	0.40	0.38
麸皮	14.8	0.14	0.18	0.42	0.20	0.30	0.36	0.60	0.42
小麦次粉	17.0	0.11	0.12	0.43	0.15	0.29	0.50	0.72	0.45
菜子饼	36.0	0.48	0.23	1.01	0.30	0.92	1.16	1.50	1.12
棉仁粕	41.0	0.42	0.54	0.98	0.38	0.84	1.18	3.68	1.89
棉仁饼	40.0	0.35	0.40	0.89	0.31	0.74	1.13	3.42	1.67
豆粕	44.0	0.59	0.62	2.44	0.52	1.55	2.44	3.18	2.04
豆饼	42.0	0.46	0.52	2.00	0.46	1.31	2.01	2.76	1.59
花生粕	46.0	0.31	0.52	1.18	0.37	1.71	1.48	3.33	2.30
葵花子粕	41.0	0.83	0.52	0.94	0.51	1.30	1.66	3.18	1.74
带壳葵花子粕	36.0	0.66	0.44	0.80	0.39	1.04	1.31	2.80	1.50
秘鲁鱼粉	64.0	1.78	0.52	4.56	0.68	2.48	2.80	3.20	2.20

附录三　农业部关于发布《食品动物禁用的兽药及其他化合物清单》的通知

为保证动物源性食品安全，维护人民身体健康，根据《兽药管理条例》的规定，我部制定了《食品动物禁用的兽药及其他化合物清单》（以下简称《禁用清单》），现公告如下：

一、《禁用清单》序号1至18所列品种的原料药及其单方、复方制剂产品停止生产，已在兽药国家标准、农业部专业标准及兽药地方标准中收载的品种，废止其质量标准，撤销其产品批准文号；已在我国注册登记的进口兽药，废止其进口兽药质量标准，注销其《进口兽药登记许可证》。

二、截至到2002年5月15日，《禁用清单》序号1至18所列品种的原料药及其单方、复方制剂产品停止经营和使用。

三、《禁用清单》序号19至21所列品种的原料药及其单方、复方制剂产品不准以抗应激、提高饲料报酬、促进动物生长为目的在食品动物饲养过程中使用。

食品动物禁用的兽药及其他化合物清单

序号	兽药及其他化合物名称	禁止用途	禁用动物
1	兴奋剂类：克仑特罗 Clenbuterol、沙丁胺醇 Salbutamol、西马特罗 Cimaterol 及其盐、酯及制剂	所有用途	所有食品动物
2	性激素类：己烯雌酚 Diethylstilbestrol 及其盐、酯及制剂	所有用途	所有食品动物
3	具有雌激素样作用的物质：玉米赤霉醇 Zeranol、去甲雄三烯醇酮 Trenbolone、醋酸甲孕酮 Mengestrol Acetate 及制剂	所有用途	所有食品动物

续表

序号	兽药及其他化合物名称	禁止用途	禁用动物
4	氯霉素 Chloramphenicol 及其盐、酯(包括:琥珀氯霉素 Cholramphenicol Succinate)及制剂	所有用途	所有食品动物
5	氨苯砜 Dapsone 及制剂	所有用途	所有食品动物
6	硝基呋喃类:呋喃唑酮 Furazolidone、呋喃它酮 Furaltadone、呋喃苯烯酸钠 Nifurstyrenate sodium 及制剂	所有用途	所有食品动物
7	硝基化合物:硝基酚钠Sodium nitrophenolate、硝呋烯腙 Nitrovin 及制剂	所有用途	所有食品动物
8	催眠、镇静类:安眠酮 Methaqualone 及制剂	所有用途	所有食品动物
9	林丹(丙体六六六)Lindane	杀虫剂	所有食品动物
10	毒杀芬(氯化烯)Camahechlor	杀虫剂、清塘剂	所有食品动物
11	呋喃丹(克百威)Carbofuran	杀虫剂	所有食品动物
12	杀虫脒(克死螨)Chlordimefom	杀虫剂	所有食品动物
13	双甲脒 Amitraz	杀虫剂	所有食品动物
14	酒石酸锑钾 Antimony potassium tartrate	杀虫剂	所有食品动物
15	锥虫胂胺 Tryparsamide	杀虫剂	所有食品动物
16	孔雀石绿 Malachite green	抗菌、杀虫剂	所有食品动物
17	五氯酚酸钠 Pentachlorophenol sodium	杀螺剂	所有食品动物

续表

序号	兽药及其他化合物名称	禁止用途	禁用动物
18	各种汞制剂包括:氯化亚汞(甘汞)Calomel、硝酸亚汞 Mercurous nitrate、醋酸汞 Mercurous acetate、吡啶基醋酸汞 Pyridyl mercurous acetate	杀虫剂	所有食品动物
19	性激素类:甲基睾丸酮 Methyltestosterone、丙酸睾酮 Testosterone Propionate、苯丙酸诺龙 Nandrolone Phenylpropionate、苯甲酸雌二醇 Estradiol Benzoate 及其盐、酯及制剂	促生长	所有食品动物
20	催眠、镇静类:氯丙嗪 Chlorpromazine、地西泮(安定)Diazepam 及其盐、酯及制剂	促生长	所有食品动物
21	硝基咪唑类:甲硝唑 Metronidazole、地美硝唑 Dimetronidazole 及其盐、酯及制剂	促生长	所有食品动物

注:食品动物是指各种供人食用或其产品供人食用的动物。

附录四 家禽常用药物表

(一)化学合成抗菌药

药物名称	剂量及用法	作用、用途及注意事项
磺胺嘧啶(SD)	0.5%混于饲料中	磺胺类药物能抑制细菌生长繁殖,对大多数革兰氏阳性及一些阴性细菌有效,治疗和预防禽霍乱、鸡白痢、鸡伤寒、禽副伤寒、鸡传染性鼻炎、球虫病等均有一定疗效。一般需连续喂用2～5 d。磺胺类药物对雏鸡有一定毒性,喂药时间不应过长,其中SM_2的毒性最大,0.5%混合饲料,连喂8 d,雏鸡会引起中毒反应,SQ连喂5 d以上,也会引起中毒 与TMP或DVD合用,用量可减少到0.05%～0.5%(混合饲料)
磺胺甲基嘧啶(SM_1)	0.5%混于饲料中	
磺胺二甲嘧啶(SM_2)	0.5%混于饲料中	
磺胺二甲氧嘧啶(SMD)	0.25%～0.5%混于饲料中	
磺胺喹恶啉(SQ)	0.05%～0.1%混于饲料中	
磺胺甲基异恶唑(新诺明、SMZ)	0.05%～0.1%混于饲料中	性质稳定、疗效迅速,副作用小,抗菌范围广,对球虫病及白细胞原虫病也有效,混合饲料,可连喂3～5 d。如与(TMP)、(DVD)合用,用量可减少到0.02%～0.05%(混合饲料)
磺胺-5-甲氧嘧啶(SMD、磺胺对甲氧嘧啶)	0.05%～0.1%混于饲料中	
磺胺-6-甲氧嘧啶(制菌磺、SMM、DS-36)	0.05%～0.5%混于饲料中	
三甲氧苄氨嘧啶(TMP)	不宜单独应用	为抗菌增效剂,与SMZ、SMD、SMM、SD、SM_1、SM_2等按1∶5比例配合,具有作用强,抗菌谱广、用量小、副作用轻微等优点,若单独使用,细菌对其易产生耐药性
二甲氧苄氨嘧啶(DVD)	不宜单独应用	

续表

药物名称	剂量及用法	作用、用途及注意事项
痢特灵(呋喃唑酮)	0.02%～0.04%混于饲料中	有广谱抗菌作用,用以治疗和预防鸡白痢、鸡伤寒、禽副伤寒及鸡球虫病等,可连喂5 d 雏禽较敏感,长期应用,剂量过大或药物混合不均匀会造成中毒
氟哌酸(诺氟沙星)、环丙沙星、恩诺沙星、氧氟沙星、二氟沙星	0.005%～0.02%混于饲料中或50 mg/L饮水	一种高效、广谱抗细菌药,可以治疗大肠杆菌病、沙门氏菌病、禽霍乱和霉形体病等。也可以治疗葡萄球菌、链球菌、肺炎球菌等引起的感染
克霉唑	0.03%～0.05%混于饲料中	广谱抗真菌药,内服易于吸收,对多种致病性真菌都有抑制作用,对呼吸道真菌有效

(二)抗生素

药物名称	剂量及用法	作用、用途及注意事项
青霉素G钾(钠)	肌肉注射:5万IU/只(成年鸡) 内服:2 000 IU/只(雏鸡)	本品对革兰氏阳性杆菌作用强于其他抗生素,对螺旋体也有作用,主要用于防治鸡的螺旋体病,按200 IU/只。本品水溶液极不稳定,宜新鲜配制,立即用完,不宜同其他药物(高锰酸钾、酒精、磺胺噻唑钠等)混合
氨苄青霉素	内服:0.005%～0.2%,混于饲料中 肌肉注射:5～20 mg/kg	半合成青霉素,对革兰氏阳性菌有作用,但不如青霉素G;对革兰氏阴性菌比氯霉素、四环素类作用强;对雏鸡沙门氏菌病有较好防治效果;与链霉素、卡那霉素等合用对治疗大肠杆菌引起的气囊炎、腹膜炎等有效

续表

药物名称	剂量及用法	作用、用途及注意事项
红霉素	内服：0.02%～0.05%，混于饲料中 注射：按10～40 mg/kg	作用与青霉素G相似，对革兰氏阳性菌作用强，对霉形体有一定作用，因而能防治霉形体病，但对有细菌并发感染的禽群效果不好 高力米先为含硫代氰胺酸盐的红霉素，能完全溶解于水，请注意按含红霉素量来折算用量
泰乐菌素	内服：0.44%～0.66%，混于饮水中，连用3～5 d	本品为抗阴性菌抗生素，可用于防治鸡白痢及大肠杆菌病等，内服在肠道难吸收
硫酸链霉素	肌肉注射：10～30 mg/kg，1日2次或3次	本品为抗阴性菌抗生素，可用于防治鸡白痢及大肠杆菌等，内服在肠道难吸收
硫酸卡那霉素	肌肉注射：0.05 g/kg，1日2次或3次	本品对革兰氏阴性杆菌有作用，浓度低时仅抑菌，浓度高则杀菌，内服在肠道难吸收。作全身治疗应肌肉注射。治疗鸡霍乱、传染性鼻炎及霉形体病，饮水浓度为0.02%～0.05%
庆大霉素	肌肉注射3 mg/kg，1日2次或3次	为广谱抗生素，对革兰氏阳性及阴性菌均有效。用于治疗鸡大肠杆菌病及葡萄球菌病等，对肾脏毒害作用较大，内服在肠道难吸收
强力霉素（盐酸脱氧土霉素）	内服：0.005%～0.02%，混于饲料中	作用同上，但效力强，作用时间长。对四环素类药物耐药的细菌对本品仍敏感，对有细菌并发感染的霉形体病有疗效，用药时间应长至7～10 d。内服易于吸收，用量小，副作用小

续表

药物名称	剂量及用法	作用、用途及注意事项
盐酸金霉素(盐酸氯四环素)	内服：0.05%～0.1%，混入饲料中。肌肉注射：0.04 g/kg，每日2次	广谱抗生素，除对病原菌有作用外，对某些立克次体、大型病毒、螺旋体和原虫均有抑制作用。用于防治鸡白痢、鸡伤寒、禽副伤寒、禽霍乱和鸡球虫病等。常混入饲料中连续饲喂，一般不超过5 d，长期饲用会造成双重感染及钙质吸收不良。本品忌与碱性物质配合
盐酸土霉素(盐酸氧四环素)	内服：0.05%～0.1%，混于饲料	
盐酸四环素	0.027%混于饲料中；0.01%，混于饮水中	
氯霉素	内服：0.05%～0.1%，混于饲料中；肌肉注射：20～50 mg/kg，1日3次	本品有抑制革兰氏阳性及阴性杆菌的作用，为广谱抗生素，对沙门氏菌的作用很强，能防治鸡白痢、鸡伤寒和禽霍乱等病，忌与碱性药物配合，对骨髓造血机能有抑制作用
制霉菌素	内服：每千克饲料加50万～100万IU	抗真菌药物，内服吸收很少，用于治疗消化道真菌病

(三)抗原虫病

药物名称	作用、用途及注意事项	用量与用法
苯甲氧喹啉	对禽的多种球虫有效，主要作用于球虫第一代孢子体。产蛋鸡禁用	混饲给药浓度为20 mg/kg
乙羟喹啉(敌球素)		混饲给药浓度为20～40 mg/kg
莫能霉素(莫能菌素)	广谱抗球虫药，对禽各种球虫均有抑制作用。主要作用于球虫第一代裂殖体。产蛋鸡限用	混饲给药浓度为80～125 mg/kg

续表

药物名称	作用、用途及注意事项	用量与用法
盐霉素(球虫粉、优素精)	对禽的多种球虫有防治效果。主要作用于球虫子孢子和第一代裂殖体。产蛋鸡限用	混饲给药浓度为60～70 mg/kg
拉沙利菌素(球安)	与莫能霉素相似	混饲给药浓度为37.5～70 mg/kg
马杜拉霉素(抗球王、加福)	广谱球虫药,对鸡的各种球虫均有灭杀作用。主要作用于球虫第一代裂殖体。产蛋鸡限用	混饲连用预防按5～6 mg/kg
硝苯酰胺(球痢灵)	对禽的多种球虫有抑制作用,主要作用于球虫第一代裂殖体。适用于蛋鸡和种鸡;可用于治疗暴发性球虫病	可混饲或混饮给药,预防浓度为100～125 mg/kg,治疗浓度为150～300 mg/kg,连用3～5 d
氨丙啉	对鸡的多种球虫有效,主要作用于球虫第一代裂殖体。不影响鸡对球虫产生免疫力,是蛋鸡和种鸡的主要抗球虫药。使用本药应注意每千克饲料中维生素B_1含量以不超过10 mg为宜	可混饲或混饮给药,预防浓度为100～125 mg/kg,连用2～4周;治疗浓度为250～500 mg/kg,连用1～2周,然后减半,连用2～4周
氯苯胍	对鸡各种球虫均有显著药效,主要作用于球虫第一代裂殖体,对其他各发育阶段亦有作用	预防浓度为30～33 mg/kg,混饲,连用;治疗浓度为60～66 mg/kg,混饲3～7 d,后改预防量
呋喃唑酮(痢特灵)	具广谱抗菌、抗球虫和滴虫作用。对禽的多种球虫有效,主要作用于球虫第二代裂殖体。用于防治鸡球虫病、火鸡组织滴虫病和住白细胞虫病 使用本药,必须与饲料或饮水充分混匀,以防中毒	可混饲或混饮给药,预防浓度为100～200 mg/kg,连用1周,停药2～3 d,如此重复使用;治疗浓度为300～400 mg/kg,连用1周,停药1周,再改用100 mg/kg

续表

药物名称	作用、用途及注意事项	用量与用法
常山酮(速丹)	主要作用于球虫第一和第二裂殖体,对其他各发育阶段亦有作用。用于防治鸡的各种球虫感染,均有良效	预防用3 mg/kg,混饲,可连用至蛋鸡上笼;治疗用6 mg/kg,混饲,连用1周,后改预防量
尼卡巴嗪	主要作用于球虫第二代裂殖体,对鸡的多种球虫均有预防球虫感染,均有良效	预防用100～125 mg/kg,混饲;育雏期可连续用药
乙胺嘧啶	对疟原虫、住白细胞原虫、球虫均有抑制作用	混饲浓度为1～5 mg/kg,连用3～7 d。常与磺胺类药合用
二甲硝咪唑(达美素)	广谱抗菌、抗原虫药,对多种细菌、球虫和火鸡组织滴虫均有抑制作用	预防按火鸡雏0.012 5%～0.015%、雏鸡0.075%浓度混饲;治疗均按0.05%浓度,混饲,连用7～14 d
磺胺甲氧吡嗪(SMPZ)	对多种细菌及原虫均有作用,可用于治疗住白细胞原虫病	按200～400 mg/kg,混饲,连用数天

(四)抗蠕虫药

药物名称	作用、用途及注意事项	用量与用法
左旋咪唑	广谱驱线虫药,用于驱赶鸡鸭鹅的各种线虫	20～30 mg/kg,1次内服,或拌入饲料、饮水中喂服
噻苯咪唑	广谱驱线虫药,用于驱除鸡蛔虫、气管比翼线虫、毛细线虫等	300～500 mg/kg,1次内服,或按0.1%浓度混饲,连用数天
丙硫咪唑(抗蠕敏)	广谱驱蠕虫药,用于驱除禽蛔虫、绦虫和棘口吸虫等	10～30 mg/kg,1次内服

续表

药物名称	作用、用途及注意事项	用量与用法
甲苯咪唑	广谱驱线虫、绦虫药，用于驱除禽消化道线虫和绦虫	20～30 mg/kg，1次内服，或按125 mg/kg，混饲，连用3 d
氟苯咪唑	广谱驱蠕虫药，对禽的各种线虫及绦虫、吸虫均有良好驱除效果	按30 mg/kg，混饲，连用1周
硫苯咪唑	广谱驱蠕虫药，驱除线虫有良效，对吸虫和绦虫亦有较好效果	25～30 mg/kg，内服，连用3 d
氧苯咪唑	广谱驱线虫药，用于驱除禽的多种线虫均有良效	40 mg/kg，1次内服
吡喹酮	广谱驱线虫药，用于驱除鸡赖利绦虫、戴文绦虫等	20 mg/kg，1次内服
枸橼酸哌嗪（驱蛔灵）	用于驱除鸡蛔虫	0.25～0.3 g/kg，内服，每天1次，连用3 d
硫双二氯酚（别丁）	用于驱除禽绦虫和吸虫	150～200 mg/kg，内服，每天1次，连用2 d
双羟萘酸噻嘧啶	广谱驱线虫药，用于驱除消化道线虫	15 mg/kg，1次内服
硫化二苯胺（吩噻嗪）	主要用于驱鸡异刺线虫，对蛔虫效果差	大鸡0.5～1.0 g/kg，小鸡0.3～0.5 g/kg，1次内服
甲氧啶（美沙利啶）	广谱驱线虫药，用于驱除各种线虫	200 mg/kg，皮下注射，或按0.2%～0.4%浓度，混饮
氯硝柳胺（灭绦灵）	广谱驱绦虫药，用于驱除禽的各种绦虫，对吸虫亦有效	100～150 mg/kg，1次内服

(五)杀虫药

药物名称	作用、用途及注意事项	用量与用法
氰戊菊酯(杀灭菊酯)	拟除虫菊酯类药物属广谱、高效、速效、低毒、低残留、接触毒杀虫剂,兼有胃毒和杀卵作用。可用于杀禽的各种体外寄生虫。忌与碱性药物合用	20%乳油剂灭鸡膝螨用1 000～2 500倍液,灭蝇用2 500倍液,灭蜱、蚤用2 500～3 000倍液,灭蚊、蠓、刺皮螨和虱用4 000～5 000倍液,用水稀释,以药浴、喷雾、直接涂擦法施药均可。一般用药1次或2次,间隔7～10 d
溴氰菊酯(敌杀死、凯素灵)		2.5%敌杀死灭鸡膝螨用250～500倍液,灭蜱、虱、蚤用500倍液,喷雾、药浴、直接涂擦法施药均可,隔8～10 d,再用药1次。 以凯素灵做滞留喷洒灭蚊、蝇、蠓、蚋等昆虫,按10～15 mg/m²
氯菊酯(二氯苯醚菊酯)		10%乳油灭鸡虱用5 000倍液喷洒或用40 000倍液药浴,灭蚊、蝇等用300～5 000倍液,隔10～15 d再用1次
氯氰菊酯(灭百灵)		10%乳油,用1 000～2 000倍液喷洒或药浴,隔10～15 d再用1次
蝇毒磷	广谱杀虫药和驱线虫药,用于杀灭禽的各种体外寄生虫和驱除消化道线虫	喷雾或直接涂擦灭鸡虱、膝螨、蚊、蠓等昆虫;用0.03%药液;沙浴灭外寄生虫用0.05%浓度;内服驱线虫,按0.004%浓度混饲,连用10～14 d
敌百虫	广谱杀虫药,用于杀死禽的各种体外寄生虫;对禽消化道线虫和某些吸虫亦有效。鸡对本药敏感,一般不做内服驱虫药	洗浴或喷洒灭鸡膝螨用0.1%～0.15%水溶液,喷洒灭虱、蚤、蜱、蚊、蝇等昆虫0.1%～0.5%水溶液
敌敌畏	广谱杀虫药,用于杀灭禽的各种体外寄生虫	喷洒或熏蒸灭蚊、蝇等昆虫用0.05%～0.1%水溶液,喷洒灭刺皮螨用0.25%水溶液

(六)消毒药类

品　名	用　途	用　　法
氢氧化钠	消毒被病毒、细菌污染的鸡舍、器具、墙壁、地面等	配成2%的溶液用于消毒。注意该药液对金属、纺织品、人的皮肤有腐蚀性
福尔马林	消毒鸡舍、用具、孵化器、种蛋及出壳雏鸡	一般将福尔马林溶液和高锰酸钾按2∶1的比例放入缸盆内熏蒸消毒。消毒对象不同，福尔马林用量不同
次氯酸钠	消毒鸡舍、孵化器，带鸡消毒	配成0.1%～0.3%浓度喷洒或浸泡洗刷，0.5%浓度用于车辆消毒
二氯异氰尿酸钠(优氯净)	鸡舍、墙壁、地面、食槽、用具等的消毒，带鸡消毒	配成0.05%～0.1%，溶液喷洒、喷雾或浸泡、洗刷
过氧乙酸	鸡舍、地面、食槽、用具、孵化器和种蛋的消毒，也可用于带鸡消毒	市售浓度为18%～20%溶液。应用时配成0.2%～0.3%溶液喷雾消毒，也可按每立方米5～10 mL 配成3%～5%浓度，加热熏蒸消毒室内空气
复合酚(农乐、消毒灵、菌毒敌)	鸡舍、环境的消毒	使用1∶100或1∶300的消毒溶液
百毒杀	鸡舍、用具和饮水的消毒	一般用1∶(1 000～3 000)浓度；消毒饮水用1∶(10 000～20 000)浓度
1210	鸡舍、用具和饮水的消毒	一般用1∶(1 000～3 000)的浓度；消毒饮水用1∶(10 000～20 000)浓度

图书在版编目(CIP)数据

肉鸡饲养技术指南/秦长川,李业福主编.—北京:中国农业大学出版社,2003.9

(全方位养殖技术丛书)

ISBN 978-7-81066-621-3

Ⅰ.肉… Ⅱ.①秦… ②李… Ⅲ.肉用鸡-饲养管理-指南 Ⅳ.S831.4-62

中国版本图书馆 CIP 数据核字(2003)第 059240 号

出版发行	中国农业大学出版社
经销	新华书店
印刷	北京鑫丰华彩印有限公司
版次	2003 年 9 月第 1 版
印次	2010 年 3 月第 5 次印刷
开本	32　　11 印张　　285 千字
规格	850×1 168
印数	15 501～18 500
定价	19.00 元

图书如有质量问题本社负责调换

社址 北京市海淀区圆明园西路 2 号　**邮政编码** 100193

电话 010-62732633　**网址** www.cau.edu.cn/caup

致读者

为提高“三农”图书的科学性、准确性、实用性，推进“三农”出版物更加贴近读者，使农民朋友确实能够“看得懂、用得上、买得起”的优秀“三农”图书进一步得到市场的认可、发挥更大的作用，中央宣传部、新闻出版总署和农业部于2006年6～7月份组织专家对“三农”图书进行了认真评审，确定了推荐“三农”优秀图书150种(套)(新出联〔2006〕5号)。我社共6种(套)名列其中：

无公害农产品高效生产技术丛书

新编21世纪农民致富金钥匙丛书

全方位养殖技术丛书

农村劳动力转移职业技能培训教材

科学养兔指南

养猪用药500问

这些图书自出版以来，深受广大读者欢迎，近来一次性较大量购买的情况较多，为方便团体购买，请客户直接到当地新华书店预购，特殊情况可与我社联系。联系人董先生，电话010－62731190，司先生，010－62818625。

中国农业大学出版社

2006年9月